新一代人工智能实践系列教材

# 机器学习

胡清华 杨柳 编著

中国教育出版传媒集团

高等教育出版社·北京

内容提要

本书是新一代人工智能实践系列教材之一，共分为 9 章，
第 1 章为引论，第 2-7 章介绍有监督学习算法，包括感知
机、Logistic 回归、支持向量机、神经网络、决策树以及贝
叶斯模型。第 8 章介绍无监督学习算法，第 9 章讨论数据
的表示和特征降维。

本书可作为人工智能专业、智能科学与技术专业以及计算
机类相关专业的本科生及研究生学习机器学习技术的教
材，同时也可作为对人工智能、机器学习技术感兴趣的科
技人员、计算机爱好者及各类自学人员的参考书。

人工智能是引领这一轮科技革命、产业变革和社会发展的战略性技术,具有溢出带动性很强的"头雁效应"。当前,新一代人工智能正在全球范围内蓬勃发展,促进人类社会生活、生产和消费模式巨大变革,为经济社会发展提供新动能,推动经济社会高质量发展,加速新一轮科技革命和产业变革。

2017 年 7 月,国务院发布了《新一代人工智能发展规划》,指出了人工智能正走向新一代。新一代人工智能 (AI2.0) 的概念除了继续用电脑模拟人的智能行为外,还纳入了更综合的信息系统,如互联网、大数据、云计算等去探索由人、物、信息交织的更大更复杂的系统行为,如制造系统、城市系统、生态系统等的智能化运行和发展。这就为人工智能打开了一扇新的大门和一个新的发展空间。人工智能将从各个角度与层次,宏观、中观和微观地,去发挥"头雁效应",去渗透我们的学习、工作与生活,去改变我们的发展方式。

要发挥人工智能赋能产业、赋能社会,真正成为推动国家和社会高质量发展的强大引擎,需要大批掌握这一技术的优秀人才。因此,中国人工智能的发展十分需要重视人工智能技术及产业的人才培养。

高校是科技第一生产力、人才第一资源、创新第一动力的结合点。因此,高校有责任把人工智能人才的培养置于核心的基础地位,把人工智能协同创新摆在重要位置。国务院《新一代人工智能发展规划》和教育部《高等学校人工智能创新行动计划》发布后,为切实应对经济社会对人工智能人才的需求,我国一流高校陆续成立协同创新中心、人工智能学院、人工智能研究院等机构,为人工智能高层次人才、专业人才、交叉人才及产业应用人才培养搭建平台。我们正处于一个百年未遇、大有可为的历史机遇期,要紧紧抓住新一代人工智能发展的机遇,勇立潮头、砥砺前行,通过凝练教学成果及把握科学研究前沿方向的高质量教材来"传道、授业、解惑",提高教学质量,投身人工智能人才培养主战场,为我国构筑人工智能发展先发优势和贯彻教育强国、科技强国、创新驱动战略贡献力量。

为促进人工智能人才培养,推动人工智能重要方向教材和在线开放课程建设,国家新一代人工智能战略咨询委员会和高等教育出版社于 2018 年 3 月成立了"新一代人工智能系列教材"编委会,聘请我担任编委会主任,吴澄院士、郑南宁院士、高文院士、陈纯院士和高等教育出版社林金安副总编辑担任编委会副主任。

根据新一代人工智能发展特点和教学要求,编委会陆续组织编写和出版有关人工智能基础理论、算法模型、技术系统、硬件芯片、伦理安全、"智能 +"学科交叉和实践应用等方面内容的系列教材,形成了理论技术和应用实践两个互相协同的系列。为了推动高质量教材资源的共享共用,同时发布了与教材内容相匹配的在线开放课程、研制了新一代人工智能科教平台"智海"和建设了体现人工智能学科交叉特点的"AI+X"微专业,以形成各具优势、衔接前沿、涵盖完整、交叉融合具有中国特色的人工智能一流教材体系、支撑平台和育人生态,促进教育链、人才链、产业链和创新链的有效衔接。

"AI 赋能、教育先行、产学协同、创新引领",人工智能于 1956 年从达特茅斯学院出发,踏上了人类发展历史舞台,今天正发挥"头雁效应",推动人类变革大潮,"其作始也简,其将毕也必巨"。我希望"新一代人工智能教材"的出版能够为人工智能各类型人才培养做出应有贡献。

衷心感谢编委会委员、教材作者、高等教育出版社编辑等为"新一代人工智能系列教材"出版所付出的时间和精力。

1956 年, 人工智能 (AI) 在达特茅斯学院诞生, 到今天已走过半个多世纪历程, 并成为引领新一轮科技革命和产业变革的重要驱动力。人工智能通过重塑生产方式、优化产业结构、提升生产效率、赋能千行百业, 推动经济社会各领域向着智能化方向加速跃升, 已成为数字经济发展新引擎。

在向通用人工智能发展进程中, AI 能够理解时间、空间和逻辑关系, 具备知识推理能力, 能够从零开始无监督式学习, 自动适应新任务、学习新技能, 甚至是发现新知识。人工智能系统将拥有可解释、运行透明、错误可控的基础能力, 为尚未预期和不确定的业务环境提供决策保障。AI 结合基础科学循环创新, 成为推动科学、数学进步的源动力, 从而带动解决一批有挑战性的难题, 反过来也促进 AI 实现自我演进。例如, 用 AI 方法求解量子化学领域薛定谔方程的基态, 突破传统方法在精确度和计算效率上两难全的困境, 这将会对量子化学的未来产生重大影响; 又如, 通过 AI 算法加快药物分子和新材料的设计, 将加速发现新药物和新型材料; 再如, AI 已证明超过 1200 个数学定理, 未来或许不再需要人脑来解决数学难题, 人工智能便能写出关于数学定理严谨的论证。

华为 GIV (全球 ICT 产业愿景) 预测: 到 2025 年, 97% 的大公司将采用人工智能技术, 14% 的家庭将拥有 "机器人管家"。可以预见的是, 如何构建通用的人工智能系统、如何将人工智能与科学计算交汇、如何构建可信赖的人工智能环境, 将成为未来人工智能领域需重点关注和解决的问题, 而解决这些问题需要大量的数据科学家、算法工程师等人工智能专业人才。

2017 年, 国务院发布《新一代人工智能发展规划》, 提出加快培养聚集人工智能高端人才的要求; 2018 年, 教育部印发了《高等学校人工智能创新行动计划》, 将完善人工智能领域人才培养体系作为三大任务之一, 并积极加大人工智能专业建设力度, 截至目前已批准 300 多所高校开设人工智能专业。

人工智能专业人才不仅需要具备专业理论知识, 而且还需要具有面向未来产业发展的实践能力、批判性思维和创新思维。我们认为 "产学合作、协同育人" 是人工智能人才培养的一条有效可行的途径: 高校教师有扎实的专业理论基础和丰富的教学资源, 而企业拥有应用场景和技术实践, 产学合作将有助于构筑高质量人才培养体系, 培养面向未来的人工智能人才。

在人工智能领域, 华为制定了包括投资基础研究、打造全栈全场景人工智能解决方案、投资开放生态和人才培养等在内的一系列发展战略。面对高校人工智能人才培养的迫切需求, 华为积极参与校企合作, 通过定制人才培养方案、更新实践教学内容、共建实训教学平台、共育双师教学团队、共同科研创新等方式, 助力人工智能专业建设和人才培养再上新台阶。

  教材是知识传播的主要载体、教学的根本依据。华为愿意在"新一代人工智能系列教材"编委会的指导下,提供先进的实验环境和丰富的行业应用案例,支持优秀教师编写新一代人工智能实践系列教材,将具有自主知识产权的技术资源融入教材,为高校人工智能专业教学改革和课程体系建设发挥积极的促进作用。在此,对编委会认真细致的审稿把关,对各位教材作者的辛勤撰写以及高等教育出版社的大力支持表示衷心的感谢!

  智能世界离不开人工智能,人工智能产业深入发展离不开人才培养。让我们聚力人才培养新局面,推动"智变"更上层楼,让人工智能这一"头雁"的羽翼更加丰满,不断为经济发展添动力、为产业繁荣增活力!

华为董事、战略研究院院长

前言 **写作背景**

机器学习是研究怎样使用计算机模拟或实现人类学习活动的科学，是人工智能中最前沿的研究领域之一。自 20 世纪 80 年代以来，机器学习作为实现人工智能的途径，在人工智能界引起了广泛的兴趣，特别是近十几年来，深度学习的快速发展，它已成为人工智能的重要课题之一。机器学习不仅在基于知识的系统中得到应用，而且在自然语言处理、机器视觉、模式识别等许多领域也得到了广泛应用。智能化是计算机研究与开发的一个主要目标，近几十年来的实践表明，机器学习方法是实现这一目标的最有效手段。

到目前为止，国内外已出版了多本关于机器学习的书籍，对机器学习的诸多问题有非常精辟的论述。本书是关于机器学习的专门著述，针对每个方法，详细介绍其基本原理、基础理论、实际算法，给出细致的数学推导和具体实例，且在每一章最后都附有代码实现，力求促进机器学习领域理论、方法和实践的全面融合应用，指导机器学习各阶段的系统化实践。

**写作思路**

本书是作者在相关课程教学和多年的科研基础上完成的，在写作中遵循了下述思路：

1. 本书力求系统而详细地介绍机器学习的方法，在内容选取上，侧重介绍经典的方法，包括监督学习和无监督学习的相关算法。在叙述方式上，每一章讲述一种方法，各章内容相对独立，完整，读者可以从头到尾通读，也可以选择单个章节细读。对每一种算法给出必要的推导证明，提供简单的实例帮助读者理解。在每章后面，给出一些习题，介绍一些相关的研究动向和参考资料，以满足读者进一步学习的需求。另外，在每章最后，给出相应算法的代码实现，帮助读者锻炼动手能力，进一步加深对算法的理解。

2. 本书第 1 章引论简要介绍机器学习的相关概念，包括机器学习算法的类别、发展历程和评价指标等，以及给出各章公式符号的符号表，供读者查阅。第 2～7 章主要介绍有监督学习的相关算法，第 8、9 章介绍无监督学习的相关算法，并在附录给出华为开源的新一代 AI 开源计算框架 MindSpore，供读者学习。

**组织结构**

本书共分为四个部分。

第一部分引论 (第 1 章) 是对机器学习的宏观介绍，分别介绍机器学习的定义、算法的分类、发展历史、评价指标以及机器学习算法的应用，力求帮助读者在宏观上掌握机器学习的基础概念。

第二部分为监督学习的相关算法介绍，包括第 2～7 章。第 2 章介绍感知机算法，介绍线性可分数据可用的分类器模型，包括感知机发展历史、感知机学习以及收敛性等内容。第 3 章介绍 Logistic 回归算法，包括解决二分类问题和多分类问题的模型学习过程等内容。第 4 章介绍支持向量机算法，它是目前常用次数仅次于神经网络的机器学习算法，包括软间隔、硬间隔支持向量机以及核方法等内容。第 5 章介绍神经网络，包括前馈神经网络、卷积神经网络以及反向传播算法等内容。第 6 章介绍决策树模型，它表示基于特征对实例进行分类的过程，可以认为是定义在特征空间与类空间上的条件概率分布。第 7 章介绍贝叶斯模型，包括朴素贝叶斯模型、贝叶斯信念网络以及贝叶斯神经网络等内容。

第三部分为无监督学习的相关算法介绍，包括第 8、9 章。第 8 章将分别介绍聚类方法的发展历史、聚类的度量方式，以及常用的聚类方法。第 9 章将介绍降维的相关算法，包括特征选择和特征重构等，选择或重构出，对当前学习任务有用的相关特征。

第四部分为 MindSpore 框架 (附录)，MindSpore 是华为开源的新一代 AI 开源计算框架，为数据科学家和算法工程师提供设计友好、运行高效的开发体验，推动人工智能软硬件应用生态繁荣发展。

**读者对象**

本书面向的主要读者对象包括从事机器学习相关工作的算法工程师，学习机器学习课程的高等学校高年级学生和研究生。

**致谢**

本书在写作的过程当中，得到了很多人士的帮助。

北京交通大学于剑教授在百忙中审阅了本书，华为工程师在本书写作过程中提供了宝贵建议和帮助，在此表示感谢。

前人工作是本书写作的基础，本书借鉴了已有著作和论文的内容，在此对列入引用文献清单的作者表示感谢。

教学工作是本书写作的基础，机器学习是天津大学人工智能学院重点建设的核心类专业课程，自 2015 年开始设置，在教学过程中，学院对课程建设的支持，以及近千名本科生与研究生对课程的学习和反馈也为本书的写作提供了帮助，在此表示感谢。

科研工作也是本书写作思路的基础，与天津大学王征老师、张长青老师、王旗龙老师、刘若楠老师，以及很多其他合作者一起共同工作 10 余年的积累，同样在此对他们在科研工作中给予本书写作的启迪表示感谢。

最后，特别感谢高等教育出版社和华为公司给予本书的支持，感谢各位编辑为本书的策划和出版付出的心血。

限于编者的水平, 错误与不妥之处定然难免, 衷心希望读者指正赐教, 联系 email 为: yangliuyl@tju.edu.cn

作者

2022 年 12 月于天津

# 第1章 引论

1

## 1.1 机器学习的定义

学习是人类最基本的一类智能活动。在数十万年的演化中, 人类不断探索、总结经验、积累知识, 逐步形成了当今的文化科学知识宝库。这些知识以文字和符号的形式被保存下来, 世代相传。人类基于已有的知识, 去探索未知领域, 知识不断得到扩充, 智能水平也持续得到提升。

自计算机问世以来, 科学家就在思考一个问题, 可否用计算机替换人脑, 学习书本和经验数据。人们在生产生活以及科学探索中, 获得了大量的经验数据, 人脑可以从这些经验数据中提炼出一般的规律。随着信息技术的发展, 人们收集数据的能力不断增强, 生产生活和科学探索得到的大量数据被存储, 显然, 这些数据中蕴含了许多重要的知识与规律。那么可否用机器从这些数据中挖掘规律, 提炼知识, 从而提升计算机系统的智能?

过去, 人类的科学探索也会记录一定的数据, 然后总结抽象出在这些数据中的一般性规律, 如牛顿运动定律、开普勒定律等。但是受限于那时的观测手段, 科学家采集的数据是非常有限的。这一情况在近二十年内发生了根本性的变化。举例而言, 为了研究银河系内恒星、星族和银河系的结构、运动及化学性质等情况, 我国自主研发的光谱巡天望远镜——郭守敬望远镜 (LAMOST) 在 2020 年发布的光谱总数达到 1 723 万条。预计到 2022 年, LAMOST 发布的光谱数量有望突破 2000 万。这比美、英等国过去几十年采集的光谱数总和还要多。

显然, 靠科学家手工分析如此海量的数据是一个不现实的任务, 那么是否可以用计算机程序从数据中学习到这些规律呢? 这一过程被称为机器学习。迄今为止, 人工智能领域并没有给机器学习一个严格的定义。人脑学习与机器学习的过程如图 1.1 所示。

机器学习领域创始人塞缪尔 (Samuel) 在 1959 年给机器学习 (machine learning, ML) 下了定义: 机器学习是这样的一个研究领域, 它能让计算机不依赖于确定的编码指令来自主地学习工作。1998 年, 米切尔 (Mitchell) 对机器学习进行了新的定义。他

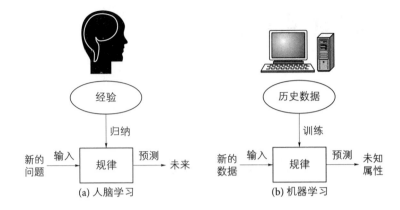

**图 1.1** 人脑学习与机器学习的类比

引入了三个概念: 经验 (experience, E)、任务 (task, T)、任务完成效果的性能度量 (performance measure, P), 如图 1.2 所示。

**图 1.2** 米切尔给机器学习的定义

机器学习还存在各种不同的定义。一个比较常见的定义是 "能够利用经验提高自身性能的计算机系统" [1]。而《统计学习理论的本质》一书给出了机器学习的又一种

定义, "机器学习就是一个基于经验数据的函数估计过程" [2]。《统计学习基础》则认为机器学习是 "提取重要模式、趋势, 并理解数据, 即从数据中学习" [3]。上述这些定义各有侧重, 但共同点是强调了经验或数据的重要性, 即机器是从经验或已有数据中学习的。《机器学习: 从公理到算法》把归类准则浓缩为 "归哪类, 像哪类; 像哪类, 归哪类", 提出了机器学习公理化问题, 归纳了五条机器学习公理: 类表示存在公理、类表示唯一公理、样本可分性公理、类可分性公理和归类等价公理, 并给出了机器学习公理化框架, 推演出了一些典型的单类、多类学习算法[4]。

## 1.2 机器学习算法的分类

**分类、回归与分布估计:** 分类和回归是人们经常遇到的两大类任务。从牙牙学语之初, 父母就在教孩子辨识各类物体, 如不同水果和不同动物。可以根据物体色彩、纹理、口感将不同的水果区分开, 同时也可以根据外形、叫声、生活习性等将各种动物归并于不同的类别。这一大类任务被称为分类任务。由计算机程序从一组样本中学习出一个模型来识别不同类型的对象的过程被称为分类学习。此时, 样本的输出为离散的符号变量。

与分类任务相对应的是回归任务, 此时样本的输出为数值变量。此类任务也是十分常见的。如天气预报中的气温预测、洪水水位预测、股票价格预测, 此时, 需要依据一组变量估计该样本的输出值。有时甚至需要根据一幅图片估计一个人的体重、身高或者年龄等数值量。

介于分类和回归任务之间, 还存在一类特殊的任务, 被称为序回归或者序分类。此时, 样本的输出值是一个存在序结构的变量, 如学习成绩的 {优、良、中、差}, 水果、蔬菜、红酒的口感 {很好、好、一般、差} 等。

除了分类和回归, 人们还常常需要估计样本在空间中的概率分布, 如人群的身高、体重、血压分布等, 用以判断个体身体状况是否正常, 又如风力发电中的风速分布以估算该位置风电的功率输出。此外, 这一类算法也常被用于异常检测和新类识别。

**无监督学习、有监督学习、弱监督学习:** 根据样本是否提供了监督信息, 可以把机器学习任务区分为有监督学习、无监督学习、弱监督学习几类不同的任务。

顾名思义, 无监督学习是训练样本没有提供输出信息, 需根据数据的属性信息将样本集划分为不同的子集, 这类任务也称为聚类。如市场营销中的顾客聚类。聚类也是知识产生的源泉, 通过将杂乱无序的信息按照一定的规则整理出自洽的组织结构, 这本身就是知识发现的过程。如生物学家通过整理大量的生物样本形成动植物分类体系。类似的算法已被广泛应用于病毒变异溯源中。图 1.3(a) 展现了一个无监督学习任务。

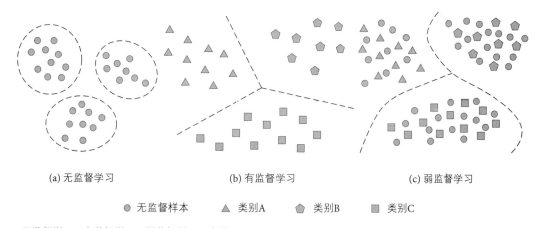

(a) 无监督学习　　　　　(b) 有监督学习　　　　　(c) 弱监督学习

●  无监督样本　　▲  类别A　　⬟  类别B　　■  类别C

**图 1.3**　无监督学习、有监督学习和弱监督学习示意图

与无监督学习相对应的是有监督学习, 此时, 每个训练样本都包含输出变量值, 学习的任务是构造一个能够实现从样本的输入空间到输出空间映射的函数。图 1.3(b) 展现了一个有监督学习的任务。当样本的输出变量只有两种可能的取值时, 称为二分类任务; 当输出变量存在两个以上的取值时, 称为多分类任务。当某些样本存在多个分类

标签时，称这类任务为多标记学习。图 1.4 展示了各种任务之间的不同，以图中的例子说明，其中二分类只要判断是否属于鸢尾花即可，而多分类则需要判断不同花的种类，如果一张图片中同时存在多种花，多标签算法需要同时识别多个标签。当给定一个输入变量需要同时学习它的多个输出变量时，则称为多任务学习，如给定一张照片，需要同时估计照片中人的性别、年龄和体重等信息。

图 1.4 二分类任务、多分类任务、多标签任务及多任务

在大数据时代，还经常面临一类新的任务。由于标注成本高，尽管获得了大量的数据，但只有其中的一部分样本进行了标注，剩下的是没有标注的原始数据。由于没有标记的数据也可为建模提供有价值的信息，设计算法时应把有标记的数据和无标记的数据都利用起来学习判别模型，这类任务被称为半监督学习任务。当前大部分真实的学习任务都可以归为此类任务，如医学图像识别，智能驾驶环境感知、大型装备故障诊断等。图 1.3(c) 展现了一个半监督学习任务。

在棋类游戏等用户无法直接给出样本类别的任务中，用户只能对当前的决策进行评估并给予一定的奖惩，此时需要强化学习技术。强化学习 (reinforcement learning, RL)，又称再励学习、评价学习或增强学习，是机器学习的一大类任务，用于描述和解决智能体 (agent) 在与环境的交互过程中通过学习策略以达成回报最大化或实现特定目标的问题。

强化学习的常见模型是标准的马尔可夫决策过程 (Markov decision process, MDP)。按给定条件，强化学习可分为基于模式的强化学习 (model-based RL) 和无模式强化学习 (model-free RL) 以及主动强化学习 (active RL) 和被动强化学习 (passive RL)。强化学习的变体包括逆向强化学习、阶层强化学习和部分可观测系统的强化学习。求解强化学习问题所使用的算法可分为策略搜索算法和值函数 (value function) 算法两类。深度学习模型可以在强化学习中得到使用, 形成深度强化学习。

强化学习侧重在线学习并试图在探索-利用 (exploration-exploitation) 间保持平衡。不同于监督学习和非监督学习, 强化学习不要求预先给定任何数据, 而是通过接收环境对动作的奖励 (反馈) 获得学习信息并更新模型参数。

## 1.3　机器学习的发展历史

在人工智能这一概念尚未提出之前, 研究者已经在探索如何设计算法从数据中提炼一般规律, 并逐步形成了机器学习算法的多个分支: 神经网络、决策树、支持向量机、集成学习等。

### 1.3.1　神经网络与深度学习

人工神经网络从结构上模拟人脑的神经网络模型。早在 1943 年, 心理学家麦卡洛克 (McCulloch) 和数理逻辑学家皮茨 (Pitts) 提出了人工神经网络的概念及人工神经元的数学模型, 从而开启了人工神经网络的研究。1949 年, 心理学家赫伯 (Hebb) 在 *The Organization of Behavior* 论文中描述了神经元学习法则。以后, 人工神经网络进一步被美国神经学家罗森布拉特 (Rosenblatt) 发展, 提出了可以模拟人类感知能力的机器, 称之为 "感知机 (perceptron)"。1957 年, 他成功完成了感知机的仿真。1959 年, 他又成功实现了能够识别一些英文字母的神经计算机——Mark1。为了让感知机学习识别图像,Rosenblatt 在 Hebb 学习法则的基础上, 发展了一种迭代、试错的学习算法——感知机学习。除了能够识别字母外, 感知机也能对不同书写方式的字母图像进行识别。

1962 年, Rosenblatt 又出版了 *Principles of Neurodynamics: Perceptrons and the theory of brain mechanisms* 一书, 深入阐述了感知机的机理。虽然最初被认为有着巨大的发展潜能, 但感知机最终被证明不能处理诸多的模式识别问题。1969 年, 明斯基 (Minksy) 和派珀特 (Papert) 在 *Perceptrons* 书中, 仔细分析了以感知机为代表的单层神经网络系统的功能及局限, 证明感知机不能解决简单的异或 (XOR) 等线性不可分问题, 但 Rosenblatt、Minsky 及 Papert 等人在当时已经了解到多层神经网络能够解决线性不可分的问题。由于 Rosenblatt 等人没能够及时推广感知机学习算法到多层神经网络, 以及 *Perceptrons* 的巨大影响, 导致了人工神经网络研究的长年停滞, 直到人们认识到多层感知机没有单层感知机固有的缺陷, 并且可由反向传播算法进行训练, 人工神经网络的研究才有所恢复。

误差反向传播 (Error Back Propagation, BP) 算法最早由韦伯斯 (Werbos) 于 1974 年提出, 1985 年辛顿 (Hinton) 等人发展了该理论。该算法是学习过程由信号的正向传播与误差的反向传播两个过程组成, 神经网络中的权值和阈值不断调整, 直至学习训练次数达到预设值, 或输出误差低于规定的阈值。由于多层前馈网络的训练往往采用 BP 算法, 人们也常将多层前馈网络直接称为 BP 网络。

BP 网络需要大规模的学习样本和计算资源, 当数据不足时易产生过拟合现象。为了解决小样本学习的过拟合问题, 1964 年, 万普尼克 (Vapnik) 和勒纳 (Lerner) 提出了硬间隔线性支持向量机 (support vector machine, SVM)。此后在 20 世纪 70 年代到 80 年代, 随着最大间隔决策边界的理论研究、基于松弛变量的规划问题求解技术的出现和统计学习理论的逐步完善, 支持向量机的理论和算法得以成熟。1992 年, 伯森 (Boser)、盖恩 (Guyon) 和万普尼克通过核方法得到了非线性 SVM 模型。1995 年, 科琳娜 (Corinna) 和万普尼克提出了软间隔的非线性 SVM 并将其应用于手写字符识别问题, 取得了优异的性能。此后, 支持向量机进入了大众的视野, 引领了随后十年左右的研究热潮, 发展出支持向量分类、回归、聚类以及多核学习等诸多模型。

随着大规模数据和算力资源的普及, 人工神经网络在 2010 年前后再一次回到研究人员的视野。与 20 世纪 80 年代的浅层神经网络和 20 世纪 90 年代的三层支持向量机不同, 这一轮神经网络的研究热潮以超大规模多层深度神经网络为主要研究对象, 也称为深度学习。深度学习框架可以追溯到 1980 年福岛 (Fukushima) 提出了新认知机 (neocognitron)。1989 年, 杨立昆 (LeCun) 等人将反向传播算法应用于深度神经网络, 这一网络被用于手写邮政编码识别, 并成功实现商业化应用。2006 年前后, Hinton 和他的学生 Salakhutdinov 提出了一种在前馈神经网络中进行有效训练的算法, 这一算法将网络中的每一层视为无监督的受限玻尔兹曼机 (restricted Boltzmann machine, RBM), 再使用有监督的反向传播算法进行调优。此后, Hinton 等人还提出了深度信念网络 (deep belief network, DBN) 掀起了深度学习的研究热潮。2009 年, 又进一步提出深度玻尔兹曼机 (deep Boltzmann machine, DBM), 用 DBM 表示堆叠的 RBM, 取得比用 DBN 更好的效果。2012 年, AlexNet 将改进的卷积神经网络 (convolutional neural network, CNN) 应用于图像识别, 在 Imagenet 竞赛上取得的巨大成功, 彻底点燃了深度学习研究的热潮。近年来有监督深度学习方法获得了空前的成功, 在语音识别、图像检测、视频分析、机器翻译等领域都取得了突破性的进展, 目前在半监督、弱监督甚至无监督场景下也涌现出大量优秀的算法。

### 1.3.2　决策树算法系列

机器学习的另一个重要分支是决策树。决策树算法在 20 世纪 80 年代到 90 年代获得了大量关注，此类算法建立的模型容易被用户理解，学习和推理的速度都非常高效。1984 年国际知名的统计学家 Breiman 采用 Gini 指标选择特征和劈分结点，提出了分类回归树 (classification and regression tree, CART) 算法，适用于分类和回归学习任务。

1986 年在 *Machine Learning* 的创刊号上，澳大利亚学者 Quinlan 发表了 ID3 决策树算法，该算法引入信息熵指标度量特征的判别能力，1993 年，Quinlan 将 ID3 算法改进为 C4.5 算法，使得该算法能够同时处理数值和符号变量，并且容许部分特征值的缺失，成为机器学习领域一个广受欢迎的算法。

为了进一步提升决策树算法的可靠性，Breiman 于 1996 年提出了自举汇聚法 (bootstrap aggregating, Bagging) 算法，通过有放回的重采样技术从原训练样本中重采样多组训练集，用这些训练集生成多个决策树，在决策阶段，引入投票或者加权平均的机制融合这些决策树的输出。Bagging 算法可与其他分类、回归算法结合，提高准确率和稳定性。与此同时，贝尔实验室的 Tin Kam Ho 提出的随机决策森林 (random decision forests) 算法，这个算法的随机子空间思想结合 Breiman 的 Bagging 想法，实现了从样本和特征两个维度的数据重采样，生成了差异性更大的决策树的集合。

此外，Freund 等人于 1995 年提出了著名的 AdaBoost (adaptive boosting)，改进了 Boosting 算法。Boosting 算法也称为提升法，是一种重要的集成学习技术，能够将预测精度仅比随机猜测略好的弱学习器增强为预测精度高的强学习器。当直接构造强学习器非常困难时，这一方法为学习算法的设计提供了一种有效的思路。Boosting 算法与 Bagging 技术一样，可应用于大部分流行的机器学习算法，进一步提升算法的性能。AdaBoost 是 Boosting 系列算法中最成功的代表，被评为数据挖掘十大算法之一。该方法依次生成一组分类器，在前一次分类器中被错分的样本将以更大概率入选后一个分类器的训练样本，由此得到一组分类器，最后采用加权平均的方式融合这一组分类器的输出。

除了神经网络和决策树两大类机器学习模型外，研究者们还提出了 Logistic 回归算法、贝叶斯方法、粗糙集方法等手段从数据中提炼分类和回归模型。由于篇幅的限制，在此不再一一赘述。

### 1.3.3 无监督学习

以上介绍的算法是为有监督学习任务设计的。给定一个训练样本 $\boldsymbol{x}^{(n)}$, 存在相应的输出 $y^{(n)}$ 与之相对应, 此时训练数据可表示为 $(\boldsymbol{x}^{(n)}, y^{(n)})$。而在某些场景下, 训练数据并没有提供样本的输出信息, 用户需要设计算法根据数据的分布将样本划分为若干个子集。

k 均值聚类 (k-means clustering) 算法是一种古老的聚类算法, 该算法采取迭代求解的策略, 预先随机选取 $k$ 个对象作为初始的聚类中心, 然后对每个对象计算其与各个聚类中心之间的距离, 把每个对象分配给距离它最近的聚类中心。聚类中心以及分配给它们的对象就代表一个聚类。每次分配完成后, 聚类中心会根据聚类中现有的对象被重新计算。这个过程不断重复直到满足某一终止条件, 如聚类中心不再发生变化。

模糊 C 均值 (Fuzzy-C means, FCM) 聚类算法是一种柔性划分的聚类方法。1973年 Bezdek 等人提出了 FCM 聚类算法, 该方法用隶属度确定每个数据点属于某个类的程度, 是早期硬 k 均值聚类方法的一种改进。通过计算样本的隶属度矩阵使得被划分到同一簇的对象之间相似度最大, 而不同簇之间的相似度最小。FCM 聚类算法得到了广泛应用, 该算法稳定, 适用于含有噪声信息的聚类任务。

谱聚类算法是近些年被广泛讨论的一大类新聚类算法, 它建立在图论中的谱图理论基础上, 其本质是将聚类问题转化为图的最优划分问题。该算法将数据集中的每个对象看作是图的顶点 $\mathcal{V}$, 将顶点间的相似度量化作为相应顶点连接边 $\mathcal{E}$ 的权值, 这样就得到一个基于相似度的无向加权图 $G\langle\mathcal{V}, \mathcal{E}\rangle$, 于是聚类问题就可以转化为图的划分问题。基于图论的最优划分准则就是使划分成的子图内部相似度最大, 子图之间的相似度最小。谱聚类算法将聚类问题转化为图的划分问题之后, 基于图论的划分准则的优劣直接影响到聚类结果的好坏。常见的划分准则有 Mini cut, Average cut, Normalized cut, Min-max cut, Ratio cut, MNcut 等。

除此之外, 研究者们根据不同的应用需求还设计了许多聚类算法, 如分层聚类算法、子空间聚类算法、密度峰值聚类算法、原型聚类算法等。

## 1.4 评价指标

### 1.4.1 分类算法的评价指标

对于分类问题, 常见的评价标准有准确率、精确率、召回率和 F 值等。给定测试集 $\mathcal{T} = \{(\boldsymbol{x}^{(1)}, y^{(1)}), (\boldsymbol{x}^{(2)}, y^{(2)}), \cdots, (\boldsymbol{x}^{(M)}, y^{(M)})\}$, 假设标签 $y^{(m)} \in \{1, 2, \cdots, K\}$,

用学习好的模型对测试集中的每一个样本进行预测, 结果为 $\left\{\hat{y}^{(1)}, \hat{y}^{(2)}, \cdots, \hat{y}^{(M)}\right\}$。

**准确率**: 最常用的评价指标为准确率 (accuracy)。

$$Acc = \frac{1}{M} \sum_{m=1}^{M} I\left(y^{(m)} = \hat{y}^{(m)}\right) \tag{1.1}$$

**错误率**: 和准确率相对应的就是错误率 (error rate)。

$$\begin{aligned} \mathrm{Err} &= 1 - \mathrm{Acc} \\ &= \frac{1}{M} \sum_{m=1}^{M} I\left(y^{(m)} \neq \hat{y}^{(m)}\right) \end{aligned} \tag{1.2}$$

**精确率和召回率**: 准确率是所有类别整体性能的平均, 如果希望对每个类都进行性能估计, 就需要计算精确率 (precision) 和召回率 (recall)。

对于类别 $q$ 来说, 模型在测试集上的结果可以分为以下四种情况。

(1) 真正样本 (true positive, TP): 一个样本的真实类别为 $q$ 并且被模型正确地预测为类别 $q$。这类样本数量记为

$$TP_q = \sum_{m=1}^{M} I\left(y^{(m)} = \hat{y}^{(m)} = q\right) \tag{1.3}$$

(2) 假负样本 (false negative, FN): 一个样本的真实类别为 $q$, 但被模型错误地预测为其他类。这类样本数量记为

$$FN_q = \sum_{m=1}^{M} I\left(y^{(m)} = q \wedge \hat{y}^{(m)} \neq q\right) \tag{1.4}$$

(3) 假正样本 (false positive, FP): 一个样本的真实类别为其他类, 但被模型错误地预测为类别 $q$。这类样本数量记为

$$FP_q = \sum_{m=1}^{M} I\left(y^{(m)} \neq q \wedge \hat{y}^{(m)} = q\right) \tag{1.5}$$

(4) 真负样本 (true negative, TN): 一个样本的真实类别为其他类, 模型也预测为其他类。这类样本数量记为 $TN$。对于指定类别 $q$ 来说, 这种情况一般不需要关注其真负样本。

**精确率**: 类别 $q$ 的精确率 $\mathcal{P}_q$ 是所有预测为类别 $q$ 的样本中预测正确的比例:

$$\mathcal{P}_q = \frac{TP_q}{TP_q + FP_q} \tag{1.6}$$

**召回率**: 类别 $q$ 的召回率 $\mathcal{R}_q$ 是所有真实标签为类别 $q$ 的样本中预测正确的比例:

$$\mathcal{R}_q = \frac{TP_q}{TP_q + FN_q} \tag{1.7}$$

**F 值**: $\mathcal{F}_q$ 值是一个综合指标, 为精确率和召回率的调和平均:

$$\mathcal{F}_q = \frac{\left(1 + \beta^2\right) \times \mathcal{P}_q \times \mathcal{R}_q}{\beta^2 \times \mathcal{P}_q + \mathcal{R}_q} \tag{1.8}$$

其中 $\beta$ 用于平衡精确率和召回率的重要性, 一般取值为 $1$。$\beta = 1$ 时的 F 值称为 F1 值, 是精确率和召回率的调和平均。

**交叉验证**: 交叉验证 (cross-validation) 是一种比较好的衡量机器学习模型的统计分析方法, 可以有效避免划分训练集和测试集时的随机性对评价结果造成的影响。可以把原始数据集平均分为 $K$ 组不重复的子集, 每次选 $K-1$ 组子集作为训练集, 剩下的一组子集作为验证集。这样可以进行 $K$ 次试验并得到 $K$ 个模型, 将这 $K$ 个模型在各自验证集上的错误率的平均作为分类器的评价。

### 1.4.2 聚类算法的评价指标

给定样本集 $\mathcal{X} = \left\{\boldsymbol{x}^{(1)}, \boldsymbol{x}^{(2)}, \cdots, \boldsymbol{x}^{(N)}\right\}$ 包含 $N$ 个无标记样本, 每个样本 $\boldsymbol{x}^{(n)} = \left[x_1^{(n)}, x_2^{(n)}, \cdots, x_D^{(n)}\right]^{\mathrm{T}}$ 是一个 $D$ 维特征向量, 则聚类算法将样本集 $\mathcal{X}$ 划分为 $k$ 个不相交的簇 $\{\mathcal{C}_l \mid l = 1, 2, \cdots, k\}$, 其中 $\mathcal{C}_{l'} \cap_{l' \neq l} \mathcal{C}_l = \varnothing$, 且 $\mathcal{X} = \bigcup_{l=1}^{k} \mathcal{C}_l$。相应地, 用 $\lambda_n \in \{1, 2, \cdots, k\}$ 表示样本 $\boldsymbol{x}^{(n)}$ 的 "簇标记" (cluster label), 于是, 聚类的结果可用包含 $N$ 个元素的簇标记向量 $\boldsymbol{\lambda} = [\lambda_1, \lambda_2, \cdots, \lambda_N]^{\mathrm{T}}$ 表示。

基于不同的学习策略, 设计了多种类型的聚类算法。先讨论聚类算法涉及的两个基本问题——性能度量和距离计算。

**性能度量**: 聚类性能度量与监督学习中的性能度量作用相似, 它也可以称作聚类 "有效性指标" (validity index)。聚类的性能度量有两个作用: 一是能够评估聚类结果的好坏, 二是如果明确了最终将要使用的性能度量, 则可直接将其作为聚类过程的优化目标, 从而更好地符合要求的聚类结果。

聚类是将样本集 $\mathcal{X}$ 划分为若干互不相交的子集, 即样本簇。通过聚类, 期望得到是 "簇内相似度" (intra-cluster similarity) 高且 "簇间相似度" (inter-cluster similarity) 低的聚类效果。聚类性能度量大致有两类, 一类是将聚类结果与某个参考模型进行比较, 称为外部指标; 另一类是直接考察聚类结果而不利用任何参考模型, 称为内部指标。

对数据集 $\mathcal{X}$, 假定通过聚类给出的簇划分为 $\mathcal{C} = \{\mathcal{C}_1, \mathcal{C}_2, \cdots, \mathcal{C}_k\}$, 参考模型给出的簇划分为 $\mathcal{C}^* = \{\mathcal{C}_1^*, \mathcal{C}_2^*, \cdots, \mathcal{C}_s^*\}$。相应地, 令 $\boldsymbol{\lambda}$ 与 $\boldsymbol{\lambda}^*$ 分别表示与 $\mathcal{C}$ 和 $\mathcal{C}^*$ 对应的簇

标记向量。将样本两两配对考虑, 定义:

$$
\begin{aligned}
a &= |SS|, && SS = \left\{ \left(\boldsymbol{x}^{(i)}, \boldsymbol{x}^{(j)}\right) \mid \lambda_i = \lambda_j, \lambda_i^* = \lambda_j^*, i < j \right\}, \\
b &= |SD|, && SD = \left\{ \left(\boldsymbol{x}^{(i)}, \boldsymbol{x}^{(j)}\right) \mid \lambda_i = \lambda_j, \lambda_i^* \neq \lambda_j^*, i < j \right\}, \\
c &= |DS|, && DS = \left\{ \left(\boldsymbol{x}^{(i)}, \boldsymbol{x}^{(j)}\right) \mid \lambda_i \neq \lambda_j, \lambda_i^* = \lambda_j^*, i < j \right\}, \\
d &= |DD|, && DD = \left\{ \left(\boldsymbol{x}^{(i)}, \boldsymbol{x}^{(j)}\right) \mid \lambda_i \neq \lambda_j, \lambda_i^* \neq \lambda_j^*, i < j \right\},
\end{aligned}
\tag{1.9}
$$

其中, 集合 $SS$ 包含了在 $\mathcal{C}$ 中隶属于相同簇且在 $\mathcal{C}^*$ 中也隶属于相同簇的样本对, 集合 $SD$ 包含了在 $\mathcal{C}$ 中隶属于相同簇但在 $\mathcal{C}^*$ 中隶属于不同簇的样本对, 由于每个样本对 $(\boldsymbol{x}^{(i)}, \boldsymbol{x}^{(j)})(i < j)$ 仅能出现在一个集合中, 因此有 $a + b + c + d = N(N-1)/2$ 成立。

基于以上公式可导出下面这些常用的聚类性能度量外部指标:

- Jaccard 系数 (Jaccard coefficient, JC)

$$
\mathrm{JC} = \frac{a}{a + b + c}
\tag{1.10}
$$

- FM 指数 (Fowlkes and Mallows index, FMI)

$$
\mathrm{FMI} = \sqrt{\frac{a}{a+b} \cdot \frac{a}{a+c}}
\tag{1.11}
$$

- Rand 指数 (Rand index, RI)

$$
\mathrm{RI} = \frac{2(a+d)}{N(N-1)}
\tag{1.12}
$$

显然, 上述性能度量的结果值均在 $[0, 1]$ 区间, 值越大越好。

考虑聚类结果的簇划分 $\mathcal{C} = \{\mathcal{C}_1, \mathcal{C}_2, \cdots, \mathcal{C}_k\}$, 定义

$$
\begin{aligned}
\mathrm{avg}(\mathcal{C}) &= \frac{2}{|\mathcal{C}|(|\mathcal{C}|-1)} \sum_{1 \leqslant i < j \leqslant |\mathcal{C}|} \mathrm{dist}\left(\boldsymbol{x}^{(i)}, \boldsymbol{x}^{(j)}\right) \\
\mathrm{diam}(\mathcal{C}) &= \max_{1 \leqslant i < j \leqslant |\mathcal{C}|} \mathrm{dist}\left(\boldsymbol{x}^{(i)}, \boldsymbol{x}^{(j)}\right) \\
d_{\min}\left(\mathcal{C}_i, \mathcal{C}_j\right) &= \min_{\boldsymbol{x}^{(i)} \in \mathcal{C}_i \boldsymbol{x}^{(j)} \in \mathcal{C}_j} \mathrm{dist}\left(\boldsymbol{x}^{(i)}, \boldsymbol{x}^{(j)}\right) \\
d_{\mathrm{cen}}\left(\mathcal{C}_i, \mathcal{C}_j\right) &= \mathrm{dist}\left(\bar{\boldsymbol{x}}^{(i)}, \bar{\boldsymbol{x}}^{(j)}\right)
\end{aligned}
\tag{1.13}
$$

其中, $\mathrm{dist}(\cdot, \cdot)$ 用于计算两个样本之间的距离; $\bar{\boldsymbol{x}}$ 代表簇 $\mathcal{C}$ 的中心点, $\bar{\boldsymbol{x}} = \frac{1}{|\mathcal{C}|} \sum_{1 \leqslant c \leqslant |\mathcal{C}|} \boldsymbol{x}^{(c)}$。显然, $\mathrm{avg}(\mathcal{C})$ 表示簇 $\mathcal{C}$ 内样本间的平均距离, $\mathrm{diam}(\mathcal{C})$ 表示簇 $\mathcal{C}$ 内样本间的最远距离, $d_{\min}\left(\mathcal{C}_i, \mathcal{C}_j\right)$ 表示簇 $\mathcal{C}_i$ 与簇 $\mathcal{C}_j$ 最近样本间的距离, $d_{\mathrm{cen}}\left(\mathcal{C}_i, \mathcal{C}_j\right)$ 表示簇 $\mathcal{C}_i$ 与簇 $\mathcal{C}_j$ 中心点间的距离。

基于以上公式可导出下面这些常用的聚类性能度量内部指标:

• DB 指数 (Davies-Bouldin index, DBI)

$$\mathrm{DBI} = \frac{1}{k} \sum_{i=1}^{k} \max_{j \neq i} \left( \frac{\mathrm{avg}\,(\mathcal{C}_i) + \mathrm{avg}\,(\mathcal{C}_j)}{d_{\mathrm{cen}}\,(\bar{\boldsymbol{x}}^{(i)}, \bar{\boldsymbol{x}}^{(j)})} \right) \tag{1.14}$$

• Dunn 指数 (Dunn index, DI)

$$\mathrm{DI} = \min_{1 \leqslant i \leqslant k} \left\{ \min_{j \neq i} \left( \frac{d_{\min}\,(\mathcal{C}_i, \mathcal{C}_j)}{\max_{1 \leqslant l \leqslant k}\,\mathrm{diam}\,(\mathcal{C}_l)} \right) \right\} \tag{1.15}$$

显然, DBI 的值越小越好, 而 DI 值越大越好。

**距离计算**: 对于函数 dist( ) 当它作为距离度量 (distance measure) 时, 它需满足一些基本性质:

非负性: $\mathrm{dist}(\boldsymbol{x}^{(i)}, \boldsymbol{x}^{(j)}) \geqslant 0$;

同一性: $\mathrm{dist}(\boldsymbol{x}^{(i)}, \boldsymbol{x}^{(j)}) = 0$ 当且仅当 $\boldsymbol{x}^{(i)} = \boldsymbol{x}^{(j)}$;

对称性: $\mathrm{dist}(\boldsymbol{x}^{(i)}, \boldsymbol{x}^{(j)}) = \mathrm{dist}(\boldsymbol{x}^{(j)}, \boldsymbol{x}^{(i)})$

直递性: $\mathrm{dist}(\boldsymbol{x}^{(i)}, \boldsymbol{x}^{(j)}) \leqslant \mathrm{dist}(\boldsymbol{x}^{(i)}, \boldsymbol{x}^{(k)}) + \mathrm{dist}(\boldsymbol{x}^{(k)}, \boldsymbol{x}^{(j)})$

给定样本 $\boldsymbol{x}^{(i)} = \left[ x_1^{(i)}, x_2^{(i)}, \cdots, x_D^{(i)} \right]^{\mathrm{T}}$ 与 $\boldsymbol{x}^{(j)} = \left[ x_1^{(j)}, x_2^{(j)}, \cdots, x_D^{(j)} \right]^{\mathrm{T}}$, 最常用的闵可夫斯基距离 (Minkowski distance), 对于 $p \geqslant 1$, 式 (1.16) 满足距离度量基本性质。

$$\mathrm{dist}_{\mathrm{mk}}\left( \boldsymbol{x}^{(i)}, \boldsymbol{x}^{(j)} \right) = \left( \sum_{d=1}^{D} \left| x_d^{(i)} - x_d^{(j)} \right|^p \right)^{\frac{1}{p}} \tag{1.16}$$

$p = 1$ 时, 闵可夫斯基距离即曼哈顿距离 (Manhattan distance)

$$\mathrm{dist}_{\mathrm{man}}\left( \boldsymbol{x}^{(i)}, \boldsymbol{x}^{(j)} \right) = \left\| \boldsymbol{x}^{(i)} - \boldsymbol{x}^{(j)} \right\|_1 = \sum_{d=1}^{D} \left| x_d^{(i)} - x_d^{(j)} \right| \tag{1.17}$$

当样本空间中不同属性的重要性不同时, 可使用加权距离 (weighted distance)。以加权闵可夫斯基距离为例:

$$\mathrm{dist}_{\mathrm{wmk}}\left( \boldsymbol{x}^{(i)}, \boldsymbol{x}^{(j)} \right) = \left( w_1 \cdot \left| x_1^{(i)} - x_1^{(j)} \right|^p + \cdots + w_D \cdot \left| x_D^{(i)} - x_D^{(j)} \right|^p \right)^{\frac{1}{p}} \tag{1.18}$$

其中权重 $w_d \geqslant 0 \, (d = 1, 2, \cdots, D)$ 表征不同属性的重要性, 通常 $\sum\limits_{d=1}^{D} w_d = 1$。

一般情况下, 使用距离作为相似度度量 (similarity measure) 时, 距离越小, 相似度越大。并且, 用于相似度度量的距离并非一定要满足距离度量的所有基本性质, 尤其是直递性。

现实情况中, 数据样本复杂多变, 而本节介绍的距离计算式是事先定义好的, 因此很多情况下需要根据数据样本情况来确定合适的距离计算式, 这可通过距离度量学习 (distance metric learning) 来实现。

## 1.5　机器学习技术的应用

随着新算法的不断涌现, 机器学习的应用场景也愈发丰富, 在医学、农业、制造、交通、安防、天气预报以及科学探索中都出现了机器学习算法的身影。

### 1.5.1　分类技术的应用

分类任务主要是在有标注的数据集合上进行模型训练, 然后对测试数据进行分类。当前的数据主要以媒体新闻、报告、电子邮件、社交平台等作为主要来源。大部分数据以非结构化或半结构化的形式存在, 如电子邮件、电子文档以及电子文案等, 它们不易被机器理解也不可能完全依赖人工进行管理。因此采用信息化手段通过机器学习方法对这些信息进行处理显得尤为重要。文本分类技术作为组织和管理文本信息的有效手段, 主要任务是自动分类无标签文档到预定的类别集合中, 例如用于垃圾过滤、新闻分类、词性标注、舆情监控、情感分析等应用场景, 并提供决策分析。随着多媒体技术的发展, 包括图像、音频、视频等信息的多媒体数据大量涌现, 如何用机器学习分类多媒体数据已经成为多媒体技术研究中的热点问题。目前分类技术已经在人脸识别、图像识别、字体识别、车牌号识别、目标识别等领域有着广泛的应用。

### 1.5.2　回归技术的应用

与分类技术相对应的是回归技术, 此时预测的输出为数值变量。回归技术需要依据一组变量估计该样本的输出值。例如, 互联网流量及互动量预测、未来天气预测、车站机场客流量分布预测、音乐流行趋势预测、仓储规划与需求预测、货币基金资金流入流出预测、电影票房预测、影评分数预测、农产品价格预测分析、微博传播规模和传播深度预测、学生成绩排名预测、网约车出行流量预测、红酒品质评分、中国人口增长分析、居民收入增长预测、房地产销售影响因素分析、股价走势预测、全国综合运输总量预测等。

### 1.5.3 聚类算法的应用

聚类算法和分类算法的不同之处在于,分类算法是在有标注的数据集合进行训练,而聚类算法事先并不知道任何样本的标签。具体来说,聚类通过将杂乱无序的信息按照一定的规则整理成自洽的组织结构。基于这种对无标注数据操作的特性,聚类算法的研究以及实际应用场景非常广泛。在研究领域,聚类算法多数用于图像分割和探测及发现孤立点或异常值中。图像分割就是把图像分成若干个特定的、具有独特性质的区域并提出感兴趣目标的技术和过程,因此聚类算法提供了一个强有力的工具。同时,通过将聚类方法进行可视化操作,孤立点和异常值的发现变得极为容易。在实际的应用中,聚类算法被用于目标客户群体划分、用户画像、基于用户位置信息的商业选址、产品推荐等场景。

## 参考文献

[1] T M Mitchell. *Machine Learning*. McGraw-Hill, New York, 1997.

[2] V N Vapnik. 统计学习理论的本质 [M]. 北京: 清华大学出版社, 2000.

[3] 于剑. 机器学习: 从公理到算法. 北京: 清华大学出版社, 2017.

[4] 范明. 统计学习基础. 北京: 电子工业出版社, 2004.

# 第2章 感知机

2

感知机 (perceptron) 是生物神经细胞的数学抽象, 对应着一个具有两种状态的神经细胞 (即是否被激活), 是支持向量机和神经网络的基础。感知机属于判别模型, 它的输入是样本的特征向量, 输出是样本的正负两个类别。其目标是求得一个能够将训练数据集中的正样本和负样本分开的分类超平面。感知机模型通过最小化错误分类样本的损失构建分类超平面, 利用梯度下降等优化方法求解模型中的参数。感知机预测是用学习得到的感知机模型, 对新的输入样本进行分类。

感知机模型简单且易于实现。缺点是损失函数的目标只是减小所有误分类点与超平面的距离, 导致感知机的解不唯一, 满足分开数据点的分界面都是可以的, 并且感知机没有间隔最大化的约束条件, 最终可能会使得部分样本点距离超平面很近, 易形成错误的分类。这一问题在支持向量机算法中得到很好的解决。感知机无法处理线性不可分的训练数据, 这一问题将在多层神经网络中得到改善。

本章分别介绍感知机发展历史、感知机模型、感知机学习算法及收敛性证明、扩展的多类感知机。

## 2.1　感知机的发展历史

感知机是人工神经网络的简易模型, 标志着人工神经网络研究进入了新的发展阶段。追根溯源, 人工神经网络诞生于人类对于人脑和智能的追问。

德国医生高尔 (Gall) 推测人类的精神活动是由脑的功能活动实现的, 这使人们认识到意识和精神活动具有物质基础, 从而使人们对精神活动的认识从唯心主义的错误观点转到了唯物主义的正确轨道上来[1]。意大利细胞学家高尔基 (Golgi) 徒手将脑组织切成薄片, 用重铬酸钾–硝酸银浸染法染色, 第一次在显微镜下观察到了神经细胞和神经胶质细胞。这为神经科学的研究提供了组织学方法[2]。西班牙神经组织学家卡哈尔 (Cajal) 在掌握了 Golgi 染色法后, 又进一步改良了 Golgi 染色法, 并发明了独创的银染法——还原硝酸银染色法, 此法可显示神经纤维的微细结构。他发现神经细胞之间没有原生质的联系, 因而提出神经细胞是整个神经活动最基本的单位 (故称神经元),

如图 2.1 所示。他对于大脑的微观结构研究是开创性的, 被许多人认为是现代神经科学之父[3]。为此, Cajal 和 Golgi 两人共享了 1906 年诺贝尔生理学或医学奖。此后, Cajal 经过大量精细的实验, 创立了 "神经元学说", 为神经科学开创了新纪元。

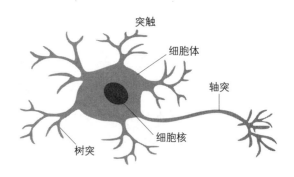

**图 2.1** 神经元

对智能机器的探索和计算机的历史一样古老。尽管中文的 "电脑" 一词从一开始就拥有了 "脑" 的头衔, 但事实上与真正的智能相去甚远。图灵 (Turing) 在他的文章 *Computing Machinery and Intelligence*[4] 中提出了几个标准来评估一台机器能否被认为是智能的, 该标准也被称为 "图灵测试" 。神经元及其连接里也许藏着智能的隐喻, 沿着这条路线前进的研究被归为连接主义学派。

1943 年, 麦卡洛克和皮茨发表了题为 *A Logical Calculus of the Ideas Immanent in Nervous Activity*[5] 的论文, 首次提出神经元的 M-P 模型, 如图 2.2(a) 所示, 可以等价看作图 2.2(b) 中的模型, 结点 1 和结点 2 分别接收一个输入, 并对输入信号进行一次简单的加权, 结点 3 会对结点 1 和结点 2 的输出值求和并与阈值比较决定是否输出。该模型借鉴了神经细胞生物过程原理, 是第一个神经元数学模型。M-P 模型的工作原理是神经元的输入信号加权求和, 与阈值比较再决定神经元是否输出。

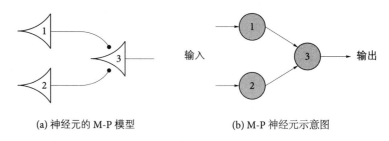

(a) 神经元的 M-P 模型　　　　　　(b) M-P 神经元示意图

**图 2.2** 麦卡洛克和皮茨在论文中提出的神经元 M–P 模型和 M–P 神经元示意图

20 世纪 40 年代末, 赫伯 (Hebb) 在 *The Organization of Behavior*[6] 中对神经元之间连接强度的变化进行了分析, 首次提出了一种调整权值的方法, 称为 Hebb 学习规则。Hebb 学习规则主要假定机体的行为可以由神经元的行为来解释。Hebb 受启发于巴甫洛夫的条件反射实验,认为如果两个神经元在同一时刻被激发,则它们之间的联系应该被强化。这就是 Hebb 提出的生物神经元的学习机制,在这种学习中,由对神经元的重复刺激,使得神经元之间的突触强度增加。Hebb 学习规则隶属于无监督学习算法的范畴,其主要思想是根据两个神经元的激发状态来调整其连接关系,以此实现对简单神经活动的模拟。继 Hebb 学习规则之后,神经元的有监督 Delta 学习规则[7]被提出,用于解决在输入输出已知的情况下神经元权值的学习问题。

1958 年,就职于 Cornell 航空实验室的罗森布拉特 (Rosenblatt) (见图 2.3) 发明了一种被称为感知机 (perceptron)[8] 的人工神经网络。它可以被视为一种最简单形式的前馈神经网络,是一种二元线性分类器。1960 年,Rosenblatt 搭建了一个神经网络,如图 2.4 所示。

图 2.3　罗森布拉特 (1928 — 1971)

图 2.4　罗森布拉特搭建的神经网络

Rosenblatt 提出的感知机引发了第一次人工神经网络研究热潮,这股热潮仅持续了十年左右。两位科学家明斯基和派珀特对 Rosenblatt 的工作表示质疑,并且于 1969 年发表著作 *Perceptrons*[9],指出了感知机的局限,导致感知机沉寂了将近 20 年,直到 20 世纪 80 年代另一位科学家辛顿 (Hinton) 发展了 BP 算法[10],让其成为当今 AI 最热门的领域,这部分内容将会在第 5 章进行介绍。

图 2.5　IEEE-Frank-Rosenblatt 奖

2004 年,IEEE 为纪念神经网络的创始人之一 Rosenblatt,设立了技术领域大奖 IEEE-Frank-Rosenblatt 奖,如图 2.5 所示。该奖项每年在全球范围内评选出一位对生物学和语言学促进的设计、实践、技术或理论计算典范发展做出卓越贡献的获奖人,包括但不仅限于神经网络、连接系统、模糊系统,以及包含这些典范的混合智能系统。

## 2.2 感知机模型

感知机模型的输入空间 (特征空间) 是 $\boldsymbol{X} \subseteq \mathbf{R}^D$, 输入空间中的样本 $\boldsymbol{x} \in \boldsymbol{X}$ 表示样本的特征向量, 对应于输入空间 (特征空间) 的点。输出空间 (类别空间) 是 $\boldsymbol{Y} = \{+1, -1\}$, 输出 $\boldsymbol{Y}$ 表示样本的类别。

给定一组训练数据集 $\mathcal{D} = \{(\boldsymbol{x}^{(1)}, y^{(1)}), (\boldsymbol{x}^{(2)}, y^{(2)}), \cdots, (\boldsymbol{x}^{(N)}, y^{(N)})\}$, 其中 $\boldsymbol{x}^{(n)} \in \boldsymbol{X}, y^{(n)} \in \boldsymbol{Y}, n = 1, 2, \cdots, N$, 感知机旨在学习一个分类超平面将训练样本划分为正负两类。预测阶段, 将新的测试样本输入学习得到的感知机模型, 并给出对应的输出类别。

最简单的方式是构建一个线性分类器, 即学习一个由属性的线性组合构成的函数。对于一个给定的 $D$ 维样本 $\boldsymbol{x} = [x_1, x_2, \cdots, x_D]^{\mathrm{T}}$, 其线性组合为

$$f(\boldsymbol{x}) = w_1 x_1 + w_2 x_2 + \cdots + w_D x_D + b \tag{2.1}$$

写成向量的形式为

$$f(\boldsymbol{x}) = \boldsymbol{w}^{\mathrm{T}} \boldsymbol{x} + b \tag{2.2}$$

其中 $\boldsymbol{w} = [w_1, w_2, \cdots, w_D]^{\mathrm{T}}$ 为 $D$ 维的权重向量, $b$ 为偏置, $\boldsymbol{w}^{\mathrm{T}} \boldsymbol{x}$ 表示 $\boldsymbol{w}$ 和 $\boldsymbol{x}$ 的内积。

感知机从输入空间到输出空间的映射函数:

$$\mathrm{sign}\left(\boldsymbol{w}^{\mathrm{T}} \boldsymbol{x} + b\right) \tag{2.3}$$

$\mathrm{sign}(f(\boldsymbol{x}))$ 是符号函数, 即

$$\mathrm{sign}(f(\boldsymbol{x})) = \begin{cases} +1, & f(\boldsymbol{x}) \geqslant 0 \\ -1, & f(\boldsymbol{x}) < 0 \end{cases} \tag{2.4}$$

为了学习感知机模型的参数 $\boldsymbol{w}$ 和 $b$, 需要确定一个学习策略。感知机的学习采用了一种错误驱动的学习策略。错误分类样本的情形包括: 当 $\boldsymbol{w}^{\mathrm{T}} \boldsymbol{x}^{(n)} + b > 0$ 时, $y^{(n)} = -1$ 或当 $\boldsymbol{w}^{\mathrm{T}} \boldsymbol{x}^{(n)} + b < 0$ 时, $y^{(n)} = +1$。因此, 错误分类的样本对 $(\boldsymbol{x}^{(n)}, y^{(n)})$ 总满足

$$-y^{(n)} \left(\boldsymbol{w}^{\mathrm{T}} \boldsymbol{x}^{(n)} + b\right) > 0 \tag{2.5}$$

以鸢尾花分类为例, 为了能够在二维空间展示数据, 只采用花萼宽度 $x_1$ 和花瓣宽度 $x_2$ 区分出杂色鸢尾花 (−) 和维吉尼亚鸢尾花 (+)。训练过程的目的是为了学习一个分类器将两类鸢尾花分开。通过训练的分类器, 对新的测试样本进行归类, 数据及训练

的分类器如图 2.6 所示。$f(\boldsymbol{x})$ 可以看作是样本空间 $\mathbf{R}^D$ 内的一个超平面 $S$, 其中 $\boldsymbol{w}$ 是超平面的法向量, $b$ 是超平面的截距, $r$ 是样本到超平面 $S$ 的距离。这个超平面将样本集合分为正、负两类, 即输出为 $+1$ 和 $-1$, 而这个超平面 $S$ 也称为分类超平面。

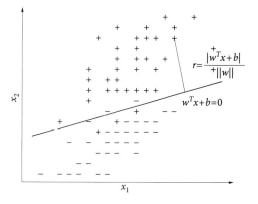

**图 2.6** 鸢尾花数据及训练的分类器

假设对于给定分类超平面 $S$ 的错误分类集合为 $\mathcal{Q}$, 感知机的学习策略就是利用错误的样本对当前的分类超平面进行更新。错误分类样本的损失函数可以定义为

$$\mathcal{L}(\boldsymbol{w},b) = -\sum_{\boldsymbol{x}^{(n)}\in\mathcal{Q}} y^{(n)}\left(\boldsymbol{w}^{\mathrm{T}}\boldsymbol{x}^{(n)}+b\right) \tag{2.6}$$

对于式 (2.6) 中损失函数而言, 错误分类样本越少, 损失函数值就越小。当没有错误分类样本时, 其损失函数值为 0。因此, 感知机学习的策略就是对给定的训练样本集选取使损失函数 (2.6) 最小的模型参数 $(\boldsymbol{w},b)$。

$$\min_{\boldsymbol{w},b} -\sum_{\boldsymbol{x}^{(n)}\in\mathcal{Q}} y^{(n)}\left(\boldsymbol{w}^{\mathrm{T}}\boldsymbol{x}^{(n)}+b\right) \tag{2.7}$$

感知机可以理解为最小化错误分类样本离超平面的距离。错误分类样本离超平面越近, 损失函数值就越小。错误分类样本 $\boldsymbol{x}^{(n)}$ 到超平面 $S$ 的距离为

$$-\frac{1}{\|\boldsymbol{w}\|} y^{(n)}\left(\boldsymbol{w}^{\mathrm{T}}\boldsymbol{x}^{(n)}+b\right) \tag{2.8}$$

其中, $\|\boldsymbol{w}\|$ 是 $\boldsymbol{w}$ 的 $L_2$ 范数。错误分类集合 $\mathcal{Q}$ 中的所有样本到超平面 $S$ 的总距离为

$$\min_{\boldsymbol{w},b} -\frac{1}{\|\boldsymbol{w}\|} \sum_{\boldsymbol{x}^{(n)}\in Q} y^{(n)}\left(\boldsymbol{w}^{\mathrm{T}}\boldsymbol{x}^{(n)}+b\right) \tag{2.9}$$

不考虑 $\frac{1}{\|\boldsymbol{w}\|}$, 就得到感知机学习的损失函数式 (2.6)。

感知机是由两层神经元组成, 输入层接收外界输入信号以后传递给输出层, 输出层是 M-P 神经元, 如图 2.7 所示:

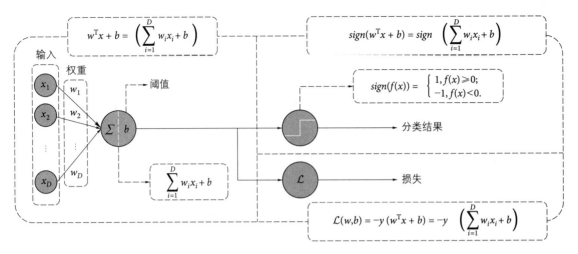

**图 2.7** 感知机网络结构示意图

## 2.3 感知机学习

### 2.3.1 感知机学习算法

感知机学习算法的目标是求解式 (2.6) 中损失函数的极小化问题, 其可以采用随机梯度下降法 (stochastic gradient descent)[11] 进行优化求解。首先, 任意选取一个初始超平面 $\boldsymbol{w}_0, b_0$(通常选择全零), 然后对于每一次随机选取的错误分类样本对 $(\boldsymbol{x}^{(n)}, y^{(n)})$ 计算损失函数 $\mathcal{L}(\boldsymbol{w}, b)$ 的梯度:

$$
\begin{aligned}
\frac{\partial \mathcal{L}(\boldsymbol{w}, b)}{\partial \boldsymbol{w}} &= -y^{(n)} \boldsymbol{x}^{(n)} \\
\frac{\partial \mathcal{L}(\boldsymbol{w}, b)}{\partial b} &= -y^{(n)},
\end{aligned}
\tag{2.10}
$$

并利用该梯度对参数 $\{\boldsymbol{w}, b\}$ 进行更新:

$$
\begin{aligned}
\boldsymbol{w} &\leftarrow \boldsymbol{w} + \eta y^{(n)} \boldsymbol{x}^{(n)} \\
b &\leftarrow b + \eta y^{(n)}
\end{aligned}
\tag{2.11}
$$

其中, $\eta(0 < \eta \leqslant 1)$ 是步长。这样, 通过多次迭代使得损失函数 $\mathcal{L}(\boldsymbol{w}, b)$ 不断减小, 直到满足收敛条件 (例如, $\mathcal{L}(\boldsymbol{w}, b) = 0, \mathcal{L}(\boldsymbol{w}, b)$ 达到一个稳定点, 或者达到最大迭代次数)。二类感知机的学习算法可以总结为算法 2.1。

算法 2.1 是最基本的感知机学习算法, 其采用类似贪心式策略对每一个错误分类的样本调整感知机参数 $\{\boldsymbol{w}, b\}$, 使超平面向该样本的一侧移动, 以减少该样本与超平面之间的距离, 直至其被正确分类。下面给出一个实例进一步说明感知机学习算法的优化过程。

**算法 2.1　二类感知机学习算法**

输入：样本集 $\mathcal{D} = \left\{ \left( \boldsymbol{x}^{(1)}, y^{(1)} \right), \left( \boldsymbol{x}^{(2)}, y^{(2)} \right), \cdots, \left( \boldsymbol{x}^{(N)}, y^{(N)} \right) \right\}$，其中 $\boldsymbol{x}^{(n)} \in \boldsymbol{X}, y^{(n)} \in \{+1, -1\}, n = 1, 2, \cdots, N$；步长 $\eta(0 < \eta \leqslant 1)$

1.　初始化：$\boldsymbol{w}_0 = \boldsymbol{0}, b_0 = 0$；
2.　**repeat**；
3.　　随机在训练集中选取一个样本对 $(\boldsymbol{x}^{(n)}, y^{(n)})$；
4.　　**if** $y^{(n)} \left( \boldsymbol{w}^{\mathrm{T}} \boldsymbol{x}^{(n)} + b \right) \leqslant 0$ **then**；
5.　　　$\boldsymbol{w} \leftarrow \boldsymbol{w} + \eta y^{(n)} \boldsymbol{x}^{(n)}$；
6.　　　$b \leftarrow b + \eta y^{(n)}$；
7.　　**end if**；
8.　**until** 满足收敛条件。

输出：$\boldsymbol{w}, b$

**例 2.1**　如图 2.8 所示，训练数据集中包括正样本 $\boldsymbol{x}^{(1)} = (2, 3)^{\mathrm{T}}$，$\boldsymbol{x}^{(2)} = (3, 1)^{\mathrm{T}}$ 和负样本 $\boldsymbol{x}^{(3)} = (1, 1)^{\mathrm{T}}$。用算法 2.1 求解感知机模型 $f(\boldsymbol{x}) = \mathrm{sign}\left( \boldsymbol{w}^{\mathrm{T}} \boldsymbol{x} + b \right)$，其中 $\boldsymbol{w} = (w_1, w_2)^{\mathrm{T}}, \boldsymbol{x} = (x_1, x_2)^{\mathrm{T}}$。

**解**　构建最优化问题：

$$\min_{\boldsymbol{w}, b} - \sum_{\boldsymbol{x}^{(n)} \in \mathcal{Q}} y^{(n)} \left( \boldsymbol{w}^{\mathrm{T}} \boldsymbol{x}^{(n)} + b \right) \qquad (2.12)$$

设 $y^{(1)} = y^{(2)} = +1, y^{(3)} = -1$，令 $\eta = 1$，根据算法 2.1 求解参数 $\boldsymbol{w}, b$。

初始化参数：$\boldsymbol{w}_0 = \boldsymbol{0}, b_0 = 0$，选择样本 $\boldsymbol{x}^{(1)} = (2, 3)^{\mathrm{T}}$，由于 $y^{(1)}(\boldsymbol{w}_0^{\mathrm{T}} \boldsymbol{x}^{(1)} + b_0) = 0$，说明 $\boldsymbol{x}^{(1)}$ 未能被正确分类，更新参数 $\{\boldsymbol{w}, b\}$。

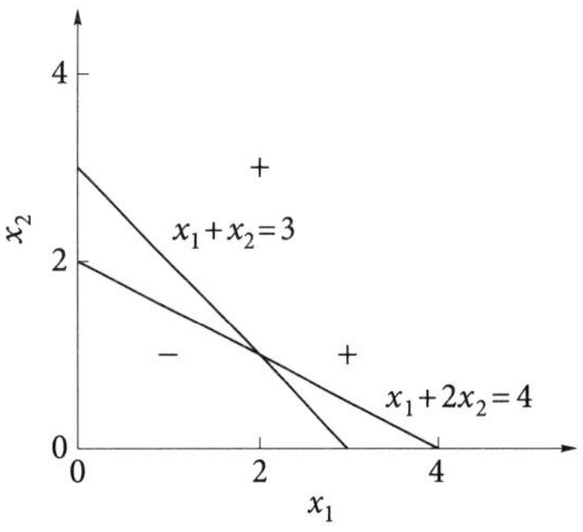

图 2.8　感知机模型示例

$$\begin{aligned} \boldsymbol{w}_1 &= \boldsymbol{w}_0 + y^{(1)} \boldsymbol{x}^{(1)} = (2, 3)^{\mathrm{T}} \\ b_1 &= b_0 + y^{(1)} = 1 \end{aligned} \qquad (2.13)$$

得到感知机模型：

$$\boldsymbol{w}_1^{\mathrm{T}} \boldsymbol{x} + b_1 = 2x_1 + 3x_2 + 1 \qquad (2.14)$$

为计算方便，依次挑选样本 $\boldsymbol{x}^{(1)}, \boldsymbol{x}^{(2)}, \boldsymbol{x}^{(3)}$ 训练模型，通过计算可知 $y^{(1)}(\boldsymbol{w}_1^{\mathrm{T}} \boldsymbol{x}^{(1)} + b_1) > 0$ 和 $y^{(2)}(\boldsymbol{w}_1^{\mathrm{T}} \boldsymbol{x}^{(2)} + b_1) > 0$，说明 $\boldsymbol{x}^{(1)}, \boldsymbol{x}^{(2)}$ 被正确分类，不更新参数 $\{\boldsymbol{w}, b\}$；而样本 $\boldsymbol{x}^{(3)} = (1, 1)^{\mathrm{T}}$ 由于 $y^{(3)}(\boldsymbol{w}_1^{\mathrm{T}} \boldsymbol{x}^{(3)} + b_1) < 0$，说明 $\boldsymbol{x}^{(3)}$ 被当前模型错误分类，于是更新参数 $\{\boldsymbol{w}, b\}$：

$$\begin{aligned} \boldsymbol{w}_2 &= \boldsymbol{w}_1 + y^{(3)} \boldsymbol{x}^{(3)} = (1, 2)^{\mathrm{T}} \\ b_2 &= b_1 + y^{(3)} = 0 \end{aligned} \qquad (2.15)$$

得到感知机模型：

$$\boldsymbol{w}_2^{\mathrm{T}} \boldsymbol{x} + b_2 = x_1 + 2x_2 \qquad (2.16)$$

通过不断迭代, 得到感知机模型:

$$\boldsymbol{w}_9 = (1,1)^{\mathrm{T}}, b_9 = -3$$
$$\boldsymbol{w}_9^{\mathrm{T}}\boldsymbol{x} + b_9 = x_1 + x_2 - 3 \tag{2.17}$$

其对所有样本都满足 $y^{(n)}(\boldsymbol{w}_9^{\mathrm{T}}\boldsymbol{x}^{(n)} + b_9) > 0, n = 1, 2, 3, \{w_9, b_9\}$ 达到收敛条件。

输出感知机模型:

$$f(\boldsymbol{x}) = \mathrm{sign}\,(x_1 + x_2 - 3) \tag{2.18}$$

图 2.9 中的结果是随机选取样本时错误分类的序列 $\{\boldsymbol{x}^{(1)}, \boldsymbol{x}^{(3)}, \boldsymbol{x}^{(3)}, \boldsymbol{x}^{(3)}, \boldsymbol{x}^{(1)}, \boldsymbol{x}^{(3)},$ $\boldsymbol{x}^{(3)}, \boldsymbol{x}^{(2)}, \boldsymbol{x}^{(3)}\}$ 得到的感知机模型, 其中虚线表示上一轮的分类超平面 $\boldsymbol{w}_{t-1}^{\mathrm{T}}\boldsymbol{x} + b_{t-1}$, 实线表示本轮更新参数后的分类超平面 $\boldsymbol{w}_t^{\mathrm{T}}\boldsymbol{x} + b_t$, 虚线箭头和实线箭头分别表示分类超平面 $\boldsymbol{w}_{t-1}^{\mathrm{T}}\boldsymbol{x} + b_{t-1}$ 和 $\boldsymbol{w}_t^{\mathrm{T}}\boldsymbol{x} + b_t$ 的法向量, 细线箭头表示超平面法向量更改的方向。如果在计算中随机挑选样本时错误分类的序列为 $\{\boldsymbol{x}^{(1)}, \boldsymbol{x}^{(3)}, \boldsymbol{x}^{(3)}, \boldsymbol{x}^{(3)}, \boldsymbol{x}^{(1)}, \boldsymbol{x}^{(3)}, \boldsymbol{x}^{(3)},$ $\boldsymbol{x}^{(1)}, \boldsymbol{x}^{(3)}, \boldsymbol{x}^{(3)}, \boldsymbol{x}^{(2)}, \boldsymbol{x}^{(3)}\}$, 则相应的感知机模型为 $x_1 + 2x_2 - 4 = 0$。可见, 感知机对样本选择的顺序比较敏感, 每次迭代样本选择的顺序不一致时, 学习的感知机模型或分类超平面也往往不一样。

表 2.1 中给出了二分类感知机对部分鸢尾花样本 (只包含杂色鸢尾和维吉尼亚鸢尾) 的分类结果。利用第一章介绍的分类算法的评价指标可以有效衡量感知机的分类效果。注意表 2.1 是针对 $q =$ 杂色鸢尾的情况, 当 $q$ 为其他类别时, TP、FN、FP、TN 将会有不同的数值。

表 2.1　鸢尾花样本分类结果

| 标签 ＼ 预测 | 杂色鸢尾 | 维吉尼亚鸢尾 |
|---|---|---|
| 杂色鸢尾 | 47(TP) | 3(FN) |
| 维吉尼亚鸢尾 | 10(FP) | 40(TN) |

可以计算出整体的准确率为

$$\mathrm{Acc} = \frac{1}{M}\sum_{m=1}^{M} I\left(y^{(m)} = \hat{y}^{(m)}\right) = \frac{47 + 40}{47 + 3 + 10 + 40} = 87\% \tag{2.19}$$

错误率为

$$\mathrm{Err} = 1 - \mathrm{Acc} = 13\% \tag{2.20}$$

如果想对每一类样本进行评价, 可以计算精确率为 (假设 $q =$ 杂色鸢尾)

$$\mathcal{P}_q = \frac{TP_q}{TP_q + FP_q} = \frac{47}{47 + 10} \approx 82.5\% \tag{2.21}$$

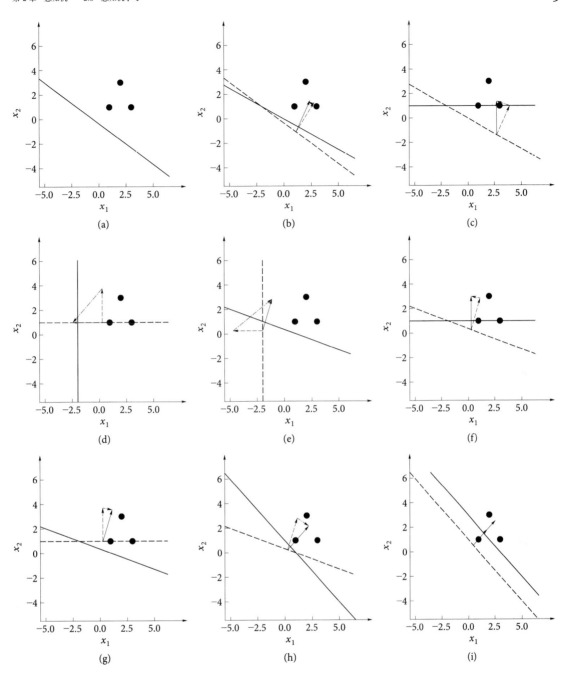

图 2.9 随机选取样本时错误分类序列得到的感知机模型

召回率为

$$\mathcal{R}_q = \frac{TP_q}{TP_q + FN_q} = \frac{47}{47 + 3} = 94\% \tag{2.22}$$

F 值为 (假设 $\beta = 1$)

$$\mathcal{F}_q = \frac{(1 + \beta^2) \times \mathcal{P}_q \times \mathcal{R}_q}{\beta^2 \times \mathcal{P}_q + \mathcal{R}_q} \approx 87.9\% \tag{2.23}$$

### 2.3.2 感知机算法收敛性

诺维科夫 (Novikoff) 证明了给定两类任务, 如果数据集是线性可分的, 那么感知机算法 2.1 可以在经过有限次迭代后收敛, 即得到一个将数据集全部正确分类的超平面或感知机模型。如果数据集不是线性可分的, 那么算法 2.1 则不能保证收敛[12]。

**定理 2.1(二类感知机的收敛性)** 对于任意一个给定的线性可分数据集 $\{(\boldsymbol{x}^{(1)}, y^{(1)}), (\boldsymbol{x}^{(2)}, y^{(2)}), \cdots, (\boldsymbol{x}^{(N)}, y^{(N)})\}$, 同时记 $\boldsymbol{w} = (\boldsymbol{w}^{\mathrm{T}}, b)^{\mathrm{T}}$ 和 $\boldsymbol{x}^{(n)} = ((\boldsymbol{x}^{(n)})^{\mathrm{T}}, 1)^{\mathrm{T}}$ 为增广的权重向量和增广的特征向量, 有

(1) 存在 $\|\boldsymbol{w}^*\| = 1$ 的超平面 $S^*$ 能将所有训练样本全部正确分类; 且存在一个正的常数 $\gamma > 0$, 对所有训练样本满足

$$y^{(n)} \left((\boldsymbol{w}^*)^{\mathrm{T}} \boldsymbol{x}\right) \geqslant \gamma \tag{2.24}$$

(2) 令 $R$ 是训练数据集中最大的特征向量的模, 即 $R = \max\limits_{1 \leqslant n \leqslant N} \|\boldsymbol{x}^{(n)}\|$, 则感知机算法 2.1 在训练数据集上权重更新的次数 $t$ 满足

$$t \leqslant \left(\frac{R}{\gamma}\right)^2 \tag{2.25}$$

**证明** (1) 对于任意一个线性可分数据集, 至少存在一个超平面可将该数据集完全正确分类, 令该超平面为 $(\boldsymbol{w}^*)^{\mathrm{T}} \boldsymbol{x} = 0$ 且 $\|\boldsymbol{w}^*\| = 1$, 则有

$$y^{(n)} \left((\boldsymbol{w}^*)^{\mathrm{T}} \boldsymbol{x}^{(n)}\right) > 0, n = 1, 2, \cdots, N$$

令

$$\gamma = \min_n \left\{ y^{(n)} \left((\boldsymbol{w}^*)^{\mathrm{T}} \boldsymbol{x}^{(n)}\right) \right\} > 0$$

则存在一个正的常数 $\gamma > 0$ 满足

$$y^{(n)} \left((\boldsymbol{w}^*)^{\mathrm{T}} \boldsymbol{x}^{(n)}\right) \geqslant \gamma, n = 1, 2, \cdots, N \tag{2.26}$$

(2) 由算法 2.1 可知 $\boldsymbol{w}_0 = \boldsymbol{0}$, 对于第 $t$ 次权重更新 ( 即, $(\boldsymbol{x}^{(n)}, y^{(n)})$ 是第 $t$ 个随机选择的错误分类样本满足 $y^{(n)} \left(\boldsymbol{w}_{t-1}^{\mathrm{T}} \boldsymbol{x}^{(n)}\right) \leqslant 0$), $\boldsymbol{w}$ 的更新方式为

$$\boldsymbol{w}_t = \boldsymbol{w}_{t-1} + \eta y^{(n)} \boldsymbol{x}^{(n)} \tag{2.27}$$

为了证明第二部分, 首先考虑 $\boldsymbol{w}_t^{\mathrm{T}} \boldsymbol{w}^*$ 的取值范围, 即上下界。

对式 (2.27) 右侧乘 $\boldsymbol{w}^*$, 可得

$$\boldsymbol{w}_t^{\mathrm{T}} \boldsymbol{w}^* = \boldsymbol{w}_{t-1}^{\mathrm{T}} \boldsymbol{w}^* + \eta y^{(n)} \left(\boldsymbol{w}^*\right)^{\mathrm{T}} \boldsymbol{x}^{(n)}$$

根据式 (2.26), 可知

$$\boldsymbol{w}_t^{\mathrm{T}} \boldsymbol{w}^* \geqslant \boldsymbol{w}_{t-1}^{\mathrm{T}} \boldsymbol{w}^* + \eta \gamma$$

基于递推原理, 推导出不等式

$$\boldsymbol{w}_t^{\mathrm{T}} \boldsymbol{w}^* \geqslant \boldsymbol{w}_{t-1}^{\mathrm{T}} \boldsymbol{w}^* + \eta \gamma \geqslant \boldsymbol{w}_{t-2}^{\mathrm{T}} \boldsymbol{w}^* + 2\eta \gamma \geqslant \cdots \geqslant t\eta \gamma$$

最终 $\boldsymbol{w}_t^{\mathrm{T}} \boldsymbol{w}^*$ 的下界为

$$\boldsymbol{w}_t^{\mathrm{T}} \boldsymbol{w}^* \geqslant t\eta \gamma \tag{2.28}$$

由式 (2.27) 可得

$$\|\boldsymbol{w}_t\|^2 = \|\boldsymbol{w}_{t-1}\|^2 + 2\eta y^{(n)} \boldsymbol{w}_{t-1}^{\mathrm{T}} \boldsymbol{x}^{(n)} + \eta^2 \left\|\boldsymbol{x}^{(n)}\right\|^2$$
$$\leqslant \|\boldsymbol{w}_{t-1}\|^2 + \eta^2 \left\|\boldsymbol{x}^{(n)}\right\|^2$$

令 $R$ 是训练数据集中最大的特征向量的模, 即 $R = \max\limits_{1 \leqslant n \leqslant N} \left\|\boldsymbol{x}^{(n)}\right\|$, 则

$$\|\boldsymbol{w}_{t-1}\|^2 + \eta^2 \left\|\boldsymbol{x}^{(n)}\right\|^2 \leqslant \|\boldsymbol{w}_{t-1}\|^2 + \eta^2 R^2$$

基于递推原理, 推导出不等式

$$\|\boldsymbol{w}_t\|^2 \leqslant \|\boldsymbol{w}_{t-1}\|^2 + \eta^2 R^2 \leqslant \|\boldsymbol{w}_{t-2}\|^2 + 2\eta^2 R^2 \leqslant \cdots \leqslant t\eta^2 R^2$$

由 $\|\boldsymbol{w}^*\| = 1$ 可知

$$\boldsymbol{w}_t^{\mathrm{T}} \boldsymbol{w}^* \leqslant \|\boldsymbol{w}_t\| \|\boldsymbol{w}^*\| \leqslant \|\boldsymbol{w}_t\| \leqslant \sqrt{t}\eta R$$

至此, 得到 $\boldsymbol{w}_t^{\mathrm{T}} \boldsymbol{w}^*$ 的上界为

$$\boldsymbol{w}_t^{\mathrm{T}} \boldsymbol{w}^* \leqslant \sqrt{t}\eta R \tag{2.29}$$

结合考虑 $\boldsymbol{w}_t^{\mathrm{T}} \boldsymbol{w}^*$ 的上界式 (2.29) 和下界式 (2.28), 可得不等式

$$t\eta \gamma \leqslant \boldsymbol{w}_t^{\mathrm{T}} \boldsymbol{w}^* \leqslant \sqrt{t}\eta R$$
$$t^2 \gamma^2 \leqslant t R^2$$

则有

$$t \leqslant \left(\frac{R}{\gamma}\right)^2$$

定理 2.1 证明表明, 对于线性可分的数据集, 二分类感知机学习算法 2.1 可以利用有限次迭代学习将一个数据集完全正确地分类或达到收敛条件。

## 2.4 二分类感知机到多分类感知机的推广

上面介绍的感知机是一种二分类模型, 为了使得感知机可以处理多分类问题和一般的结构化学习问题, 可以将二分类感知机推广到多分类感知机, 用于处理结构化学习问题。当用广义感知机模型来处理多分类问题时, $y = \{0,1\}^K$ 为类别的独热向量表示, $K$ 为类别数。可以在输入输出联合空间上构建一个特征函数 $\phi(\boldsymbol{x}, \boldsymbol{y})$, 将样本对 $(\boldsymbol{x}, \boldsymbol{y})$ 映射到一个特征向量空间去处理更复杂的输出。在联合特征空间中, 可以建立一个广义的感知机模型

$$\dot{\boldsymbol{y}} = \underset{\boldsymbol{y} \in \text{Gen}(\boldsymbol{x})}{\arg\max} \boldsymbol{w}^{\mathrm{T}} \phi(\boldsymbol{x}, \boldsymbol{y}) \tag{2.30}$$

其中, $\boldsymbol{w}$ 为增广的权重向量, $\text{Gen}(\boldsymbol{x})$ 表示输入 $\boldsymbol{x}$ 的所有的输出目标集合。

在多分类问题中, 一种常用的特征函数 $\phi(\boldsymbol{x}, \boldsymbol{y})$ 是 $\boldsymbol{x}$ 和 $\boldsymbol{y}$ 的外积, 即

$$\phi(\boldsymbol{x}, \boldsymbol{y}) = \text{vec}\left(\boldsymbol{x}\boldsymbol{y}^{\mathrm{T}}\right) \in \mathbf{R}^{(D \times K)} \tag{2.31}$$

其中 $\text{vec}(\cdot)$ 是向量化算子, $\phi(\boldsymbol{x}, \boldsymbol{y})$ 为 $(D \times K)$ 维的向量。

给定样本 $(\boldsymbol{x}, \boldsymbol{y})$, 若 $\boldsymbol{x} \in \mathbf{R}^D$, $\boldsymbol{y}$ 为第 $K$ 维为 1 的独热向量, 则有

$$\phi(\boldsymbol{x}, \boldsymbol{y}) = \begin{pmatrix} \vdots \\ 0 \\ x_1 \\ \vdots \\ x_D \\ 0 \\ \vdots \end{pmatrix} \tag{2.32}$$

广义感知机学习算法总结如算法 2.2。

| **算法 2.2**　广义感知机学习算法 |
| --- |
| 输入:　样本集 $\mathcal{D} = \left\{\left(\boldsymbol{x}^{(1)}, y^{(1)}\right), \left(\boldsymbol{x}^{(2)}, y^{(2)}\right), \cdots, \left(\boldsymbol{x}^{(N)}, y^{(N)}\right)\right\}$, 其中 $\boldsymbol{x}^{(n)} \in \boldsymbol{X}, y^{(n)} \in \boldsymbol{Y}, n = 1, 2, \cdots, N$, 步长 $\eta \in (0, 1]$ |
| 　1.　初始化:$\boldsymbol{w}_0 = 0, t = 0$; |
| 　2.　**repeat**; |
| 　3.　　随机选取一个样本对 $\left(\boldsymbol{x}^{(n)}, \boldsymbol{y}^{(n)}\right)$; |
| 　4.　　利用公式 (2.30) 预测 $\boldsymbol{x}^{(n)}$ 的类别 $\widehat{\boldsymbol{y}}^{(n)}$; |
| 　5.　　**if** $\widehat{\boldsymbol{y}}^{(n)} \neq \boldsymbol{y}^{(n)}$ **then** |
| 　6.　　　$\boldsymbol{w}_{t+1} \leftarrow \boldsymbol{w}_t + \eta \left(\phi\left(\boldsymbol{x}^{(n)}, \boldsymbol{y}^{(n)}\right) - \phi\left(\boldsymbol{x}^{(n)}, \widehat{\boldsymbol{y}}^{(n)}\right)\right)$; |
| 　7.　　**end if**; |
| 　8.　**until** 满足收敛条件。 |
| 输出:　$\boldsymbol{w}_t$ |

图 2.10 中展示了广义感知机在鸢尾花数据集上决策边界的变化, 其中 $x_1, x_2$ 分别为花萼长度和花瓣长度。可以看到随着不断迭代, 广义感知机逐渐可以分类大部分鸢尾花数据。

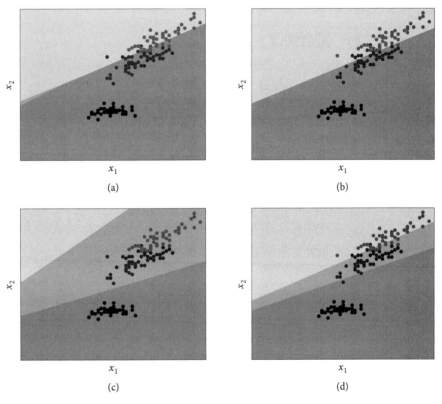

**图 2.10**　广义感知机在鸢尾花数据集上决策边界的变化

## 2.5 本章概要

(1) 一般可以将权重向量和偏置看作一个超平面 $S$ 的参数, 感知机可以理解为最小化错误分类样本离超平面的距离。错误分类样本离超平面越近, 损失函数值就越小。

(2) 感知机是由两层神经元组成, 输入层接收外界输入信号以后传递给输出层, 输出层是 M-P 神经元。

(3) 感知机学习算法的目标是求解损失函数的极小化问题, 其可以采用随机梯度下降法进行优化求解。

(4) 为了使得感知机可以处理多分类问题, 可以在输入输出联合空间上构建一个特征函数, 将样本映射到一个特征向量空间去处理更复杂的输出。在联合特征空间中, 可以建立一个广义的感知机模型。

## 2.6 扩展阅读

当训练数据集满足广义线性可分条件时, 广义感知机具有收敛性保证, 即能够在有限步迭代内达到收敛条件。其证明过程和两类感知机比较类似, 相应的定理和具体推导可以参考[14], 这里留给读者做后续的拓展练习。

虽然感知机在线性可分的数据集上有收敛性的保证, 但其在泛化能力和鲁棒性方面也存在一些限制:

(1) 感知机虽然可以为线性可分数据集找到一个把所有样本完全正确分开的超平面, 但并不能保证该超平面在测试样本中的泛化能力是最优的, 可能会形成过拟合现象。

(2) 感知机学习对样本选择顺序比较敏感。如例 2.1 所示, 感知机学习算法存在许多不同的解, 这些解既依赖于初值的选择, 也依赖于迭代过程中错误分类样本的选择顺序。对于不同的样本选择序列, 学习的感知机模型也往往不一样。为了得到唯一的解, 通常需要引入一些额外的约束条件。这部分内容可参考第 4 章的线性支持向量机。

(3) 如果训练数据集不是线性可分的, 感知机学习算法将不会收敛, 迭代结果会发生振荡。后续一些改进的感知机学习算法被提出来用于改善感知机的泛化能力和鲁棒性, 例如投票感知机 (voted perceptron)[13]、平均感知机 (averaged perceptron)[14] 和改进的平均感知机算法[15]。

## 2.7  习题

1. 模仿例题 2.1, 构建从训练数据集求解感知机模型的例子。

2. 证明在两类线性分类中, 权重向量 $w$ 与决策平面正交。

3. 在线性空间中, 证明一个点 $x$ 到平面 $w^\mathrm{T}x + b = 0$ 的距离为 $|w^\mathrm{T}x + b|/\|w\|$。

4. 编程实现例题 2.1。

5. 证明广义感知机学习算法 2.2 的收敛性。

## 2.8  实践: 利用 scikit-learn 实现一个感知机

scikit-learn(又称 sklearn) 是一个 Python 第三方提供的机器学习库, 它包含了从数据预处理到训练模型的各个方面。

sklearn 中自带了一些数据集, 比如 iris 数据集, iris 数据集中 data 存储花瓣长宽和花萼长宽, target 存储花的分类, 山鸢尾 (setosa)、杂色鸢尾 (versicolor) 以及维吉尼亚鸢尾 (virginica) 分别存储为数字 0、1 和 2。

### 1. 提取数据集

这里采用花萼长宽作为划分依据, 对应数据是第 2、3 列。

```
from sklearn import datasets
import numpy as np

iris = datasets.load_iris()
X = iris.data[:,[2, 3]]
y = iris.target
```

### 2. 数据集划分

train_test_split 将数据集分为训练集和测试集, test_size 参数决定测试集的比例。random_state 参数是随机数生成种子, 在分类前将数据打乱, 保证数据的可重复利用。stratify 保证训练集和测试集中花的三大类的比例与输入比例相同。

```
from sklearn.model_selection import train_test_split
X_train, X_test, y_train, y_test = train_test_split(X, y, test_size = 0.3,
    random_state = 1, stratify = y )
```

### 3. 特征标准化

运用 sklearn preprocessing 模块的 StandardScaler 类对特征值进行标准化。fit 函数计算平均值和标准差, transform() 函数运用 fit() 函数计算的均值和标准差进行数据的标准化。

```
from sklearn.preprocessing import StandardScaler
sc = StandardScaler()
sc.fit(X_train)
X_train_std = sc.transform(X_train)
X_test_std = sc.transform(X_test)
```

### 4. 训练模型

```
from sklearn.linear_model import Perceptron
ppn = Perceptron(n_iter_no_change = 40, eta0 = 0.1, random_state = 1)
ppn.fit(X_train_std, y_train)

y_pred = ppn.predict(X_test_std)
miss_classified = (y_pred != y_test).sum()
print("MissClassified: ",miss_classified)
```

### 5. 计算模型准确率

```
from sklearn.metrics import accuracy_score
print('Accuracy : % .2f' % accuracy_score(y_pred, y_test))
```

## 参考文献

[1] S Zola-Morgan. Localization of brain function: The legacy of franz joseph gall (1758-1828). *Annual review of neuroscience*, 18(1):359–383, 1995.

[2] P Mazzarello. Camillo golgi (1843–1926). *Journal of Neurology, Neurosurgery & Psychiatry*, 64(2):212–212, 1998.

[3] L Puelles. Contributions to neuroembryology of santiago ramon y cajal (1852-1934) and jorge f. tello (1880-1958). *International Journal of Developmental Biology*, 53(8):1145, 2009.

[4] A Turing. Computing machinery and intelligence. *Mind*, 59:433–460, 1950.

[5] W S McCulloch and W Pitts. A logical calculus of the ideas immanent in nervous activity. *The bulletin of mathematical biophysics*, 5(4):115–133, 1943.

[6] D O Hebb and D Hebb. *The organization of behavior*, volume 65. Wiley New York, 1949.

[7] R Middleton and G Goodwin. Improved finite word length characteristics in digital control using delta operators. *IEEE transactions on automatic control*, 31(11):1015–1021, 1986.

[8] F Rosenblatt. The perceptron: a probabilistic model for information storage and organization in the brain. *Psychological review*, 65(6):386, 1958.

[9] M Minsky and S Papert. *Perceptrons*. 1969.

[10] D E Rumelhart, G E Hinton, and R J Williams. Learning representations by back-propagating errors. *nature*, 323(6088):533–536, 1986.

[11] L Bottou. Large-scale machine learning with stochastic gradient descent. In *Proceedings of COMPSTAT'2010*, pages 177–186. Springer, 2010.

[12] A B Novikoff. On convergence proofs for perceptrons. Technical report, Stanford Research Inst Menlo Park CA, 1963.

[13] Y Freund and R E Schapire. Large margin classification using the perceptron algorithm. *Machine learning*, 37(3):277–296, 1999.

[14] M Collins. Discriminative training methods for hidden markov models: Theory and experiments with perceptron algorithms. In *Proceedings of the 2002 conference on empirical methods in natural language processing (EMNLP 2002)*, pages 1–8, 2002.

[15] H Daumé III. A course in machine learning. *Publisher, Ciml. Info*, 5:69, 2012.

# 第 3 章 Logistic 回归

3

Logistic 回归 (logistic regression, LR) 是机器学习中的经典分类方法, 属于对数线性模型, 经常用来处理二分类问题。通常情况下, 连续的线性函数解决分类问题具有局限性, 因此, 为了解决连续的线性函数不适合进行分类的问题, 引入 Logistic 函数预测类别标签的后验概率, 把线性函数的值域从实数区间映射到 $(0, 1)$ 之间, 可以用来表示概率。Logistic 回归可以应用极大似然估计法估计参数, 并使用梯度下降法来对参数进行优化。后来二分类 Logistic 回归被推广到多项 Logistic 回归。

Logistic 回归的优点是: 训练速度比较快, 分类的时候, 计算量仅仅只和特征的数目相关; 简单易理解, 模型的可解释性比较好, 从特征的权重可以看到不同的特征对最后结果的影响; 适合二分类问题, 不需要缩放输入特征; 内存资源占用小, 因为只需要存储各个维度的特征值。缺点是: 不能用 Logistic 回归去解决非线性问题; 很难处理数据不平衡的问题; 由于其形式比较简单, 很难拟合真实复杂的数据分布。

本章首先回顾 Logistic 回归的历史, 然后介绍 Logistic 回归的二分类模型和求解算法, 最后介绍 Logistic 在多类分类任务上的推广。

## 3.1 Logistic 回归的发展历史

Logistic 回归在人工智能、统计、化学、计量经济学等多个领域得到了普遍的应用, Logistic[1] 一词早在 1838 年就已经由比利时数学家弗赫斯特 (Verhulst)(图 3.1) 提出。2002 年, 荷兰经济学家, 同时也是阿姆斯特丹大学统计学、计量经济学教授克拉默 (Cramer) 在丁伯根研究所 (Tinbergen Institute) 发表了一篇文章[2], 该文系统性地回顾了 Logistic 回归的起源。

Logistic 函数起源于 19 世纪对人口数量增长情况的研究。理想情况下 (如没有天敌、免于疾病等), 可以简单地认为人口增长率和人口数成正比, 也就是人口越多, 人口增长率越快。这是一个不考虑环境制约的模型, 可以描述一些种群在开始时的增长

图 3.1　弗赫斯特 (Verhulst)

情况。比利时数学家、统计学家、社会学家凯特莱 (Quetelet) 意识到, 地球上的人口不可能一直按照指数级增长下去; 毕竟地球上的资源是有限的。于是他让自己的学生弗赫斯特研究一下这个问题。

为了解决人口无限增长的问题, Verhulst 在增长率模型中增加了一个阻力项。随着人口数的增加, 人口增长的阻力也就会越来越大。Verhulst 尝试了用不同的函数形式来表示; 最终, 他发现如果用二次函数表示就可以得到:

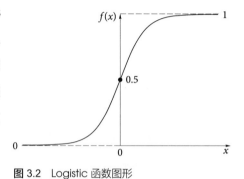

图 3.2 Logistic 函数图形

$$f(\boldsymbol{x}) = \frac{\exp(\boldsymbol{w}^{\mathrm{T}}\boldsymbol{x} + b)}{1 + \exp(\boldsymbol{w}^{\mathrm{T}}\boldsymbol{x} + b)} \qquad (3.1)$$

Verhulst 把该 $f(x)$ 函数称为 Logistic 函数。Logistic 函数的图形是一条 S 形曲线 (sigmoid curve), 如图 3.2 所示。人口增长起初阶段大致是指数增长; 然后随着开始变得饱和, 增加变慢; 最后, 达到成熟时增加停止。

Verhulst 将他的研究成果发表在 1838—1847 年的 3 篇论文中: 在 1838 年的第一篇论文[1] 中, Verhulst 对法国、比利时、俄罗斯 1833 年以前的人口数据进行拟合, 发现用式 (3.1) 可以取得很好的拟合效果;1845 年, Verhulst 在他发表的第二篇文章中正式将式 (3.1) 命名为 Logistic 函数[3], 并介绍了 Logistic 函数的一些性质。但是, 原文中, Verhulst 并没有解释他为什么用 Logistic 来命名。后人推测, Verhulst 创造 Logistic 这个单词可能是为了效仿算术 (arithmetic) 和几何 (geometric) 这两个单词; 同时, 也是为了和对数的 (logarithmic) 做对比。Verhulst 对比了没有资源限制的指数增长曲线和有资源限制的 Logistic 增长曲线。事实上, Logarithm 这一单词也是由希腊语中的比例、计算 (logos) 和数字 (arithmos) 两个单词合并而来。另外, 英语还有个单词 Logistics, 表示物流、后勤, 起源于法语 Logis(住宿之意), 与 Logistic 函数中的 Logistic 没有关系。1847 年, 出现了关于人口增长规律的第二次研究, 这次 Verhulst 选择用微分方程来进行描述[4]。此后, Logistic 函数在很长一段时间都没有发展, 直到 1920 年, 珀尔 (Pearl) 和里德 (Reed) 在研究美国人口增长时又重新发现了这种 S 形曲线。他们发表了 *On the Rate of Growth of the Population of the United States since 1790 and Its Mathematical Representation*[5]。该文中, 他们发现用 S 形曲线可以很好地拟合美国 1790—1910 年的人口数据。除了在人口增长方面的应用,Logistic 函数还被应用于其他各种生物的数量增长研究中以及化学领域的自催化反应中。

## 3.2　Logistic 回归模型

二项 Logistic 回归模型 (binomial logistic regression model) 是一种对数线性模型, 经常用来处理二分类问题, 由条件概率分布 $p(y|\boldsymbol{x})$ 表示。其中, 随机变量 $\boldsymbol{x}$ 取值范围为全体实数, 随机变量 $y$ 取值为 0 或 1。

通常情况下, 连续的线性函数解决分类问题具有局限性, 因此, 为了解决连续的线性函数不适合进行分类的问题, 引入 Logistic 函数预测类别标签的后验概率 $p(y|\boldsymbol{x})$, 其作用是把线性函数的值域从实数区间映射到 $(0, 1)$ 之间, 可以用来表示概率。Logistic 回归模型的条件概率分布:

$$p(y \mid \boldsymbol{x}) = \left(\frac{\exp\left(\boldsymbol{w}^{\mathrm{T}}\boldsymbol{x} + b\right)}{1 + \exp\left(\boldsymbol{w}^{\mathrm{T}}\boldsymbol{x} + b\right)}\right)^{y} \left(1 - \frac{\exp\left(\boldsymbol{w}^{\mathrm{T}}\boldsymbol{x} + b\right)}{1 + \exp\left(\boldsymbol{w}^{\mathrm{T}}\boldsymbol{x} + b\right)}\right)^{1-y} \tag{3.2}$$

这里, $\boldsymbol{x} \in \mathbf{R}^{D}$ 是输入, $y \in \{0,1\}$ 是输出, $\boldsymbol{w} \in \mathbf{R}^{D}$ 是权值向量, $b \in \mathbf{R}$ 是偏置参数。

对于给定的输入实例 $\boldsymbol{x}$, 按照式 (3.2) 可以求得 $p(y=1|\boldsymbol{x})$ 和 $p(y=0|\boldsymbol{x})$。

$$p(y = 1 \mid \boldsymbol{x}) = \frac{\exp(\boldsymbol{w}^{\mathrm{T}}\boldsymbol{x} + b)}{1 + \exp(\boldsymbol{w}^{\mathrm{T}}\boldsymbol{x} + b)} = \frac{1}{1 + \exp(-(\boldsymbol{w}^{\mathrm{T}}\boldsymbol{x} + b))} \tag{3.3}$$

$$p(y = 0 \mid \boldsymbol{x}) = \frac{1}{1 + \exp(\boldsymbol{w}^{\mathrm{T}}\boldsymbol{x} + b)} = \frac{\exp(-(\boldsymbol{w}^{\mathrm{T}}\boldsymbol{x} + b))}{1 + \exp(-(\boldsymbol{w}^{\mathrm{T}}\boldsymbol{x} + b))} \tag{3.4}$$

Logistic 回归比较两个条件概率值的大小, 将实例 $\boldsymbol{x}$ 分到概率值较大的那一类。

将权值向量和输入向量加以扩充, 仍记作 $\boldsymbol{w}^{\mathrm{T}}\boldsymbol{x}$, 即 $\boldsymbol{w} = (\boldsymbol{w}_1, \boldsymbol{w}_2, \cdots, \boldsymbol{w}_D, b)^{\mathrm{T}}$, $\boldsymbol{x} = (\boldsymbol{x}_1, \boldsymbol{x}_2, \cdots, \boldsymbol{x}_D, 1)^{\mathrm{T}}$ 分别为 $D + 1$ 维的增广权重向量和增广特征向量。这时, Logistic 回归模型如下:

$$p(y \mid \boldsymbol{x}) = \left(\frac{\exp\left(\boldsymbol{w}^{\mathrm{T}}\boldsymbol{x}\right)}{1 + \exp\left(\boldsymbol{w}^{\mathrm{T}}\boldsymbol{x}\right)}\right)^{y} \left(1 - \frac{\exp\left(\boldsymbol{w}^{\mathrm{T}}\boldsymbol{x}\right)}{1 + \exp\left(\boldsymbol{w}^{\mathrm{T}}\boldsymbol{x}\right)}\right)^{1-y} \tag{3.5}$$

由式 (3.5) 得

$$\log \frac{p(y = 1 \mid \boldsymbol{x})}{1 - p(y = 1 \mid \boldsymbol{x})} = \log \frac{p(y = 1 \mid \boldsymbol{x})}{p(y = 0 \mid \boldsymbol{x})} = \boldsymbol{w}^{\mathrm{T}}\boldsymbol{x} \tag{3.6}$$

其中, $\frac{p(y=1|\boldsymbol{x})}{p(y=0|\boldsymbol{x})}$ 是样本 $\boldsymbol{x}$ 正反例后验概率的比值。事件发生的概率与该事件不发生的概率的比值, 称为几率 (odds), 几率的对数称为对数几率或 logit 函数 (log odds, 或 logit)。

$$\mathrm{logit}(p) = \log_2 \frac{p}{1 - p} \tag{3.7}$$

公式 (3.6) 中等号的右边是线性函数, 从几率的角度出发, Logistic 回归则是预测

值为 "标签的对数几率" 的线性回归模型。Logistic 回归可以看作预测值为 "标签的对数几率" 的线性回归模型。这就是说, 在 Logistic 回归模型中, 输出 $y = 1$ 的对数几率是输入 $\boldsymbol{x}$ 的线性函数。或者说, 输出 $y = 1$ 的对数几率是由输入 $\boldsymbol{x}$ 的线性函数表示的模型, 即 Logistic 回归。因此, Logistic 回归也称为 Logit 回归 (logit regression, LR)。

图 3.3 以鸢尾花数据的一维特征花瓣长度 $x$ 作为分类依据, 展示了解决一维数据的二分类问题时, 使用线性回归和 Logistic 回归的区别。其中 $y = 0$ 和 $y = 1$ 分别表示山鸢尾花和杂色鸢尾花。可以从图中看出, 相比较线性回归函数 $f_1(x) = 0.34x - 0.45$, Logistic 回归函数 $f_2(x) = \frac{1}{1+\exp(-6x+15)}$ 能更好地拟合鸢尾花的数据。也可以使用回归问题最常用的性能度量均方误差比较分类的效果。

$$E(f) = \frac{1}{N} \sum_{n=1}^{N} (f(x^{(n)}) - y^{(n)})^2 \tag{3.8}$$

根据公式 (3.8) 可以计算出 $E(f_1) \approx 0.03 \gg E(f_2) \approx 0.00001$, Logistic 函数的误差更小说明其分类效果更好。

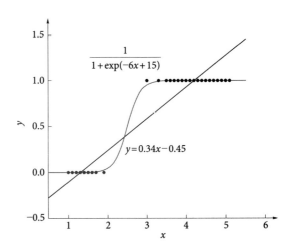

**图 3.3** 一维数据的二分类问题示例

## 3.3 模型参数估计

给定一组训练数据 $\mathcal{D} = \{(\boldsymbol{x}^{(1)}, y^{(1)}), (\boldsymbol{x}^{(2)}, y^{(2)}), \cdots, (\boldsymbol{x}^{(N)}, y^{(N)})\}$, 其中, $\boldsymbol{x}^{(n)} \in \mathbf{R}^{D+1}$, $y^{(n)} \in \{0, 1\}$, Logistic 回归可以应用极大似然估计法估计参数, 并使用梯度下降法来对参数进行优化。

用 Logistic 回归模型对每个样本 $\boldsymbol{x}^{(n)}$ 进行预测, 输出其标签为 1 和 0 的后验概

率分别记为

$$p(y = 1 \mid \boldsymbol{x}^{(n)}) = \pi(\boldsymbol{x}^{(n)}), \quad p(y = 0 \mid \boldsymbol{x}^{(n)}) = 1 - \pi(\boldsymbol{x}^{(n)}) \tag{3.9}$$

假定数据集中的每个样本都是独立的, 则 $N$ 个样本的似然函数为

$$\prod_{n=1}^{N} \left[ \pi \left( \boldsymbol{x}^{(n)} \right) \right]^{y^{(n)}} \left[ 1 - \pi \left( \boldsymbol{x}^{(n)} \right) \right]^{1-y^{(n)}} \tag{3.10}$$

为了更容易地对各因子的连乘求导, 并且防止似然函数值非常小导致数值溢出的情况, 通常在进行极大似然估计的时候进行对数操作。同时, 将各因子的连乘转换为求和的形式, 可以更容易地对函数求导。对数似然函数为

$$
\begin{aligned}
&\sum_{n=1}^{N} \left[ y^{(n)} \log \pi \left( \boldsymbol{x}^{(n)} \right) + \left( 1 - y^{(n)} \right) \log \left( 1 - \pi \left( \boldsymbol{x}^{(n)} \right) \right) \right] \\
&= \sum_{n=1}^{N} \left[ y^{(n)} \log \frac{\pi \left( \boldsymbol{x}^{(n)} \right)}{1 - \pi \left( \boldsymbol{x}^{(n)} \right)} + \log \left( 1 - \pi \left( \boldsymbol{x}^{(n)} \right) \right) \right] \\
&= \sum_{n=1}^{N} \left[ y^{(n)} \left( \boldsymbol{w}^{\mathrm{T}} \boldsymbol{x}^{(n)} \right) - \log \left( 1 + \exp \left( \boldsymbol{w}^{\mathrm{T}} \boldsymbol{x}^{(n)} \right) \right) \right]
\end{aligned} \tag{3.11}
$$

Logistic 回归模型中, 求解 $\boldsymbol{w}$ 的问题变成了以对数似然函数为目标函数的最优化问题, 通常通过迭代算法求解。从最优化的观点看, 这时的目标函数具有很好的性质, 多种最优化的方法都适用, 保证能找到全局最优解。似然函数式 (3.11) 是取最大值的, 可以直接将其确定为目标函数, 然后使用梯度上升算法求解回归系数 $\boldsymbol{w}$ 的估计值。然而, 梯度下降法是用来优化求解最小值问题的, 因此也可以将式 (3.11) 取反, 然后使用梯度下降算法求解最小值。最大化式 (3.11) 等价于最小化

$$
\begin{aligned}
\mathcal{L}(\boldsymbol{w}) &= \sum_{n=1}^{N} \left[ -y^{(n)} \log \pi \left( \boldsymbol{x}^{(n)} \right) - \left( 1 - y^{(n)} \right) \log \left( 1 - \pi \left( \boldsymbol{x}^{(n)} \right) \right) \right] \\
&= \sum_{n=1}^{N} \left[ -y^{(n)} \left( \boldsymbol{w}^{\mathrm{T}} \boldsymbol{x}^{(n)} \right) + \log \left( 1 + \exp \left( \boldsymbol{w}^{\mathrm{T}} \boldsymbol{x}^{(n)} \right) \right) \right]
\end{aligned} \tag{3.12}
$$

$\mathcal{L}(\boldsymbol{w})$ 为 Logistic 回归模型中需要优化的损失函数, 是关于参数 $\boldsymbol{w}$ 的连续可导的凸函数。为了更好地理解这一最终损失函数, 先了解一下如何计算单个样本 $\boldsymbol{x}^{(n)}$ 的成本。

$$-y^{(n)} \log \pi \left( \boldsymbol{x}^{(n)} \right) - \left( 1 - y^{(n)} \right) \log \left( 1 - \pi \left( \boldsymbol{x}^{(n)} \right) \right) \tag{3.13}$$

通过上述公式发现: 如果 $y^{(n)} = 0$, 则第一项为 0, 如果 $y^{(n)} = 1$, 则第二项等于 0。即:

$$
\begin{cases}
-\log \pi\left(\boldsymbol{x}^{(n)}\right), & \text{if } y^{(n)} = 1 \\
-\log\left(1 - \pi\left(\boldsymbol{x}^{(n)}\right)\right), & \text{if } y^{(n)} = 0
\end{cases}
\tag{3.14}
$$

图 3.4 解释了在不同 $\pi\left(\boldsymbol{x}^{(n)}\right)$ 对单一样本进行分类的代价。

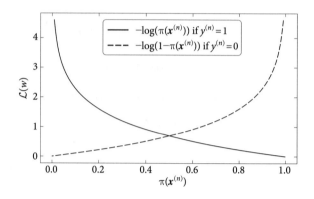

**图 3.4** 样本分类的代价

从图 3.4 中可以看到, 若 $y^{(n)} = 1$, 在 $\pi\left(\boldsymbol{x}^{(n)}\right)$ 值越大的情况下, 实线的曲线越趋近于 0。$\pi\left(\boldsymbol{x}^{(n)}\right)$ 越大, 那么样本被正确划分到 1 类的概率就越大, 这时损失就越小。相对的, $\pi\left(\boldsymbol{x}^{(n)}\right)$ 越小, 意味着样本越有可能属于 0 类, 由于已知 $y^{(n)} = 1$, 则样本属于 1 类, 所以在分类错误的情况下, 代价将趋近于无穷。虚线代表着 $y^{(n)} = 0$ 的情况, 跟实线相反。

接下来将使用梯度下降求最小值。风险函数 $\mathcal{L}(\boldsymbol{w})$ 关于参数 $\boldsymbol{w}$ 的偏导数为

$$
\begin{aligned}
\frac{\partial \mathcal{L}(\boldsymbol{w})}{\partial \boldsymbol{w}} &= \sum_{n=1}^{N}\left[-y^{(n)}\boldsymbol{x}^{(n)} + \frac{\exp\left(\boldsymbol{w}^{\mathrm{T}}\boldsymbol{x}^{(n)}\right)}{1 + \exp\left(\boldsymbol{w}^{\mathrm{T}}\boldsymbol{x}^{(n)}\right)}\boldsymbol{x}^{(n)}\right] \\
&= \sum_{n=1}^{N}\left[-y^{(n)}\boldsymbol{x}^{(n)} + \pi(\boldsymbol{x}^{(n)})\boldsymbol{x}^{(n)}\right] \\
&= \sum_{n=1}^{N}\left[-(y^{(n)} - (\pi(\boldsymbol{x}^{(n)})))\boldsymbol{x}^{(n)}\right]
\end{aligned}
\tag{3.15}
$$

Logistic 回归的训练过程为: 初始化 $\boldsymbol{w}_0$, 然后按梯度下降的方向不断地更新权重:

$$
\boldsymbol{w}_{t+1} \leftarrow \boldsymbol{w}_t + \eta \sum_{n=1}^{N}\left[(y^{(n)} - \pi(\boldsymbol{x}^{(n)})_t)\boldsymbol{x}^{(n)}\right]
\tag{3.16}
$$

其中 $\eta$ 是学习率, $\pi(\boldsymbol{x}^{(n)})_t$ 是当参数是 $\boldsymbol{w}_t$ 时, Logistic 回归模型 $\pi(\boldsymbol{x}^{(n)})$ 的输出。

除了梯度下降法之外, Logistic 回归还可以用高阶的优化方法 (比如牛顿法) 进行优化。

假设 $\boldsymbol{w}$ 的极大似然估计值是 $\boldsymbol{w}^*$, 那么学到的 Logistic 回归模型为

$$p(y = 1 \mid \boldsymbol{x}) = \frac{\exp((\boldsymbol{w}^*)^{\mathrm{T}}\boldsymbol{x})}{1 + \exp((\boldsymbol{w}^*)^{\mathrm{T}}\boldsymbol{x})}$$

$$p(y = 0 \mid \boldsymbol{x}) = \frac{1}{1 + \exp((\boldsymbol{w}^*)^{\mathrm{T}}\boldsymbol{x})} \tag{3.17}$$

Logistic 回归模型算法总结如下:

---

**算法 3.1**　Logistic 回归模型

输入:　训练数据集 $\mathcal{D} = \left\{ \left( \boldsymbol{x}^{(1)}, y^{(1)} \right), \left( \boldsymbol{x}^{(2)}, y^{(2)} \right), \cdots, \left( \boldsymbol{x}^{(N)}, y^{(N)} \right) \right\}$, 其中 $\boldsymbol{x}^{(n)} \in \mathbb{R}^{D+1}$, $y^{(n)} \in \{0, 1\}$, $n = 1, 2, \cdots, N$, 步长 $\eta \in (0, 1]$

1. 构造公式 $\mathcal{L}(\boldsymbol{w}) = \sum_{n=1}^{N} \left[ -y^{(n)} \left( \boldsymbol{w}^{\mathrm{T}}\boldsymbol{x}^{(n)} \right) + \log \left( 1 + \exp \left( \boldsymbol{w}^{\mathrm{T}}\boldsymbol{x}^{(n)} \right) \right) \right]$;

2. 初始化 $\boldsymbol{w}_0$;

3. **repeat**

4. 　$\boldsymbol{w}_{t+1} \leftarrow \boldsymbol{w}_t + \eta \sum_{n=1}^{N} \left[ (y^{(n)} - \pi(\boldsymbol{x}^{(n)})_t) \boldsymbol{x}^{(n)} \right]$;

5. **until** 满足收敛条件。

输出:　Logistic 回归模型式 (3.17)

---

**例 3.1**　给定训练数据集 $\mathcal{D}$ 中包括正样本 $\boldsymbol{x}^{(1)} = (2, 3)^{\mathrm{T}}$, $\boldsymbol{x}^{(2)} = (3, 1)^{\mathrm{T}}$ 和负样本 $\boldsymbol{x}^{(3)} = (1, 1)^{\mathrm{T}}$。用算法 3.1 计算出 Logistic 回归模型。

**解**　首先构建风险函数:

$$\mathcal{L}(\boldsymbol{w}) = \sum_{n=1}^{N} \left[ -y^{(n)} \left( \boldsymbol{w}^{\mathrm{T}}\boldsymbol{x}^{(n)} \right) + \log \left( 1 + \exp \left( \boldsymbol{w}^{\mathrm{T}}\boldsymbol{x}^{(n)} \right) \right) \right] \tag{3.18}$$

接着使用梯度下降的方法求公式 (3.18) 的最小值, 可得到风险函数 $\mathcal{L}(\boldsymbol{w})$ 关于参数 $\boldsymbol{w}$ 的偏导数为

$$\frac{\partial \mathcal{L}(\boldsymbol{w})}{\partial \boldsymbol{w}} = \sum_{n=1}^{N} \left[ -(y^{(n)} - (\pi(\boldsymbol{x}^{(n)}))) \boldsymbol{x}^{(n)} \right] \tag{3.19}$$

初始化参数 $\boldsymbol{w}_0 = (0, 0)^{\mathrm{T}}$, 设置学习率 $\eta = 1$, 正样本标签为 1, 负样本标签为 0, 将训练数据代入公式 (3.19) 中。

$$\begin{aligned}
\boldsymbol{w}_1 &= \boldsymbol{w}_0 + \eta \sum_{n=1}^{N} \left[ (y^{(n)} - \pi(\boldsymbol{x}^{(n)})) \boldsymbol{x}^{(n)} \right] \\
&= \boldsymbol{w}_0 + \eta \sum_{n=1}^{N} \left[ \left( y^{(n)} - \frac{1}{1 + \exp(-\boldsymbol{w}_0^{\mathrm{T}}\boldsymbol{x}^{(n)})} \right) \boldsymbol{x}^{(n)} \right] \\
&= \begin{pmatrix} 0 \\ 0 \end{pmatrix} + \begin{pmatrix} 2 \\ 1.5 \end{pmatrix} = \begin{pmatrix} 2 \\ 1.5 \end{pmatrix}
\end{aligned} \tag{3.20}$$

040

可以得到经过一次迭代更新后的 Logistic 回归模型

$$p(y = 1 \mid \boldsymbol{x}^{(n)}) = \frac{1}{1 + \exp(-\boldsymbol{w}_1^{\mathrm{T}} \boldsymbol{x}^{(n)})} \qquad (3.21)$$

$$p(y = 0 \mid \boldsymbol{x}^{(n)}) = 1 - p(y = 1 \mid \boldsymbol{x}^{(n)}) \qquad (3.22)$$

通常梯度下降法需要经过多次迭代更新, 读者可以通过计算机自行完成后续的迭代过程。

图 3.5 以鸢尾花数据的一维特征花瓣长度 $x$ 作为分类依据, 展示了用 Logistic 回归模型求解鸢尾花分类问题时, 参数的梯度下降更新过程。其中 $y = 0$ 和 $y = 1$ 分

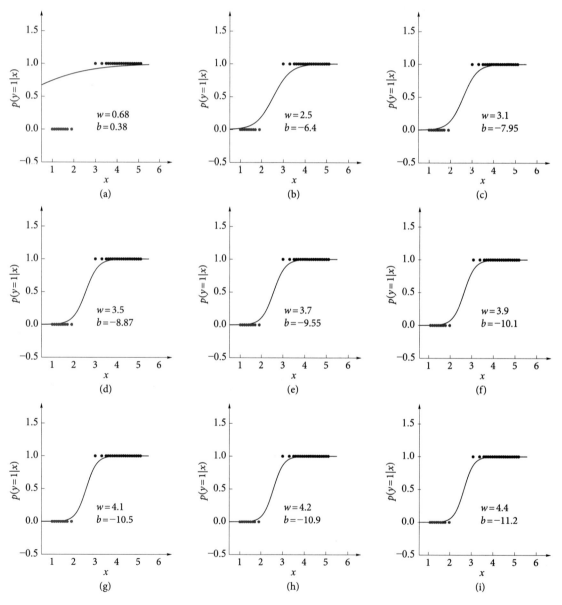

图 3.5　二项 Logistic 回归求解过程中参数的梯度下降

别表示山鸢尾花和杂色鸢尾花, 可以看到随着参数 $\{w, b\}$ 不断地在梯度方向上迭代更新, 模型的分类效果越来越好。

## 3.4 多项 Logistic 回归

上面介绍的 Logistic 回归模型是二项分类模型, 用于二类分类。可以将其推广为多项 Logistic 回归模型 (multi-nominal logistic regression model), 用于多类分类。由二项 Logistic 回归模型:

$$p(y = 1 \mid \boldsymbol{x}) = \frac{\exp(\boldsymbol{w}^{\mathrm{T}}\boldsymbol{x})}{1 + \exp(\boldsymbol{w}^{\mathrm{T}}\boldsymbol{x})} \tag{3.23}$$

$$p(y = 0 \mid \boldsymbol{x}) = \frac{1}{1 + \exp(\boldsymbol{w}^{\mathrm{T}}\boldsymbol{x})} \tag{3.24}$$

令 $\boldsymbol{w} = \boldsymbol{w}_1 - \boldsymbol{w}_2$, 可得:

$$p(y = 1 \mid \boldsymbol{x}) = \frac{\exp(\boldsymbol{w}_1^{\mathrm{T}}\boldsymbol{x})}{\exp(\boldsymbol{w}_1^{\mathrm{T}}\boldsymbol{x}) + \exp(\boldsymbol{w}_2^{\mathrm{T}}\boldsymbol{x})} \tag{3.25}$$

$$p(y = 0 \mid \boldsymbol{x}) = \frac{\exp(\boldsymbol{w}_2^{\mathrm{T}}\boldsymbol{x})}{\exp(\boldsymbol{w}_1^{\mathrm{T}}\boldsymbol{x}) + \exp(\boldsymbol{w}_2^{\mathrm{T}}\boldsymbol{x})} \tag{3.26}$$

其中 $\boldsymbol{w}_1$ 和 $\boldsymbol{w}_2$ 是增广的 $D+1$ 维权重向量。因此能够自然联想到, 对于多类的情况, 假设离散型随机变量 $y$ 的取值集合是 $\{1, 2, \cdots, K\}$, 多项 Logistic 回归模型如下:

$$p(y = k \mid \boldsymbol{x}) = \frac{\exp\left(\boldsymbol{w}_k^{\mathrm{T}}\boldsymbol{x}\right)}{\exp\left(\boldsymbol{w}_1^{\mathrm{T}}\boldsymbol{x}\right) + \exp\left(\boldsymbol{w}_2^{\mathrm{T}}\boldsymbol{x}\right) + \cdots + \exp\left(\boldsymbol{w}_K^{\mathrm{T}}\boldsymbol{x}\right)} \tag{3.27}$$

这里, $\boldsymbol{x} \in \mathbf{R}^{D+1}$, $\boldsymbol{w}_k \in \mathbf{R}^{D+1}$, 每个类别对应一个权重向量, 总共 $K$ 个权重向量, 这样相当于把二元逻辑回归里面的单个权向量, 拓展成了一个权值矩阵 $\boldsymbol{W}$。多项 Logistic 回归模型又称 Softmax 回归模型。由极大似然估计可得, 多项 Logistic 回归模型的损失函数:

$$
\begin{aligned}
\mathcal{L}(\boldsymbol{W}) &= -\log \prod_{n=1}^{N} p\left(y^{(n)} \mid \boldsymbol{x}^{(n)}\right) \\
&= \sum_{n=1}^{N} \left\{ -\boldsymbol{w}_{y^{(n)}}^{\mathrm{T}} \boldsymbol{x}^{(n)} + \log \sum_{k=1}^{K} \exp\left(\boldsymbol{w}_k^{\mathrm{T}} \boldsymbol{x}^{(n)}\right) \right\}
\end{aligned} \tag{3.28}
$$

损失函数 $\mathcal{L}(\boldsymbol{W})$ 对 $\boldsymbol{w}_k$ 的偏导数为:

$$\frac{\partial \mathcal{L}(\boldsymbol{W})}{\partial \boldsymbol{w}_k} = \sum_{n=1}^{N} \begin{cases} -\boldsymbol{x}^{(n)}\left(1 - p\left(k \mid \boldsymbol{x}^{(n)}\right)\right), & y^{(n)} = k \\ \boldsymbol{x}^{(n)} p\left(k \mid \boldsymbol{x}^{(n)}\right), & y^{(n)} \neq k \end{cases} \tag{3.29}$$

与二项 Logistic 回归模型类似, 假设 $\boldsymbol{w}_k$ 的极大似然估计值是 $\boldsymbol{w}_k^*$, 那么学到的多项 Logistic 回归模型为:

$$p(y = k \mid \boldsymbol{x}) = \frac{\exp\left(\boldsymbol{w}_k^{*\mathrm{T}}\boldsymbol{x}\right)}{\exp\left(\boldsymbol{w}_1^{*\mathrm{T}}\boldsymbol{x}\right) + \exp\left(\boldsymbol{w}_2^{*\mathrm{T}}\boldsymbol{x}\right) + \cdots + \exp\left(\boldsymbol{w}_K^{*\mathrm{T}}\boldsymbol{x}\right)} \tag{3.30}$$

多项 Logistic 回归模型的算法总结如下:

---

**算法 3.2**　多项 Logistic 回归模型

输入:　训练数据集 $\mathcal{D} = \left\{\left(\boldsymbol{x}^{(1)}, y^{(1)}\right), \left(\boldsymbol{x}^{(2)}, y^{(2)}\right), \cdots, \left(\boldsymbol{x}^{(N)}, y^{(N)}\right)\right\}$, 其中 $\boldsymbol{x}^{(n)} \in \mathbf{R}^{D+1}, y^{(n)} \in \{0, 1\}, n = 1, 2, \cdots, N$, 步长 $\eta \in (0, 1]$

1. 构造公式 $\mathcal{L}(\boldsymbol{W}) = -\log \prod\limits_{n=1}^{N} p\left(y^{(n)} \mid \boldsymbol{x}^{(n)}\right)$;

2. 初始化 $\boldsymbol{w}_0$;

3. **repeat**

4. $\quad \boldsymbol{w}_{k,t+1} = \boldsymbol{w}_{k,t} - \eta\left(\frac{\partial \mathcal{L}(\boldsymbol{W})}{\partial \boldsymbol{w}_k}\right)_t$;

5. **until** 满足收敛条件;

输出:　Logistic 回归模型 (3.30)

---

图 3.6 以鸢尾花数据的二维特征花萼宽度 $x_1$ 和花瓣宽度 $x_2$ 作为分类依据。其中三种颜色的点分别表示山鸢尾花、杂色鸢尾花和维吉尼亚鸢尾花的样本, 而被划分出

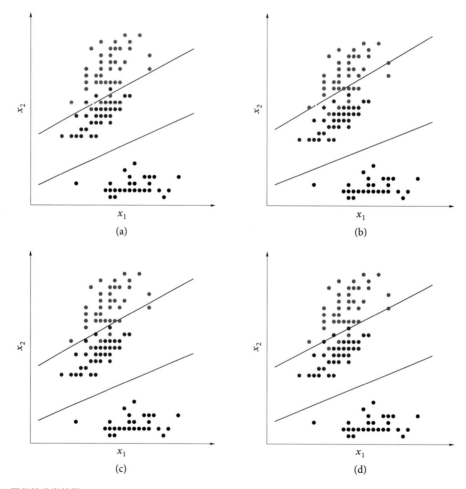

**图 3.6**　多项 Logistic 回归的分类效果

的三个区域则表示分类模型对应的分类结果。可以看到虽然仍存在个别样本没能被正确地分类, 但模型整体的分类效果还是不错的。

## 3.5　本章概要

(1) Logistic 回归模型是一种常用的处理二分类问题的线性模型。Logistic 回归模型是由输入的线性函数表示输出的对数几率模型。

(2) Logistic 回归模型属于对数线性模型。Logistic 回归模型一般采用极大似然估计, 或正则化的极大似然估计。Logistic 回归模型可以形式化为无约束最优化问题。求解该最优化问题的最常用的算法是梯度下降法。

(3) 二项 Logistic 回归的模型以及参数估计法也可以推广到多项 Logistic 回归, 用于多分类问题。

## 3.6　扩展阅读

Logistic 回归模型与朴素贝叶斯模型的关系参见文献[6], Logistic 回归模型与 AdaBoost 的关系参见文献[7], Logistic 回归模型与核函数的关系参见文献[8]。

## 3.7　习题

1. 说明 Logistic 分布为什么属于指数分布族。
2. 写出 Logistic 回归模型学习的拟牛顿算法。
3. 写出 Logistic 回归模型学习的改进的迭代尺度算法。
4. 模仿鸢尾花例题, 构建从训练数据集求解 Logistic 回归模型的例子。
5. 编程实现鸢尾花 Logistic 回归例题。

## 3.8 实践: 利用 scikit-learn 建立一个 Logistic 回归模型

### 1. 提取数据集

sklearn 中自带了一些数据集, 比如 iris 数据集, iris 数据中 data 存储花瓣长宽和花萼长宽, target 存储花的分类, 山鸢尾 (setosa)、杂色鸢尾 (versicolor) 以及维吉尼亚鸢尾 (virginica) 分别存储为数字 0、1、2。这里使用鸢尾花的全部特征作为分类标准。

```
from sklearn import datasets
import numpy as np

iris = datasets.load_iris()
X = iris.data
y = iris.target
```

### 2. 数据集划分

train_test_split 将数据集分为训练集和测试集, test_size 参数决定测试集的比例。random_state 参数是随机数生成种子, 在分类前将数据打乱, 保证数据的可重复利用。stratify 保证训练集和测试集中花的三大类的比例与输入比例相同。其中 X_train, X_test, y_train, y_test 分别表示训练集的分类特征, 测试集的分类特征, 训练集的类别标签和测试集的类别标签。

```
from sklearn.model_selection import train_test_split
X_train, X_test, y_train, y_test = train_test_split(X, y, test_size = 0.3,
    random_state = 1, stratify = y )
```

### 3. 特征标准化

运用 sklearn preprocessing 模块的 StandardScaler 类对特征值进行标准化。fit() 函数计算平均值和标准差, 而 transform() 函数运用 fit() 函数计算的均值和标准差进行数据的标准化。

```
from sklearn.preprocessing import StandardScaler
sc = StandardScaler()
sc.fit(X_train)
X_train_std = sc.transform(X_train)
X_test_std = sc.transform(X_test)
```

### 4. 训练模型

```
from sklearn.linear_model import LogisticRegression
```

```
model = LogisticRegression()
model.fit(X_train_std, y_train)
y_pred = model.predict(X_test_std)
```

### 5. 计算模型准确率

```
from sklearn.metrics import accuracy_score

miss_classified = (y_pred != y_test).sum()
print("MissClassified: ", miss_classified)
print("Accuracy : % .2f" % accuracy_score(y_pred, y_test))
```

得到结果:

```
MissClassified: 1
Accuracy : 0.98
```

通常, sklearn 在训练集和测试集的划分以及模型的训练中都有一些随机种子来保证最终的结果不会是一种偶然现象。所以按照上述代码得到不一样的结果只要差异不大也是正常现象。

## 参考文献

[1] P F Verhulst. Notice sur la loi que la population suit dans son accroissement. *Corresp. Math. Phys.*, 10:113–126, 1838.

[2] J S Cramer. The origins of logistic regression. 2002.

[3] P F Verhulst. Recherches mathématiques sur la loi d'accroissement de la population. *Mathematical Researches into the Law of Population Growth Increase, Nouveaux Mémoires de l'Académie Royale des Sciences et Belles-Lettres de Bruxelles*, pages 18:1–42, 1845.

[4] P F Verhulst. Deuxième mémoire sur la loi d'accroissement de la population. *Mémoires de l'académie royale des sciences, des lettres et des beaux-arts de Belgique*, 20:1–32, 1847.

[5] R Pearl and L J Reed. On the rate of growth of the population of the United States since 1790 and its mathematical representation. *Proceedings of the National Academy of Sciences of the United States of America*, 6(6):275, 1920.

[6] A Y Ng and M I Jordan. On discriminative vs. generative classifiers: A comparison of logistic regression and naive bayes. In *Advances in neural information processing systems*, pages 841–848, 2002.

[7] M Collins, R E Schapire, and Y Singer. Logistic regression, adaboost and bregman distances. *Machine Learning*, 48(1-3):253–285, 2002.

[8] S Canus and A J Smola. Kernel method and exponential family. *Neurocomputing*, 69:714–720, 2005.

# 第4章 支持向量机

4

支持向量机 (support vector machine, SVM) 是一种二分类的监督学习方法, 其决策边界是对学习样本求解的最大间隔超平面。支持向量机使用 Hinge 损失函数计算经验风险 (empirical risk), 并在求解系统中加入了正则化项以优化结构风险 (structural risk)。第 2 章介绍的感知机以错误分类最小化为目标, 其损失函数来源于误分类点到分离超平面的距离之和。在数据集线性可分时, 能正确划分样例的超平面有无穷多个。支持向量机在正确划分正负样例的基础上, 增加了正负样例间隔最大的约束, 由此分类超平面具有唯一解。此外, 支持向量机通过核方法 (kernel method) 可实现非线性分类。

本章将分别介绍支持向量机的发展历史、硬间隔和软间隔的线性支持向量机、非线性支持向量机、多核学习和加速的 SVM 方法。

## 4.1 支持向量机的发展历史

支持向量机早期工作来自万普尼克和勒纳在 1963 年发表的研究[1]。由于当时这些研究尚不完善, 在解决模式识别问题中往往趋于保守, 且数学上比较艰涩, 因此这些研究一直没有得到重视。

在 20 世纪 60—70 年代, 随着模式识别中最大间隔决策边界的理论研究[2]、基于松弛变量 (slack variable) 的规划问题求解技术的出现[3] 和 VC 维 (Vapnik-Chervonenkis dimension, VC dimension) 的提出[4], SVM 理论逐步完善, 并成为统计学习理论的一部分[5]。为了能够在样本量比较少的情况下, 获得良好的统计规律, SVM 以结构风险最小化为优化目标, 来提高学习机泛化能力, 实现经验风险和置信范围的最小化。1992 年, 伯森、盖恩和万普尼克通过核方法得到了非线性 SVM[6]。1995 年, 科琳娜和万普尼克提出了软间隔的非线性 SVM 并将其应用于手写字符识别问题[7]。支持向量机是二分类模型, 被推广到多分类支持向量机[8,9], 此后该学习算法被广泛讨论和应用。

## 4.2 硬间隔支持向量机

给定线性可分的训练数据集 $\mathcal{D} = \{(\boldsymbol{x}^{(1)}, y^{(1)}), (\boldsymbol{x}^{(2)}, y^{(2)}), \cdots, (\boldsymbol{x}^{(N)}, y^{(N)})\}$，其中，$(\boldsymbol{x}^{(n)}, y^{(n)})$ 为第 $n$ 个样本，$\boldsymbol{x}^{(n)} \in \mathbf{R}^D$ 为该样本的特征向量。考虑一个二类分类问题，$y^{(n)} \in \{+1, -1\}$，为 $\boldsymbol{x}^{(n)}$ 的类标记。当 $y^{(n)} = +1$ 时，称 $\boldsymbol{x}^{(n)}$ 为正例；当 $y^{(n)} = -1$ 时，称 $\boldsymbol{x}^{(n)}$ 为负例。

以鸢尾花分类为例，为了能够在二维空间展示数据，只采用花萼宽度 $x_1$ 和花瓣宽度 $x_2$ 区分出山鸢尾花 $(-)$ 和杂色鸢尾花 $(+)$。训练数据展示如图 4.1 所示。训练过程的目的是学习一个分类器将两类鸢尾花分开。通过训练的分类器，对新的测试样本进行归类。一般来说，当训练数据集线性可分时，存在无数个超平面可将两类数据正确分开，如图 4.1 所示。

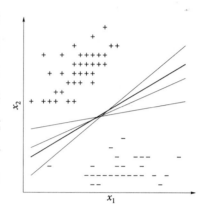

图 4.1 线性可分的鸢尾花数据集

在数据线性可分时，SVM 期望在特征空间中找到一个超平面，不仅能将样本分到不同的类，还期望两类之间的间隔越大越好。超平面对应方程 $\boldsymbol{w}^{\mathrm{T}}\boldsymbol{x} + b = 0$，它由法向量 $\boldsymbol{w} \in \mathbf{R}^D$ 和截距 $b$ 决定，可用 $(\boldsymbol{w}, b)$ 来表示。超平面将特征空间划分为两部分：一部分是正类，一部分是负类。SVM 目标是通过间隔最大化求解最优的超平面。

### 4.2.1 间隔最大化

对于给定的训练数据集 $\mathcal{D}$ 和超平面 $(\boldsymbol{w}, b)$，任意样本 $\boldsymbol{x}^{(n)}$ 到超平面 $(\boldsymbol{w}, b)$ 的距离是

$$r^{(n)} = \frac{|\boldsymbol{w}^{\mathrm{T}}\boldsymbol{x}^{(n)} + b|}{||\boldsymbol{w}||} \tag{4.1}$$

一般来说，一个点距离超平面的远近可以表示分类预测的确信程度。在超平面 $\boldsymbol{w}^{\mathrm{T}}\boldsymbol{x} + b = 0$ 确定的情况下，$|\boldsymbol{w}^{\mathrm{T}}\boldsymbol{x}^{(n)} + b|$ 能够相对地表示点 $\boldsymbol{x}^{(n)}$ 距离超平面的远近。而 $\boldsymbol{w}^{\mathrm{T}}\boldsymbol{x}^{(n)} + b$ 的符号与类标记 $y^{(n)}$ 的符号是否一致能够表示分类是否正确。所以，可以用 $y^{(n)}(\boldsymbol{w}^{\mathrm{T}}\boldsymbol{x}^{(n)} + b)$ 表示分类的正确性及确信程度。当所有样本被超平面正确分类时，式 (4.1) 可以写为

$$r^{(n)} = \frac{|\boldsymbol{w}^{\mathrm{T}}\boldsymbol{x}^{(n)} + b|}{||\boldsymbol{w}||} = \frac{y^{(n)}(\boldsymbol{w}^{\mathrm{T}}\boldsymbol{x}^{(n)} + b)}{||\boldsymbol{w}||} \tag{4.2}$$

假设超平面 $(\boldsymbol{w}, b)$ 能将训练样本正确分类, 即对于 $\left(\boldsymbol{x}^{(n)}, y^{(n)}\right) \in \mathcal{D}$, 若 $y^{(n)} = +1$, 则有 $\boldsymbol{w}^{\mathrm{T}} \boldsymbol{x}^{(n)} + b > 0$; 若 $y^{(n)} = -1$, 则有 $\boldsymbol{w}^{\mathrm{T}} \boldsymbol{x}^{(n)} + b < 0$, 令

$$\boldsymbol{w}^{\mathrm{T}} \boldsymbol{x}^{(n)} + b \geqslant +1, y^{(n)} = +1; \tag{4.3}$$
$$\boldsymbol{w}^{\mathrm{T}} \boldsymbol{x}^{(n)} + b \leqslant -1, y^{(n)} = -1$$

在线性可分情况下, 距离超平面最近的训练样本使式 (4.3) 的等号成立, 被称为**支持向量**。即

$$y^{(n)} \left( \boldsymbol{w}^{\mathrm{T}} \boldsymbol{x}^{(n)} + b \right) - 1 = 0$$

对 $y^{(n)} = +1$ 的正样本, 支持向量在超平面 $H_1$ 上。

$$H_1 : \boldsymbol{w}^{\mathrm{T}} \boldsymbol{x} + b = +1$$

对 $y^{(n)} = -1$ 的负样本, 支持向量在超平面 $H_2$ 上。

$$H_2 : \boldsymbol{w}^{\mathrm{T}} \boldsymbol{x} + b = -1$$

如图 4.2 所示, 在 $H_1$ 和 $H_2$ 上的点就是支持向量。

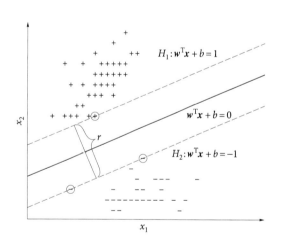

**图 4.2** 支持向量与间隔

$H_1$ 和 $H_2$ 平行, 并且没有样本点落在它们中间。在 $H_1$ 与 $H_2$ 之间形成一条长带, 超平面与它们平行且位于它们中央。两个不同类的支持向量到超平面的距离之和称为**间隔** (margin), 即长带的宽度, $H_1$ 与 $H_2$ 之间的距离为

$$\gamma = \frac{2}{\|\boldsymbol{w}\|} \tag{4.4}$$

支持向量机学习的基本想法是求解能够正确划分训练数据集并使间隔最大的超平面。对线性可分的训练数据集而言，线性可分超平面有无穷多个，但是几何间隔最大的超平面是唯一的。这里的间隔最大化又称为硬间隔最大化。这个问题可以表示为带约束的最优化问题：

$$
\max_{\boldsymbol{w},b} \frac{2}{||\boldsymbol{w}||} \tag{4.5}
$$
$$
\text{s.t.} \frac{y^{(n)}\left(\boldsymbol{w}^{\mathrm{T}}\boldsymbol{x}^{(n)}+b\right)}{||\boldsymbol{w}||} \geqslant \frac{\gamma}{2}, \quad n=1,2,\cdots,N
$$

其中 $\max_{\boldsymbol{w},b}\frac{2}{||\boldsymbol{w}||}$ 表示找到满足最大化间隔 $\gamma$ 的超平面参数 $(\boldsymbol{w},b)$，约束条件表示的是每个训练样本点到超平面 $\boldsymbol{w}^{\mathrm{T}}\boldsymbol{x}+b=0$ 的距离至少是 $\frac{\gamma}{2}$。由公式 4.4 已知 $\gamma=\frac{2}{||\boldsymbol{w}||}$，则式 (4.5) 可以写为

$$
\max_{\boldsymbol{w},b} \frac{2}{||\boldsymbol{w}||} \tag{4.6}
$$
$$
\text{s.t.} y^{(n)}\left(\boldsymbol{w}^{\mathrm{T}}\boldsymbol{x}^{(n)}+b\right) \geqslant 1, \quad n=1,2,\cdots,N
$$

最大化 $\frac{2}{||\boldsymbol{w}||}$ 和最小化 $\frac{1}{2}||\boldsymbol{w}||^2$ 是等价的，于是得到下面的线性可分支持向量机学习的最优化问题：

$$
\min_{\boldsymbol{w},b} \frac{1}{2}||\boldsymbol{w}||^2 \tag{4.7}
$$
$$
\text{s.t.} y^{(n)}\left(\boldsymbol{w}^{\mathrm{T}}\boldsymbol{x}^{(n)}+b\right) \geqslant 1, \quad n=1,2,\cdots,N
$$

这是一个凸二次规划 (convex quadratic programming) 问题。给定线性可分训练数据集，通过间隔最大化或等价地求解相应的凸二次规划问题学习求出约束最优化问题的解 $(\boldsymbol{w}^*,b^*)$，那么就可以得到最大间隔超平面：

$$
(\boldsymbol{w}^*)^{\mathrm{T}}\boldsymbol{x}+b^*=0 \tag{4.8}
$$

进而得到分类决策函数：

$$
f(\boldsymbol{x})=\operatorname{sign}\left((\boldsymbol{w}^*)^{\mathrm{T}}\boldsymbol{x}+b^*\right) \tag{4.9}
$$

式 (4.9) 称为线性可分支持向量机。

线性可分支持向量机利用间隔最大化求得最优分类超平面，具有唯一解。线性可分支持向量机对应着将两类数据正确划分并且间隔最大的超平面，如图 4.2 所示。间

隔最大化的直观解释是: 对训练数据集找到间隔最大的超平面意味着以充分大的确信度对训练数据进行分类。也就是说, 不仅将正负样本点分开, 而且对最难分的样本点 (离超平面最近的点) 也有足够大的确信度将它们分开。这样的超平面对未知的新样本有很好的分类预测能力。

超平面的解是由支持向量决定的, 与其他样本无关。如果想改变所求的解, 只能移动支持向量, 如果在间隔边界以外移动其他样本, 甚至去掉这些样本点, 解不会改变。由于支持向量决定超平面的解, 所以这种分类模型被称为支持向量机。一般而言, 支持向量的个数远少于训练样本数, 所以支持向量机由很少的支持向量样本确定。

### 4.2.2 参数学习

在求解优化问题的过程中, 为了更容易求解线性可分支持向量机的最优化问题, 我们可以将优化问题转化为对偶问题。将式 (4.7) 作为原始最优化问题, 应用拉格朗日对偶性, 通过求解对偶问题 (dual problem) 得到原始问题 (primal problem) 的最优解, 称为线性可分支持向量机的对偶算法 (dual algorithm)。

对式 (4.7) 中的不等式约束引入拉格朗日乘子 (Lagrange multiplier) $\alpha^{(n)} \geqslant 0, n = 1, 2, \cdots, N$, 建立拉格朗日函数 (Lagrange function):

$$\mathcal{L}(\boldsymbol{w}, b, \boldsymbol{\alpha}) = \frac{1}{2}\|\boldsymbol{w}\|^2 + \sum_{n=1}^{N} \alpha^{(n)} \left(1 - y^{(n)}(\boldsymbol{w}^{\mathrm{T}}\boldsymbol{x}^{(n)} + b)\right) \tag{4.10}$$

其中, $\boldsymbol{\alpha} = \left(\alpha^{(1)}, \alpha^{(2)}, \cdots, \alpha^{(N)}\right)^{\mathrm{T}}$ 是拉格朗日乘子向量。

依据拉格朗日对偶性, 原始问题的对偶问题是极大极小问题:

$$\max_{\boldsymbol{\alpha}} \min_{\boldsymbol{w}, b} \mathcal{L}(\boldsymbol{w}, b, \boldsymbol{\alpha})$$

在解决对偶问题的过程中, 首先求出 $\mathcal{L}(\boldsymbol{w}, b, \boldsymbol{\alpha})$ 对 $\boldsymbol{w}, b$ 的极小, 再求对 $\boldsymbol{\alpha}$ 的极大。

(1) 求 $\min_{\boldsymbol{w}, b} \mathcal{L}(\boldsymbol{w}, b, \boldsymbol{\alpha})$

分别对拉格朗日函数 $\mathcal{L}(\boldsymbol{w}, b, \boldsymbol{\alpha})$ 中的 $\boldsymbol{w}, b$ 求偏导数, 并求出偏导数为 0 时对应的值:

$$\frac{\partial \mathcal{L}(\boldsymbol{w}, b, \boldsymbol{\alpha})}{\partial \boldsymbol{w}} = \boldsymbol{w} - \sum_{n=1}^{N} \alpha^{(n)} y^{(n)} \boldsymbol{x}^{(n)} = 0 \tag{4.11}$$

$$\frac{\partial \mathcal{L}(\boldsymbol{w}, b, \boldsymbol{\alpha})}{\partial b} = -\sum_{n=1}^{N} \alpha^{(n)} y^{(n)} = 0 \tag{4.12}$$

得到

$$\boldsymbol{w} = \sum_{n=1}^{N} \alpha^{(n)} y^{(n)} \boldsymbol{x}^{(n)} \tag{4.13}$$

$$0 = \sum_{n=1}^{N} \alpha^{(n)} y^{(n)} \tag{4.14}$$

将式 (4.13) 代入拉格朗日函数式 (4.10), 并利用式 (4.14), 即得

$$\begin{aligned}
\mathcal{L}(\boldsymbol{w}, b, \boldsymbol{\alpha}) &= \frac{1}{2} \sum_{n=1}^{N} \sum_{j=1}^{N} \alpha^{(n)} \alpha^{(j)} y^{(n)} y^{(j)} \left( (\boldsymbol{x}^{(n)})^{\mathrm{T}} \boldsymbol{x}^{(j)} \right) + \sum_{n=1}^{N} \alpha^{(n)} \\
&\quad - \sum_{n=1}^{N} \alpha^{(n)} y^{(n)} \left( \left( \sum_{j=1}^{N} \alpha^{(j)} y^{(j)} \boldsymbol{x}^{(j)} \right)^{\mathrm{T}} \boldsymbol{x}^{(n)} + b \right) \\
&= \sum_{n=1}^{N} \alpha^{(n)} - \frac{1}{2} \sum_{n=1}^{N} \sum_{j=1}^{N} \alpha^{(n)} \alpha^{(j)} y^{(n)} y^{(j)} \left( (\boldsymbol{x}^{(n)})^{\mathrm{T}} \boldsymbol{x}^{(j)} \right)
\end{aligned}$$

(2) 对 $\boldsymbol{\alpha}$ 求极大, 得到式 (4.7) 的对偶问题:

$$\max_{\boldsymbol{\alpha}} \sum_{n=1}^{N} \alpha^{(n)} - \frac{1}{2} \sum_{n=1}^{N} \sum_{j=1}^{N} \alpha^{(n)} \alpha^{(j)} y^{(n)} y^{(j)} \left( (\boldsymbol{x}^{(n)})^{\mathrm{T}} \boldsymbol{x}^{(j)} \right) \tag{4.15}$$

$$\text{s.t.} \quad \sum_{n-1}^{N} \alpha^{(n)} y^{(n)} = 0, \alpha^{(n)} \geqslant 0, n = 1, 2, \cdots, N$$

式 (4.15) 是一个二次规划问题, 可使用通用的二次规划算法来求解, 然而, 该问题的规模正比于训练样本数 $N$, 当样本数很大时, 会产生很大的开销。为了解决这个问题, 结合利用问题本身的特性, 提出了很多高效算法, 序列最小优化 (sequential minimal optimization, SMO) 是其中一个典型的方法。

SMO 的基本思路是先固定 $\alpha^{(n)}$ 之外的所有参数, 然后求 $\alpha^{(n)}$ 上的极值, 由于存在约束 $\sum_{n=1}^{N} \alpha^{(n)} y^{(n)} = 0$, 若固定 $\alpha^{(n)}$ 之外的其他变量, 则 $\alpha^{(n)}$ 可由其他变量导出, 于是, SMO 每次选择两个变量 $\alpha^{(n)}$ 和 $\alpha^{(j)}$, 并固定其他参数, 这样, 在参数初始化后, SMO 不断执行如下两个步骤直至收敛。

(1) 选取一对需更新的变量 $\alpha^{(n)}$ 和 $\alpha^{(j)}$;

(2) 固定 $\alpha^{(n)}$ 和 $\alpha^{(j)}$ 以外的参数, 求解式 (4.15) 获得更新后的 $\alpha^{(n)}$ 和 $\alpha^{(j)}$。

注意到只需选取的 $\alpha^{(n)}$ 和 $\alpha^{(j)}$ 中有一个不满足 KKT (Karush-Kuhn-Tucker) 条件, 目标函数就会在迭代后减小。直观看来, KKT 条件违背程度越大, 则变量更新后可能导致的目标函数数值减幅越大。于是, SMO 先选取违背 KKT 条件程度最大的变

量, 第二个变量应选择一个使目标函数数值减小最快的变量, 但由于比较各变量对应的目标函数数值减幅的复杂度过高, 因此 SMO 采用了一个启发式: 使选取的两个变量所对应样本之间的间隔最大, 一种直观的解释是, 这样的两个变量有很大的差别, 与对两个相似的变量进行更新相比, 对它们进行更新会带给目标函数数值更大的变化。

SMO 算法之所以高效, 是因为在固定其他参数后, 仅优化两个参数的过程能做到非常高效。具体来说, 仅考虑 $\alpha^{(n)}$ 和 $\alpha^{(j)}$ 时, 式 (4.15) 中的约束可重写为

$$\alpha^{(n)}y^{(n)} + \alpha^{(j)}y^{(j)} = c, \alpha^{(n)} \geqslant 0, \alpha^{(j)} \geqslant 0 \tag{4.16}$$

其中:

$$c = -\sum_{k \neq n,j} \alpha^{(k)}y^{(k)} \tag{4.17}$$

是使 $\sum_{n=1}^{N} \alpha^{(n)}y^{(n)} = 0$ 成立的常数, 用 $\alpha^{(n)}y^{(n)} + \alpha^{(j)}y^{(j)} = c$ 消去式 (4.15) 中的 $\alpha^{(j)}$, 则得到一个关于 $\alpha^{(n)}$ 的单变量二次规划问题, 仅有的约束是 $\alpha^{(n)} \geqslant 0$, 不难发现, 这样的二次规划问题具有闭式解, 于是不必调用数值优化算法即可高效地计算出更新后的 $\alpha^{(n)}$ 和 $\alpha^{(j)}$。

对线性可分训练数据集, 假设 $\boldsymbol{\alpha}^* = \left((\alpha^{(1)})^*, (\alpha^{(2)})^*, \cdots, (\alpha^{(N)})^*\right)^{\mathrm{T}}$ 是对偶最优化问题式 (4.15) 的解, 则存在样本 $(\boldsymbol{x}^{(j)}, y^{(j)})$, 使得 $(\alpha^{(j)})^* > 0$, 求得原始最优化问题式 (4.7) 的解 $\boldsymbol{w}^*, b^*$:

$$\boldsymbol{w}^* = \sum_{n=1}^{N} (\alpha^{(n)})^* y^{(n)} \boldsymbol{x}^{(n)} \tag{4.18}$$

$$b^* = y^{(j)} - \sum_{n=1}^{N} (\alpha^{(n)})^* y^{(n)} \left((\boldsymbol{x}^{(n)})^{\mathrm{T}} \boldsymbol{x}^{(j)}\right) \tag{4.19}$$

由于最优化问题 (4.7) 有不等式约束, 上述过程需要满足 KKT 条件, 即要求

$$\frac{\partial \mathcal{L}(\boldsymbol{w}^*, b^*, \boldsymbol{\alpha}^*)}{\partial \boldsymbol{w}} = \boldsymbol{w}^* - \sum_{n=1}^{N} (\alpha^{(n)})^* y^{(n)} \boldsymbol{x}^{(n)} = 0 \tag{4.20}$$

$$\frac{\partial \mathcal{L}(\boldsymbol{w}^*, b^*, \boldsymbol{\alpha}^*)}{\partial b} = -\sum_{n=1}^{N} (\alpha^{(n)})^* y^{(n)} = 0$$

$$(\alpha^{(n)})^* \left(y^{(n)} \left((\boldsymbol{w}^*)^{\mathrm{T}} \boldsymbol{x}^{(n)} + b^*\right) - 1\right) = 0, \quad n = 1, 2, \cdots, N$$

$$y^{(n)} \left((\boldsymbol{w}^*)^{\mathrm{T}} \boldsymbol{x}^{(n)} + b^*\right) - 1 \geqslant 0, \quad n = 1, 2, \cdots, N$$

$$(\alpha^{(n)})^* \geqslant 0, \quad n = 1, 2, \cdots, N$$

由此得

$$\boldsymbol{w}^* = \sum_{n=1}^{N} (\alpha^{(n)})^* y^{(n)} \boldsymbol{x}^{(n)} \tag{4.21}$$

其中至少有一个 $(\alpha^{(j)})^* > 0$, 有

$$y^{(j)}\left((\boldsymbol{w}^*)^{\mathrm{T}}\boldsymbol{x}^{(j)} + b^*\right) - 1 = 0 \tag{4.22}$$

将式 (4.18) 代入式 (4.22) 并注意到 $(y^{(j)})^2 = 1$, 即得

$$b^* = y^{(j)} - \sum_{n=1}^{N} (\alpha^{(n)})^* y^{(n)} \left((\boldsymbol{x}^{(n)})^{\mathrm{T}}\boldsymbol{x}^{(j)}\right) \tag{4.23}$$

由此可知, 超平面可以写成

$$\sum_{n=1}^{N} (\alpha^{(n)})^* y^{(n)} \left(\boldsymbol{x}^{\mathrm{T}}\boldsymbol{x}^{(n)}\right) + b^* = 0 \tag{4.24}$$

分类决策函数可以写成

$$f(\boldsymbol{x}) = \mathrm{sign}\left(\sum_{n=1}^{N} (\alpha^{(n)})^* y^{(n)} \left(\boldsymbol{x}^{\mathrm{T}}\boldsymbol{x}^{(n)}\right) + b^*\right) \tag{4.25}$$

以上分析表明, 分类决策函数只依赖于输入 $\boldsymbol{x}$ 和训练样本输入的内积。式 (4.25) 称为线性可分支持向量机的对偶形式。

对于给定的线性可分训练数据集, 可以首先求对偶问题式 (4.15) 的解 $\boldsymbol{\alpha}^*$; 再利用式 (4.18) 和式 (4.19) 求得原始问题的解 $\boldsymbol{w}^*, b^*$; 从而得到超平面及分类决策函数。这种算法称为线性可分支持向量机的对偶学习算法, 是线性可分支持向量机学习的基本算法。

在线性可分支持向量机中, 由式 (4.18) 和式 (4.19) 可知, $\boldsymbol{w}^*$ 和 $b^*$ 只依赖于训练数据中对应于 $(\alpha^{(n)})^* > 0$ 的样本点 $(\boldsymbol{x}^{(n)}, y^{(n)})$, 而其他样本点对 $\boldsymbol{w}^*$ 和 $b^*$ 没有影响。将训练数据中对应于 $(\alpha^{(n)})^* > 0$ 的样本点 $\boldsymbol{x}^{(n)} \in \mathbf{R}^D$ 称为支持向量。

算法 4.1 描述了硬间隔的线性支持向量机的学习算法。

**例 4.1** 给定训练数据集 $\mathcal{D}$ 中包括正样本 $\boldsymbol{x}^{(1)} = (2,3)^{\mathrm{T}}$, $\boldsymbol{x}^{(2)} = (3,1)^{\mathrm{T}}$ 和负样本 $\boldsymbol{x}^{(3)} = (1,1)^{\mathrm{T}}$。试用算法 4.1 求出最大间隔超平面和分类决策函数。

---

**算法 4.1** 硬间隔线性支持向量机学习算法

输入: 线性可分训练数据集 $\mathcal{D} = \left\{ \left( \boldsymbol{x}^{(1)}, y^{(1)} \right), \left( \boldsymbol{x}^{(2)}, y^{(2)} \right), \cdots, \left( \boldsymbol{x}^{(N)}, y^{(N)} \right) \right\}$, 其中, $\boldsymbol{x}^{(n)} \in \mathbf{R}^D, y^{(n)} \in \{-1, +1\}, n = 1, 2, \cdots, N$

1. 构造并求解约束最优化问题:

$$\min_{\boldsymbol{w}, b} \frac{1}{2} \|\boldsymbol{w}\|^2$$
$$\text{s.t. } y^{(n)} \left( \boldsymbol{w}^{\mathrm{T}} \boldsymbol{x}^{(n)} + b \right) \geqslant 1, \quad n = 1, 2, \cdots, N;$$

2. 转换为最优化问题:

$$\min_{\boldsymbol{\alpha}} \frac{1}{2} \sum_{n=1}^{N} \sum_{j=1}^{N} \alpha^{(n)} \alpha^{(j)} y^{(n)} y^{(j)} \left( (\boldsymbol{x}^{(n)})^{\mathrm{T}} \boldsymbol{x}^{(j)} \right) - \sum_{n=1}^{N} \alpha^{(n)}$$
$$\text{s.t. } \sum_{n=1}^{N} \alpha^{(n)} y^{(n)} = 0$$
$$\alpha^{(n)} \geqslant 0, \quad n = 1, 2, \cdots, N;$$

3. 求得最优解 $\boldsymbol{\alpha}^* = \left( \alpha_1^*, \alpha_2^*, \cdots, \alpha_N^* \right)^{\mathrm{T}}$;

4. 计算 $\boldsymbol{w}^* = \sum\limits_{n=1}^{N} (\alpha^{(n)})^* y^{(n)} \boldsymbol{x}^{(n)}$;

5. 选择 $\boldsymbol{\alpha}^*$ 的一个正分量 $(\alpha^{(j)})^* > 0$;

6. 计算 $b^* = y^{(j)} - \sum\limits_{n=1}^{N} (\alpha^{(n)})^* y^{(n)} \left( (\boldsymbol{x}^{(n)})^{\mathrm{T}} \boldsymbol{x}^{(j)} \right)$;

7. 由此得到超平面:

$$(\boldsymbol{w}^*)^{\mathrm{T}} \boldsymbol{x} + b^* = 0$$

分类决策函数:

$$f(\boldsymbol{x}) = \text{sign} \left( (\boldsymbol{w}^*)^{\mathrm{T}} \boldsymbol{x} + b^* \right)。$$

输出: 最大间隔超平面和分类决策函数

---

**解** 将 $\boldsymbol{x}^{(1)} = (2, 3)^{\mathrm{T}}, \boldsymbol{x}^{(2)} = (3, 1)^{\mathrm{T}}, \boldsymbol{x}^{(3)} = (1, 1)^{\mathrm{T}}$ 代入式 (4.7) 可得:

$$\min_{\boldsymbol{\alpha}} \frac{1}{2} \left[ 13\alpha^{(1)2} + 10\alpha^{(2)2} + 2\alpha^{(3)2} + 18\alpha^{(1)}\alpha^{(2)} - 10\alpha^{(1)}\alpha^{(3)} - 8\alpha^{(2)}\alpha^{(3)} \right] - \sum_{n=1}^{3} \alpha^{(n)} \tag{4.26}$$

又因为有 $\alpha^{(3)} = \alpha^{(1)} + \alpha^{(2)}$, 将 $\alpha^{(3)}$ 代入得:

$$S = 2.5\alpha^{(1)2} + 2\alpha^{(2)2} + 2\alpha^{(1)}\alpha^{(2)} - 2\alpha^{(1)} - 2\alpha^{(2)} \tag{4.27}$$

$$\frac{\partial S}{\partial \alpha^{(1)}} = 5\alpha^{(1)} + 2\alpha^{(2)} - 2 \tag{4.28}$$

$$\frac{\partial S}{\partial \alpha^{(2)}} = 2\alpha^{(1)} + 4\alpha^{(2)} - 2 \tag{4.29}$$

代入 $\frac{\partial S}{\partial \alpha^{(1)}} = 0$, $\frac{\partial S}{\partial \alpha^{(2)}} = 0$, 求出最优解 $\boldsymbol{\alpha}^* = \left( \alpha^{(1)} \ \alpha^{(2)} \ \alpha^{(3)} \right)^{\mathrm{T}} = \left( \frac{1}{4} \ \frac{3}{8} \ \frac{5}{8} \right)^{\mathrm{T}}$, 即为对偶最优化的解, 可得 $\boldsymbol{w}^* = \left( 1 \ 0.5 \right)^{\mathrm{T}}$, $b^* = -2$, 于是可以计算出超平面:

$$x^{(1)} + 0.5x^{(2)} - 2 = 0 \tag{4.30}$$

以及决策边界:

$$f(\boldsymbol{x}) = \text{sign} \left( x^{(1)} + 0.5x^{(2)} - 2 \right) \tag{4.31}$$

## 4.3 软间隔线性支持向量机

### 4.3.1 软间隔最大化

很多真实任务中的数据集往往是线性不可分的, 对于这些线性不可分训练数据, 前面介绍的学习方法并不适用, 因为上述方法中的不等式约束并不能同时全部成立。为了将线性可分模型扩展到线性不可分任务上, 我们需要修改硬间隔最大化优化目标。

给定训练数据集 $\mathcal{D} = \left\{ \left( \boldsymbol{x}^{(n)}, y^{(n)} \right) \right\}_{n=1}^{N}$, 其中, $\boldsymbol{x}^{(n)} \in \mathbf{R}^D$, $y^{(n)} \in \{+1, -1\}$, $\boldsymbol{x}^{(n)}$ 为第 $n$ 个样本的特征向量, $y^{(n)}$ 为 $\boldsymbol{x}^{(n)}$ 的类标签。假设训练数据集不是线性可分的, 即某些样本点 $(\boldsymbol{x}^{(n)}, y^{(n)})$ 不能满足式 (4.7) 中间隔大于等于 1 的约束条件。

以鸢尾花分类为例, 为了能够在二维空间展示数据, 仅采用花萼宽度 $x_1$ 和花瓣宽度 $x_2$ 区分杂色鸢尾花 (−) 和维吉尼亚鸢尾花 (+)。训练数据如图 4.3 所示, 部分两类不同的鸢尾花样本混杂在一起, 无法找出一条直线完全正确地区分它们。通过观察可知大部分数据是线性可分的, 如果将圆圈标注的样本看作异常点, 将其去除后可以得到一个线性可分的鸢尾花集合。软间隔支持向量

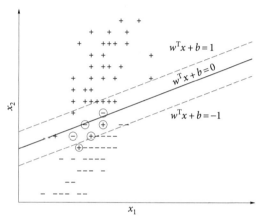

**图 4.3** 线性不可分的鸢尾花数据集

机训练过程的目的是为了学习一个分类器, 可以将除了异常点之外的其他大部分两类数据分开。然后再通过训练的分类器, 对新的测试样本进行归类。由于决策边界的间隔不能把所有数据完全分开, 因此称之为软间隔。

软间隔允许某些样本不满足式 (4.7) 中间隔大于等于 1 的约束条件, 但是在最大化间隔的同时, 期望不满足约束条件的样本尽可能少。优化目标可以写为

$$\frac{1}{2}\|\boldsymbol{w}\|^2 + C \sum_{n=1}^{N} \ell_{0/1}\left(y^{(n)}\left(\boldsymbol{w}^{\mathrm{T}}\boldsymbol{x}^{(n)} + b\right) - 1\right) \tag{4.32}$$

其中, $C > 0$ 称为惩罚参数, $C$ 值大时对误分类的惩罚增大, $C$ 值小时对误分类的惩罚减小。最小化目标函数包含两层含义: 使 $\frac{1}{2}\|\boldsymbol{w}\|^2$ 尽量小即间隔尽量大, 同时使误分类点的个数尽量小, $C$ 是平衡二者的超参数。$\ell_{0/1}$ 是 "0/1 损失函数"。

$$\ell_{0/1}(z) = \begin{cases} 1, & z < 0 \\ 0, & z \geqslant 0 \end{cases}$$

由于 $\ell_{0/1}$ 损失函数不是连续可导的, 直接优化由其构成的目标函数比较困难, 一般采用其他替代函数, 通常是凸的连续函数且是 $\ell_{0/1}$ 的上界。例如可以采用 Hinge 损失替代 $\ell_{0/1}$。

$$\ell_{hinge}(z) = \max(0, 1 - z)$$

Hinge 损失函数如图 4.4 所示, 横轴是函数间隔 $y(\boldsymbol{w}^{\mathrm{T}}\boldsymbol{x} + b)$, 纵轴是损失。

图 4.4 中的 $\ell_{0/1}$ 损失函数, 是二类分类问题真正的损失函数, 而 Hinge 损失函数是 $\ell_{0/1}$ 损失函数的上界。

采用 Hinge 损失替代 $\ell_{0/1}$ 损失函数, 则式 (4.32) 变为

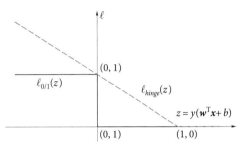

**图 4.4** $\ell_{0/1}$ 损失和 Hinge 损失函数

$$\frac{1}{2}\|\boldsymbol{w}\|^2 + C\sum_{n=1}^{N}\max\left(0, 1 - y^{(n)}\left(\boldsymbol{w}^{\mathrm{T}}\boldsymbol{x}^{(n)} + b\right)\right) \tag{4.33}$$

目标函数的第二项 Hinge 损失是经验风险。这就是说, 当样本 $\left(\boldsymbol{x}^{(n)}, y^{(n)}\right)$ 被正确分类且函数间隔 $y^{(n)}\left(\boldsymbol{w}^{\mathrm{T}}\boldsymbol{x}^{(n)} + b\right)$ 大于 1 时, 损失是 0, 否则损失是 $1 - y^{(n)}\left(\boldsymbol{w}^{\mathrm{T}}\boldsymbol{x}^{(n)} + b\right)$。

对每个样本点 $\left(\boldsymbol{x}^{(n)}, y^{(n)}\right)$ 引进一个松弛变量 $\xi^{(n)} \geqslant 0$, 使函数间隔加上松弛变量大于等于 1。引入松弛变量的间隔称为软间隔 (soft margin)。令

$$\max\left(0, 1 - y^{(n)}\left(\boldsymbol{w}^{\mathrm{T}}\boldsymbol{x}^{(n)} + b\right)\right) = \xi^{(n)} \tag{4.34}$$

当 $1 - y^{(n)}\left(\boldsymbol{w}^{\mathrm{T}}\boldsymbol{x}^{(n)} + b\right) > 0$ 时, $y^{(n)}\left(\boldsymbol{w}^{\mathrm{T}}\boldsymbol{x}^{(n)} + b\right) = 1 - \xi^{(n)}$;

当 $1 - y^{(n)}\left(\boldsymbol{w}^{\mathrm{T}}\boldsymbol{x}^{(n)} + b\right) \leqslant 0$ 时, $\xi^{(n)} = 0$, $y^{(n)}\left(\boldsymbol{w}^{\mathrm{T}}\boldsymbol{x}^{(n)} + b\right) \geqslant 1 - \xi^{(n)}$。

对每个松弛变量支付一个代价 $\xi^{(n)}$, 式 (4.33) 最优化问题的目标函数和约束条件变为:

$$\min_{\boldsymbol{w}, b, \boldsymbol{\xi}} \frac{1}{2}\|\boldsymbol{w}\|^2 + C\sum_{n=1}^{N}\xi^{(n)} \tag{4.35}$$

$$\text{s.t.} \quad y^{(n)}\left(\boldsymbol{w}^{\mathrm{T}}\boldsymbol{x}^{(n)} + b\right) \geqslant 1 - \xi^{(n)} \quad n = 1, 2, \cdots, N \tag{4.36}$$

$$\xi^{(n)} \geqslant 0, \quad n = 1, 2, \cdots, N$$

线性不可分支持向量机问题的求解与线性可分任务求解类似。问题是一个凸二次规划问题, 因而关于 $(\boldsymbol{w}, b, \boldsymbol{\xi})$ 的解是存在的。可以证明 $\boldsymbol{w}$ 的解是唯一的, 但 $b$ 的解可能不唯一, 而是一个区间。

对于给定的线性不可分的训练数据集, 通过求解凸二次规划问题, 即软间隔最大化问题, 设该问题的解是 $\boldsymbol{w}^*, b^*$, 得到的超平面为

$$(\boldsymbol{w}^*)^{\mathrm{T}}\boldsymbol{x} + b^* = 0$$

以及相应的分类决策函数:

$$f(\boldsymbol{x}) = \operatorname{sign}\left((\boldsymbol{w}^*)^{\mathrm{T}}\boldsymbol{x} + b^*\right)$$

称这样的模型为训练样本线性不可分时的软间隔线性支持向量机。由于现实中训练数据集往往是线性不可分的, 软间隔线性支持向量机具有更广的适用性。

在线性不可分的情况下, $\boldsymbol{\alpha}^* = \left((\alpha^{(1)})^*, (\alpha^{(2)})^*, \cdots, (\alpha^{(N)})^*\right)^{\mathrm{T}}$ 中对应于 $(\alpha^{(n)})^* > 0$ 的样本点 $(\boldsymbol{x}^{(n)}, y^{(n)})$ 的样本 $\boldsymbol{x}^{(n)}$ 称为支持向量 (软间隔的支持向量)。如图 4.5 所示, 这时的支持向量要比线性可分时的情况复杂, 超平面由实线表示, 间隔边界由虚线表示, 正例点由 "+" 表示, 负例点由 "–" 表示。图中还标出了样本 $\boldsymbol{x}^{(n)}$ 到间隔边界的距离由 $\frac{\xi^{(n)}}{\|\boldsymbol{w}\|}$ 表示。

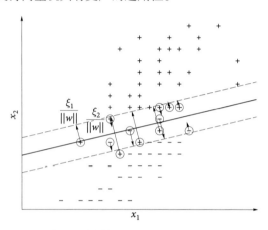

图 4.5　软间隔的支持向量

软间隔的支持向量 $\boldsymbol{x}^{(n)}$ 要么在间隔边界上, 要么在间隔边界与超平面之间, 或者在超平面误分一侧。若 $(\alpha^{(n)})^* < C$, 则 $\xi^{(n)} = 0$, 支持向量 $\boldsymbol{x}^{(n)}$ 恰好落在间隔边界上; 若 $(\alpha^{(n)})^* = C, 0 < \xi^{(n)} < 1$, 则分类正确, $\boldsymbol{x}^{(n)}$ 在间隔边界与超平面之间; 若 $(\alpha^{(n)})^* = C, \xi^{(n)} = 1$, 则 $\boldsymbol{x}^{(n)}$ 在超平面上; 若 $(\alpha^{(n)})^* = C, \xi^{(n)} > 1$, 则 $\boldsymbol{x}^{(n)}$ 位于超平面误分一侧。

### 4.3.2　参数学习

类似于线性可分支持向量机的方法, 通过拉格朗日乘子法求解原始最优化问题式 (4.35), 拉格朗日函数是:

$$\begin{aligned}
\mathcal{L}(\boldsymbol{w}, b, \boldsymbol{\xi}, \boldsymbol{\alpha}, \boldsymbol{\mu}) &\equiv \frac{1}{2}\|\boldsymbol{w}\|^2 + C\sum_{n=1}^{N}\xi^{(n)} - \sum_{n=1}^{N}\alpha^{(n)}\left(y^{(n)}\left(\boldsymbol{w}^{\mathrm{T}}\boldsymbol{x}^{(n)} + b\right) - 1 + \xi^{(n)}\right) \\
&\quad - \sum_{n=1}^{N}\mu^{(n)}\xi^{(n)}
\end{aligned} \tag{4.37}$$

其中, $\alpha^{(n)} \geqslant 0, \mu^{(n)} \geqslant 0$ 是拉格朗日乘子。

求 $\mathcal{L}(\boldsymbol{w}, b, \boldsymbol{\xi}, \boldsymbol{\alpha}, \boldsymbol{\mu})$ 对 $\boldsymbol{w}, b, \boldsymbol{\xi}$ 的极小, 由

$$\frac{\partial \mathcal{L}(\boldsymbol{w}, b, \boldsymbol{\xi}, \boldsymbol{\alpha}, \boldsymbol{\mu})}{\partial \boldsymbol{w}} = \boldsymbol{w} - \sum_{n=1}^{N} \alpha^{(n)} y^{(n)} \boldsymbol{x}^{(n)} = 0$$

$$\frac{\partial \mathcal{L}(\boldsymbol{w}, b, \boldsymbol{\xi}, \boldsymbol{\alpha}, \boldsymbol{\mu})}{\partial b} = -\sum_{n=1}^{N} \alpha^{(n)} y^{(n)} = 0$$

$$\frac{\partial \mathcal{L}(\boldsymbol{w}, b, \boldsymbol{\xi}, \boldsymbol{\alpha}, \boldsymbol{\mu})}{\partial \xi^{(n)}} = C - \alpha^{(n)} - \mu^{(n)} = 0$$

得

$$\boldsymbol{w} = \sum_{n=1}^{N} \alpha^{(n)} y^{(n)} \boldsymbol{x}^{(n)}$$

$$0 = \sum_{n=1}^{N} \alpha^{(n)} y^{(n)}$$

$$0 = C - \alpha^{(n)} - \mu^{(n)} \tag{4.38}$$

对偶问题是拉格朗日函数的极大极小问题。将式 (4.38) 代入式 (4.37), 得

$$\min_{\boldsymbol{w}, b, \boldsymbol{\xi}} \mathcal{L}(\boldsymbol{w}, b, \boldsymbol{\xi}, \boldsymbol{\alpha}, \boldsymbol{\mu}) = -\frac{1}{2} \sum_{n=1}^{N} \sum_{j=1}^{N} \alpha^{(n)} \alpha^{(j)} y^{(n)} y^{(j)} \left( (\boldsymbol{x}^{(n)})^{\mathrm{T}} \boldsymbol{x}^{(j)} \right) + \sum_{n=1}^{N} \alpha^{(n)}$$

再对 $\min_{\boldsymbol{w}, b, \boldsymbol{\xi}} \mathcal{L}(\boldsymbol{w}, b, \boldsymbol{\xi}, \boldsymbol{\alpha}, \boldsymbol{\mu})$ 求 $\boldsymbol{\alpha}$ 的极大, 即得对偶问题:

$$\max_{\boldsymbol{\alpha}} -\frac{1}{2} \sum_{n=1}^{N} \sum_{j=1}^{N} \alpha^{(n)} \alpha^{(j)} y^{(n)} y^{(j)} \left( (\boldsymbol{x}^{(n)})^{\mathrm{T}} \boldsymbol{x}^{(j)} \right) + \sum_{n=1}^{N} \alpha^{(n)} \tag{4.39}$$

$$\text{s.t.} \quad \sum_{n=1}^{N} \alpha^{(n)} y^{(n)} = 0 \tag{4.40}$$

$$C - \alpha^{(n)} - \mu^{(n)} = 0 \tag{4.41}$$

$$\alpha^{(n)} \geqslant 0 \tag{4.42}$$

$$\mu^{(n)} \geqslant 0, \quad n = 1, 2, \cdots, N \tag{4.43}$$

把对偶最优化问题式 (4.39) 至式 (4.43) 进行变换: 利用等式约束式 (4.41) 消去 $\mu^{(n)}$, 从而只留下变量 $\alpha^{(n)}$, 并将约束式 (4.41) 至式 (4.43) 写成

$$0 \leqslant \alpha^{(n)} \leqslant C$$

060

再把目标函数求极大转换为求极小, 于是得到原始问题式 (4.35) 的对偶问题是:

$$\min_{\boldsymbol{\alpha}} \frac{1}{2} \sum_{n=1}^{N} \sum_{j=1}^{N} \alpha^{(n)} \alpha^{(j)} y^{(n)} y^{(j)} \left( (\boldsymbol{x}^{(n)})^{\mathrm{T}} \boldsymbol{x}^{(j)} \right) - \sum_{n=1}^{N} \alpha^{(n)} \tag{4.44}$$

$$\text{s.t.} \ \sum_{n=1}^{N} \alpha^{(n)} y^{(n)} = 0$$

$$0 \leqslant \alpha^{(n)} \leqslant C, \quad n = 1, 2, \cdots, N$$

可以通过求解对偶问题而得到原始问题的解, 进而确定超平面和决策函数。为此, 就可以定理的形式叙述原始问题的最优解和对偶问题的最优解的关系。

设 $\boldsymbol{\alpha}^* = (\alpha_1^*, \alpha_2^*, \cdots, \alpha_N^*)^{\mathrm{T}}$ 是对偶问题式 (4.44) 的一个解, 若存在 $\boldsymbol{\alpha}^*$ 的一个分量 $(\alpha^{(j)})^*, 0 < (\alpha^{(j)})^* < C$, 则原始问题式 (4.35) 的解 $\boldsymbol{w}^*, b^*$ 可按下式求得

$$\boldsymbol{w}^* = \sum_{n=1}^{N} (\alpha^{(n)})^* y^{(n)} \boldsymbol{x}^{(n)} \tag{4.45}$$

$$b^* = y^{(j)} - \sum_{n=1}^{N} y^{(n)} (\alpha^{(n)})^* \left( (\boldsymbol{x}^{(n)})^{\mathrm{T}} \boldsymbol{x}^{(j)} \right) \tag{4.46}$$

原始问题是凸二次规划问题, 解满足 KKT 条件。即得

$$\frac{\partial \mathcal{L}(\boldsymbol{w}^*, b^*, \boldsymbol{\xi}^*, \boldsymbol{\alpha}^*, \boldsymbol{\mu}^*)}{\partial \boldsymbol{w}} = \boldsymbol{w}^* - \sum_{n=1}^{N} (\alpha^{(n)})^* y^{(n)} \boldsymbol{x}^{(n)} = 0 \tag{4.47}$$

$$\frac{\partial \mathcal{L}(\boldsymbol{w}^*, b^*, \boldsymbol{\xi}^*, \boldsymbol{\alpha}^*, \boldsymbol{\mu}^*)}{\partial b} = -\sum_{n=1}^{N} (\alpha^{(n)})^* y^{(n)} = 0$$

$$\frac{\partial \mathcal{L}(\boldsymbol{w}^*, b^*, \boldsymbol{\xi}^*, \boldsymbol{\alpha}^*, \boldsymbol{\mu}^*)}{\partial \boldsymbol{\xi}} = C - \boldsymbol{\alpha}^* - \boldsymbol{\mu}^* = 0$$

$$(\alpha^{(n)})^* \left( y^{(n)} \left( (\boldsymbol{w}^*)^{\mathrm{T}} \boldsymbol{x}^{(n)} + b^* \right) - 1 + (\xi^{(n)})^* \right) = 0 \tag{4.48}$$

$$(\mu^{(n)})^* (\xi^{(n)})^* = 0 \tag{4.49}$$

$$y^{(n)} \left( (\boldsymbol{w}^*)^{\mathrm{T}} \boldsymbol{x}^{(n)} + b^* \right) - 1 + (\xi^{(n)})^* \geqslant 0$$

$$(\xi^{(n)})^* \geqslant 0$$

$$(\alpha^{(n)})^* \geqslant 0$$

$$(\mu^{(n)})^* \geqslant 0, \quad n = 1, 2, \cdots, N$$

由式 (4.47) 易知式 (4.45) 成立。再由式 (4.32)、式 (4.49) 可知, 若存在 $(\alpha^{(j)})^*$, $0 < (\alpha^{(j)})^* < C$, 则 $y^{(n)} \left( (\boldsymbol{w}^*)^{\mathrm{T}} \boldsymbol{x}^{(n)} + b^* \right) - 1 = 0$。由此即得式 (4.46)。

由此可知, 超平面可以写成

$$\sum_{n=1}^{N} (\alpha^{(n)})^* y^{(n)} \left( \boldsymbol{x}^{\mathrm{T}} \boldsymbol{x}^{(n)} \right) + b^* = 0 \tag{4.50}$$

分类决策函数可以写成

$$f(\boldsymbol{x}) = \mathrm{sign}\left( \sum_{n=1}^{N} (\alpha^{(n)})^* y^{(n)} \left( \boldsymbol{x}^{\mathrm{T}} \boldsymbol{x}^{(n)} \right) + b^* \right) \tag{4.51}$$

以上分析表明: 分类决策函数只依赖于输入 $\boldsymbol{x}$ 和训练样本输入的内积。式 (4.51) 称为线性可分支持向量机的对偶形式。软间隔线性支持向量机学习算法如算法 4.2 所示。

---

**算法 4.2** 软间隔线性支持向量机学习算法

输入: 线性不可分训练数据集 $\mathcal{D} = \left\{ \left( \boldsymbol{x}^{(1)}, y^{(1)} \right), \left( \boldsymbol{x}^{(2)}, y^{(2)} \right), \cdots, \left( \boldsymbol{x}^{(N)}, y^{(N)} \right) \right\}$, 其中, $\boldsymbol{x}^{(n)} \in \mathbf{R}^D$, $y^{(n)} \in \{-1, +1\}$, $n = 1, 2, \cdots, N$, 惩罚参数 $C > 0$

1. 构造最大化软间隔优化问题:
$$\min_{\boldsymbol{w}, b, \boldsymbol{\xi}} \frac{1}{2} \|\boldsymbol{w}\|^2 + C \sum_{n=1}^{N} \xi^{(n)}$$
$$\text{s.t. } y^{(n)} \left( \boldsymbol{w}^{\mathrm{T}} \boldsymbol{x}^{(n)} + b \right) \geqslant 1 - \xi^{(n)} \quad n = 1, 2, \cdots, N$$
$$\xi^{(n)} \geqslant 0, \quad n = 1, 2, \cdots, N;$$

2. 问题转换为:
$$\min_{\boldsymbol{\alpha}} \frac{1}{2} \sum_{n=1}^{N} \sum_{j=1}^{N} \alpha^{(n)} \alpha^{(j)} y^{(n)} y^{(j)} \left( (\boldsymbol{x}^{(n)})^{\mathrm{T}} \boldsymbol{x}^{(j)} \right) - \sum_{n=1}^{N} \alpha^{(n)}$$
$$\text{s.t. } \sum_{n=1}^{N} \alpha^{(n)} y^{(n)} = 0$$
$$0 \leqslant \alpha^{(n)} \leqslant C, \quad n = 1, 2, \cdots, N;$$

3. 求得最优解 $\boldsymbol{\alpha}^* = \left( \alpha_1^*, \alpha_2^*, \cdots, \alpha_N^* \right)^{\mathrm{T}}$;
4. 计算 $\boldsymbol{w}^* = \sum_{n=1}^{N} (\alpha^{(n)})^* y^{(n)} \boldsymbol{x}^{(n)}$;
5. 选择 $\boldsymbol{\alpha}^*$ 的一个分量 $(\alpha^{(j)})^* > 0$ 适合条件 $0 < (\alpha^{(j)})^* < C$;
6. 计算 $b^* = y^{(j)} - \sum_{n=1}^{N} (\alpha^{(n)})^* y^{(n)} \left( (\boldsymbol{x}^{(n)})^{\mathrm{T}} \boldsymbol{x}^{(j)} \right)$;
7. 由此得到超平面:
$$(\boldsymbol{w}^*)^{\mathrm{T}} \boldsymbol{x} + b^* = 0$$
分类决策函数:
$$f(\boldsymbol{x}) = \mathrm{sign}\left( (\boldsymbol{w}^*)^{\mathrm{T}} \boldsymbol{x} + b^* \right).$$

输出: 最大间隔超平面和分类决策函数

---

图 4.6 展示了软间隔 SVM 模型在鸢尾花数据集上决策边界的变化过程, 其中 $x_1, x_2$ 分别表示花萼长度和花瓣长度。

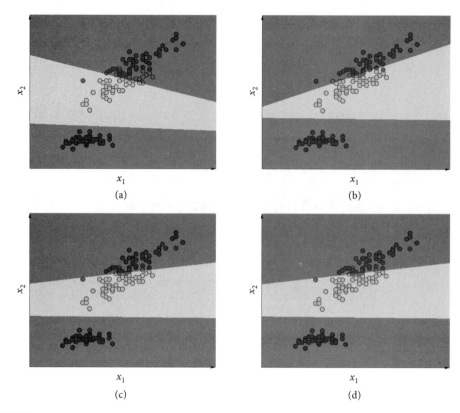

**图 4.6** 软间隔 SVM 迭代过程

## 4.4 非线性支持向量机

如果数据是非线性的, 如图 4.7(a), 图中 "+" 表示正样本点, "–" 表示负样本点。无法用线性模型将正负样本正确分开, 但可以用一条椭圆曲线 (非线性模型) 将它们正确分开。这时可以使用非线性支持向量机, 其主要特点是利用核技巧 (kernel trick), 将

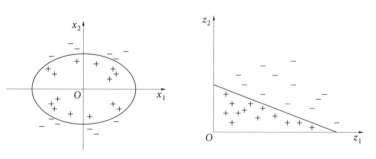

(a) 非线性可分但椭圆曲线可分的数据    (b) 使用核函数转换之后线性可分的数据

**图 4.7** 通过映射使得样本线性可分

样本从原始空间映射到另一个特征空间, 使得样本在这个特征空间内线性可分。如图 4.7(b), 就能找到一个合适的超平面将正负样本分开。如果原始空间是有限维度, 那么一定存在一个高维特征空间使得样本分开。

### 4.4.1 核函数

给定非线性训练数据集 $\mathcal{D} = \left\{ \left( \boldsymbol{x}^{(1)}, y^{(1)} \right), \left( \boldsymbol{x}^{(2)}, y^{(2)} \right), \cdots, \left( \boldsymbol{x}^{(N)}, y^{(N)} \right) \right\}$ 是非线性可分。其中, 样本 $\boldsymbol{x}^{(n)}$ 属于输入空间, $\boldsymbol{x}^{(n)} \in \mathbf{R}^D$, 对应的标记有两类 $y^{(n)} \in \{-1, +1\}$, $n = 1, 2, \cdots, N$。

非线性问题通常不容易求解, 我们期望用解线性分类问题的方法解决这个问题。一个最基本的想法就是将非线性问题变换为线性问题, 通过求解变换之后的线性问题来代替求解原来的非线性问题, 这个想法被称为非线性变换。对图 4.7 所示的例子, 通过变换将图 4.7(a) 中椭圆变换成图 4.7(b) 中的直线, 将非线性分类问题变换为线性分类问题。

设原始空间为 $\boldsymbol{X} \subset \mathbf{R}^2$, $\boldsymbol{x} = (x_1, x_2)^{\mathrm{T}} \in \boldsymbol{X}$, 新空间为 $\boldsymbol{Z} \subset \mathbf{R}^2$, $\boldsymbol{z} = (z_1, z_2)^{\mathrm{T}} \in \boldsymbol{Z}$, 定义从原始空间到新空间的变换 (映射):

$$\boldsymbol{z} = \phi(\boldsymbol{x}) = \left( x_1^2, x_2^2 \right)^{\mathrm{T}} \tag{4.52}$$

经过变换 $\boldsymbol{z} = \phi(\boldsymbol{x})$, 原始空间 $\boldsymbol{X} \subset \mathbf{R}^2$ 变换为新空间 $\boldsymbol{Z} \subset \mathbf{R}^2$, 原始空间中的点相应地变换为新空间中的点, 原始空间中的椭圆分界线

$$w_1 x_1^2 + w_2 x_2^2 + b = 0 \tag{4.53}$$

变换成为新空间中的直线分界线

$$w_1 z_1 + w_2 z_2 + b = 0 \tag{4.54}$$

在变换后的新空间里, 分界线 $w_1 z_1 + w_2 z_2 + b = 0$ 可以将正负样本正确分开。因此, 原空间的非线性可分问题可以转换为新空间的线性可分问题, 在新空间里利用变换后的训练样本学习线性分类模型。该方法的主要难点是如何发现合适的映射将原空间的数据映射到新空间。在支持向量机算法中引入核函数, 就是通过一个非线性变换将输入空间 (欧氏空间 $\mathbf{R}^D$ 或离散集合) 对应于一个特征空间 (希尔伯特空间 $\mathcal{H}$), 使得在输入空间 $\mathbf{R}^D$ 中的超曲面模型对应于特征空间 $\mathcal{H}$ 中的超平面模型 (支持向量机)。由此, 分类学习任务通过在特征空间中求解线性支持向量机就可以完成。

设 $X$ 是输入空间 (欧氏空间 $\mathbf{R}^D$ 的子集或离散集合), $\mathcal{H}$ 是特征空间 (希尔伯特空间), 如果存在一个从 $\mathbf{R}^D$ 到 $\mathcal{H}$ 的映射

$$\phi(x) : X \to \mathcal{H} \tag{4.55}$$

使得对所有 $x, z \in X$, 函数 $\mathcal{K}(x, z)$ 满足条件

$$\mathcal{K}(x, z) = \phi(x)^{\mathrm{T}} \phi(z) \tag{4.56}$$

则称 $\mathcal{K}(x, z)$ 为核函数, $\phi(x)$ 为映射函数。

由于定义 $\phi(x)$ 和 $\phi(z)$ 比较困难, 而直接计算 $\mathcal{K}(x, z)$ 比较容易, 因此, 核技巧的想法是只定义核函数 $\mathcal{K}(x, z)$, 而不显式地定义映射函数 $\phi$。

假设 $\mathcal{K}(x, z)$ 是定义在 $X \times X$ 上的对称函数, 即 $\mathcal{K}(x, z) = \mathcal{K}(z, x)$, 并且对任意的 $x^{(1)}, x^{(2)}, \cdots, x^{(N)} \in X$, $\mathcal{K}(x, z)$ 关于 $x^{(1)}, x^{(2)}, \cdots, x^{(N)}$ 的 Gram 矩阵是半正定的。可以依据函数 $\mathcal{K}(x, z)$ 构成一个希尔伯特空间 (Hilbert space), 其步骤是: 首先定义映射 $\phi$ 并构成向量空间 $\mathcal{S}$; 然后在 $\mathcal{S}$ 上定义内积构成内积空间; 最后将 $\mathcal{S}$ 完备化构成希尔伯特空间。$\mathcal{S}$ 是一个赋范向量空间。根据泛函分析理论, 对于不完备的赋范向量空间 $\mathcal{S}$, 一定可以使之完备化, 得到完备的赋范向量空间 $\mathcal{H}$。一个内积空间, 当作为一个赋范向量空间是完备的时候, 就是希尔伯特空间。这样, 就得到了希尔伯特空间 $\mathcal{H}$。这一希尔伯特空间 $\mathcal{H}$ 称为再生核希尔伯特空间 (reproducing kernel Hilbert space, RKHS)。

设 $\mathcal{K} : X \times X \to \mathbf{R}$ 是对称函数, 则 $\mathcal{K}(x, z)$ 为正定核函数的充要条件是对任意 $x^{(n)} \in X, n = 1, 2, \cdots, N, \mathcal{K}(x, z)$ 对应的 Gram 矩阵

$$\mathcal{K} = \left[ \mathcal{K}\left( x^{(n)}, x^{(j)} \right) \right]_{N \times N} \tag{4.57}$$

是半正定矩阵, 则 $\mathcal{K}(x, z)$ 是正定核。

### 4.4.2 常用核函数

对于一个具体函数 $\mathcal{K}(x, z)$ 来说, 检验它是否为正定核函数并不容易, 因为要求对任意有限输入集 $\{x^{(1)}, x^{(2)}, \cdots, x^{(N)}\}$ 验证 $\mathcal{K}$ 对应的 Gram 矩阵是否为半正定的。在实际应用中往往采用已有的核函数。常用的核函数如下。

1. 线性核函数 (linear kernel function)

$$\mathcal{K}(\boldsymbol{x}, \boldsymbol{z}) = \boldsymbol{x}^{\mathrm{T}}\boldsymbol{z} \tag{4.58}$$

分类决策函数为

$$f(\boldsymbol{x}) = \mathrm{sign}\left(\sum_{n=1}^{N}(\alpha^{(n)})^{*}y^{(n)}(\boldsymbol{x}^{(n)})^{\mathrm{T}}\boldsymbol{x} + b^{*}\right) \tag{4.59}$$

2. 多项式核函数 (polynomial kernel function)

$$\mathcal{K}(\boldsymbol{x}, \boldsymbol{z}) = (\boldsymbol{x}^{\mathrm{T}}\boldsymbol{z} + 1)^{p} \tag{4.60}$$

支持向量机是 $p$ 次多项式分类器, 分类决策函数为

$$f(\boldsymbol{x}) = \mathrm{sign}\left(\sum_{n=1}^{N}(\alpha^{(n)})^{*}y^{(n)}\left((\boldsymbol{x}^{(n)})^{\mathrm{T}}\boldsymbol{x} + 1\right)^{p} + b^{*}\right) \tag{4.61}$$

3. 高斯核函数 (Gaussian kernel function)

$$\mathcal{K}(\boldsymbol{x}, \boldsymbol{z}) = \exp\left(-\frac{\|\boldsymbol{x} - \boldsymbol{z}\|^{2}}{2\sigma^{2}}\right) \tag{4.62}$$

对应的分类决策函数为

$$f(\boldsymbol{x}) = \mathrm{sign}\left(\sum_{n=1}^{N}(\alpha^{(n)})^{*}y^{(n)}\exp\left(-\frac{\|\boldsymbol{x} - \boldsymbol{x}^{(n)}\|^{2}}{2\sigma^{2}}\right) + b^{*}\right) \tag{4.63}$$

4. 字符串核函数 (string kernel function)

$$\begin{aligned}
\mathcal{K}_{n}(\boldsymbol{x}, \boldsymbol{z}) &- \sum_{u \in \Sigma^{n}}\left[\phi_{n}(\boldsymbol{x})\right]_{u}\left[\phi_{n}(\boldsymbol{z})\right]_{u} \\
&= \sum_{u \in \Sigma^{n}}\sum_{(i,j):\boldsymbol{x}(i)=\boldsymbol{z}(j)=u}\lambda^{l(i)}\lambda^{l(j)}
\end{aligned} \tag{4.64}$$

其中 $\Sigma$ 是一个有限字符表, 所有长度为 $n$ 的字符串集合记为 $\Sigma^{n}$, 字符串 $\boldsymbol{x}, \boldsymbol{z}$ 是从 $\Sigma$ 中取出的有限个字符的序列。两个字符串 $\boldsymbol{x}$ 和 $\boldsymbol{z}$ 上的字符串核函数是基于映射 $\phi_{n}$ 的特征空间中的内积, 即字符串 $\boldsymbol{x}$ 和 $\boldsymbol{z}$ 中长度等于 $n$ 的所有子串组成的特征向量的余弦相似度。这里, $0 < \lambda \leqslant 1$ 是一个衰减系数, $l(i)$ 表示字符串 $i$ 的长度。

### 4.4.3 非线性支持向量机

在线性支持向量机的对偶问题中, 无论是目标函数还是决策函数 (超平面) 都只涉及输入样本与样本之间的内积。在目标函数式 (4.44) 中的 $(\boldsymbol{x}^{(n)})^{\mathrm{T}}\boldsymbol{x}^{(j)}$ 可以用核函数 $\mathcal{K}\left(\boldsymbol{x}^{(n)},\boldsymbol{x}^{(j)}\right)=\phi\left(\boldsymbol{x}^{(n)}\right)^{\mathrm{T}}\phi\left(\boldsymbol{x}^{(j)}\right)$ 来代替。此时对偶问题的目标函数为

$$\frac{1}{2}\sum_{n=1}^{N}\sum_{j=1}^{N}\alpha^{(n)}\alpha^{(j)}y^{(n)}y^{(j)}\mathcal{K}\left(\boldsymbol{x}^{(n)},\boldsymbol{x}^{(j)}\right)-\sum_{n=1}^{N}\alpha^{(n)} \tag{4.65}$$

同样, 分类决策函数中的 $(\boldsymbol{x}^{(n)})^{\mathrm{T}}\boldsymbol{x}$ 也可以用核函数代替, 而分类决策函数式为

$$f(\boldsymbol{x})=\mathrm{sign}\left(\sum_{n=1}^{N}(\alpha^{(n)})^{*}y^{(n)}\phi\left(\boldsymbol{x}^{(n)}\right)^{\mathrm{T}}\phi(\boldsymbol{x})+b^{*}\right) \tag{4.66}$$

$$=\mathrm{sign}\left(\sum_{n=1}^{N}((\alpha^{(n)})^{*}y^{(n)}\mathcal{K}\left(\boldsymbol{x}^{(n)},\boldsymbol{x}\right)+b^{*}\right) \tag{4.67}$$

这等价于经过映射函数 $\phi$ 将原来的输入空间变换到一个新的特征空间, 将输入空间中的 $(\boldsymbol{x}^{(n)})^{\mathrm{T}}\boldsymbol{x}^{(j)}$ 变换为特征空间中的 $\phi\left(\boldsymbol{x}^{(n)}\right)^{\mathrm{T}}\phi\left(\boldsymbol{x}^{(j)}\right)$, 在新的特征空间里从训练样本中学习线性支持向量机。当映射函数是非线性函数时, 学习到的嵌入了核函数的支持向量机是非线性分类模型。

给定核函数 $\mathcal{K}\left(\boldsymbol{x}^{(n)},\boldsymbol{x}\right)$ 时, 可以采用求解线性分类问题的方法求解非线性分类问题的支持向量机。分类学习是隐式地在特征空间进行的, 不需要显式地定义特征空间和映射函数, 这被称为核技巧, 利用线性分类学习方法与核函数巧妙地解决了非线性分类任务。

如上所述, 利用核技巧, 我们可以将线性分类的学习方法推广到非线性分类任务。我们只需将线性支持向量机对偶形式中的内积换成核函数, 就可以把线性支持向量机扩展到非线性支持向量机。

从非线性分类训练集, 通过核函数与软间隔最大化, 或凸二次规划, 学习得到的分类决策函数

$$f(\boldsymbol{x})=\mathrm{sign}\left(\sum_{n=1}^{N}(\alpha^{(n)})^{*}y^{(n)}\mathcal{K}\left(\boldsymbol{x},\boldsymbol{x}^{(n)}\right)+b^{*}\right) \tag{4.68}$$

称为非线性支持向量机, $\mathcal{K}(\boldsymbol{x},\boldsymbol{z})$ 是正定核函数。

算法 4.3 给出了非线性支持向量机学习算法的伪代码。

图 4.8 展示了使用径向基函数 (radial basis function, RBF) 的 SVM 模型在鸢尾花数据集上决策边界的变化过程, 其中 $x_1,x_2$ 分别表示花萼长度和花瓣长度。

**算法 4.3**　非线性支持向量机学习算法

输入:　非线性训练数据集 $\mathcal{D} = \left\{ \left( \boldsymbol{x}^{(1)}, y^{(1)} \right), \left( \boldsymbol{x}^{(2)}, y^{(2)} \right), \cdots, \left( \boldsymbol{x}^{(N)}, y^{(N)} \right) \right\}$, 其中, $\boldsymbol{x}^{(n)} \in \mathbf{R}^D, y^{(n)} \in \{-1, +1\}, n = 1, 2, \cdots, N$

1. 选取适当的核函数 $\mathcal{K}(\boldsymbol{x}, \boldsymbol{z})$ 和适当的参数 $C$, 构造并求解约束最优化问题:

$$\min_{\boldsymbol{\alpha}} \frac{1}{2} \sum_{n=1}^{N} \sum_{j=1}^{N} \alpha^{(n)} \alpha^{(j)} y^{(n)} y^{(j)} \mathcal{K}\left( \boldsymbol{x}^{(n)}, \boldsymbol{x}^{(j)} \right) - \sum_{n=1}^{N} \alpha^{(n)}$$

$$\text{s.t.} \sum_{n=1}^{N} \alpha^{(n)} y^{(n)} = 0$$

$$0 \leqslant \alpha^{(n)} \leqslant C, \quad n = 1, 2, \cdots, N;$$

2. 求得最优解 $\boldsymbol{\alpha}^* = \left( \alpha_1^*, \alpha_2^*, \cdots, \alpha_N^* \right)^{\mathrm{T}}$;

3. 选择 $\boldsymbol{\alpha}^*$ 的一个正分量 $0 < (\alpha^{(j)})^* < C$, 计算

$$b^* = y^{(j)} - \sum_{n=1}^{N} (\alpha^{(n)})^* y^{(n)} \mathcal{K}\left( \boldsymbol{x}^{(n)}, \boldsymbol{x}^{(j)} \right);$$

4. 构造决策函数: $f(\boldsymbol{x}) = \text{sign}\left( \sum_{n=1}^{N} (\alpha^{(n)})^* y^{(n)} \mathcal{K}\left( \boldsymbol{x}, \boldsymbol{x}^{(n)} \right) + b^* \right)$。

输出:　最大间隔超平面和分类决策函数

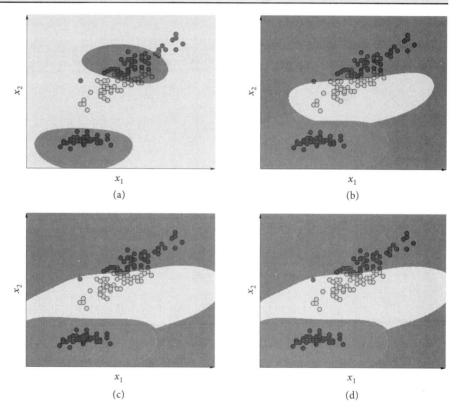

**图 4.8**　径向基函数 SVM 迭代过程

## 4.5　多核学习

核方法将适用于线性任务的分类模型拓展到非线性可分问题, 但不同的核函数具有自己独特的特性, 单一的核方法很难适用于所有的问题。给定一个学习任务, 我们如何从众多候选的核函数中挑选出最佳的核范数呢? 由于不同的核范数表示的特征空间

不一样, 适用的分类任务显然也不同。此外, 当描述分类任务的特性是多模态数据, 也需要引入不同的核范数。此时采用单一的核函数方法对所有样本进行处理并不合理。针对这些问题, 引入了核组合 (kernel combination) 方法, 即多核学习 (multiple kernel learning, MKL) 方法。

相对于单核模型, 多核模型更加灵活, 可以依据样本特性解决特征变换问题, 利用多核代替单核能增强决策函数的可解释性 (interpretability), 并且在性能上有所提升。在多核学习中, 高维空间由多个特征空间组合而成。由于组合空间充分发挥了各个基本核的特征映射能力, 可以通过核函数的合并解决异构数据中不同特征分量的问题。构造多核模型最常用的方法是考虑多个基本核函数的凸组合。在多核学习框架下, 核心问题是基本核与权系数的优化。

### 4.5.1 多核学习

给定 $\left\{\boldsymbol{x}^{(n)}, y^{(n)}\right\}_{n=1}^{N}$ 为训练样本集, 其中 $\boldsymbol{x}^{(n)}$ 属于输入空间 $\mathcal{X}$, 而 $y^{(n)}$ 为样本点 $\boldsymbol{x}^{(n)}$ 的标签。核算法可以表示成如下形式:

$$f(\boldsymbol{x}) = \operatorname{sign}\left(\sum_{n=1}^{N} (\alpha^{(n)})^{*} y^{(n)} \mathcal{K}\left(\boldsymbol{x}, \boldsymbol{x}^{(n)}\right) + b^{*}\right) \tag{4.69}$$

其中 $(\alpha^{(n)})^{*}$ 与 $b^{*}$ 为从样本点中学习的参数, 同时 $\mathcal{K}(\cdot, \cdot)$ 为再生核希尔伯特空间 (reproducing kernel Hilbert space, RKHS)。多核学习 $\mathcal{K}(\boldsymbol{x}, \boldsymbol{x}')$ 通常可以看作是基本核函数的凸组合:

$$\mathcal{K}\left(\boldsymbol{x}, \boldsymbol{x}'\right) = \sum_{m=1}^{M} d_m \mathcal{K}_m\left(\boldsymbol{x}, \boldsymbol{x}'\right), d_m \geqslant 0, \sum_{m=1}^{M} d_m = 1 \tag{4.70}$$

其中 $M$ 是核的数量, $d_m$ 是权重。其中每个基础核 $\mathcal{K}_m$ 可以使用样本 $\boldsymbol{x}$ 的全部特征或者仅使用部分特征。其次, 基础核 $\mathcal{K}_m$ 可以是一个典型的不同参数的核函数, 例如高斯核。在这种框架下, 通过核表示数据的问题变换为选择权重 $d_m$ 的问题。学习参数 $\alpha^{(n)}$ 与权重 $d_m$ 是 "多核学习" 的优化问题。

### 4.5.2 多核学习原始问题

在支持向量机 SVM 方法中, 决策函数的形式如 (4.35) 所示, 其中通过解决如下优化问题的对偶问题获得最优化参数 $(\alpha^{(n)})^{*}$ 与 $b^{*}$:

$$\min_{\boldsymbol{w}, b, \xi} \frac{1}{2}\|\boldsymbol{w}\|^2 + C \sum_{n=1}^{N} \xi^{(n)} \tag{4.71}$$

$$\text{s.t. } y^{(n)}\left(\boldsymbol{w}^{\mathrm{T}} \boldsymbol{x}^{(n)} + b\right) \geqslant 1 - \xi^{(n)}, \quad \forall n \tag{4.72}$$

$$\xi^{(n)} \geqslant 0, \quad \forall n \tag{4.73}$$

在多核学习框架中, 通过寻求形式为 $\boldsymbol{w}^{\mathrm{T}}\boldsymbol{x}+b = \sum_{m=1}^{M} \boldsymbol{w}_m^{\mathrm{T}}\boldsymbol{x}+b$ 的决策函数找到最初的核 $\mathcal{K}_m$。以上的多核学习 SVM 问题可以被转换为以下的凸优化问题, 将该凸优化问题称为原多核学习 MKL 问题。

$$\min_{\{\boldsymbol{w}_m\},b,\xi,d} \frac{1}{2}\sum_{m=1}^{M} \frac{1}{d_m}\|\boldsymbol{w}_m\|^2 + C\sum_{n=1}^{N} \xi^{(n)} \tag{4.74}$$

$$\text{s.t. } y^{(n)}\sum_{m=1}^{M} \boldsymbol{w}_m^{\mathrm{T}}\boldsymbol{x}^{(n)} + y^{(n)}b \geqslant 1-\xi^{(n)}, \quad \forall n \tag{4.75}$$

$$\xi^{(n)} \geqslant 0, \quad \forall n \tag{4.76}$$

$$\sum_{m=1}^{M} d_m = 1, d_m \geqslant 0, \quad \forall m \tag{4.77}$$

其中, 每个 $d_m$ 控制目标函数中 $\boldsymbol{w}_m$ 的平方范数 (squared norm)。其中 $d_m$ 越小, 相对应的 $\boldsymbol{w}_m$ 越光滑。当 $d_m = 0$ 时, 要求 $\|\boldsymbol{w}_m\|$ 也等于零使得目标函数能够找到一个有解的目标值。其中在 $d$ 上的 $\ell_1$ 范数约束是一个稀疏度约束使得一些 $d_m$ 等于零。核函数最终将是少量基础核的凸组合, 其具有更好的数据表达的可解析性。

### 4.5.3  多核学习对偶问题

多核学习的对偶问题是多核学习算法和研究算法收敛性的关键。多核学习原问题的拉格朗日方程为

$$\mathcal{L} = \frac{1}{2}\sum_{m=1}^{M} \frac{1}{d_m}\|\boldsymbol{w}_m\|_{\mathcal{H}_m}^2 + \sum_{n=1}^{N} \alpha^{(n)}\left(1-\xi^{(n)}-y^{(n)}\sum_{m=1}^{M} \boldsymbol{w}_m^{\mathrm{T}}\boldsymbol{x}^{(n)} - y^{(n)}b\right)$$
$$- \sum_{n=1}^{N} v^{(n)}\xi^{(n)} + \lambda\left(\sum_{m=1}^{M} d_m - 1\right) - \sum_{m=1}^{M} \eta_m d_m + C\sum_{n=1}^{N} \xi^{(n)} \tag{4.78}$$

其中, $\|\cdot\|_{\mathcal{H}_m}$ 为 $\mathcal{H}_m$ 范数, $\alpha^{(n)}$ 与 $v^{(n)}$ 为支持向量机 SVM 问题相关约束项的拉格朗日乘子, 其次 $\lambda$ 与 $\eta_m$ 为与 $d_m$ 约束相关的拉格朗日乘子。在拉格朗日方程中对原问题中的各个变量求偏导数并置为零, 可获得如下等式:

$$\frac{1}{d_m}f_m(\cdot) = \sum_{n=1}^{N} \alpha^{(n)}y^{(n)}\mathcal{K}_m\left(\cdot, \boldsymbol{x}^{(n)}\right), \forall m \tag{4.79}$$

$$\sum_{n=1}^{N} \alpha^{(n)}y^{(n)} = 0$$

$$C - \alpha^{(n)} - v^{(n)} = 0, \forall n$$

$$-\frac{1}{2}\frac{\|\boldsymbol{w}_m\|_{\mathcal{H}_m}^2}{d_m^2} + \lambda - \eta_m = 0, \forall m$$

由于上述对偶问题中直接求解最后的约束很困难。我们虽然可以将最后一个约束移到目标函数中, 但这会导致函数变得不可微分, 从而引发新的问题。

多核学习的算法的基本流程如图 4.9 所示。

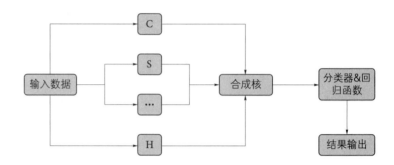

**图 4.9** 多核学习算法的基本流程

尽管多核学习在解决一些异构数据集问题上表现出了较好的性能, 但是效率问题一直是多核学习应用的最大障碍。在空间复杂度方面, 多核学习算法在计算各个核矩阵对应的核组合系数时, 多个核矩阵需要同时存储在内存中参加运算。如果样本的个数过多, 那么核矩阵的维数会非常大。另外, 如果核的个数很多, 也会占用很大的内存空间。在时间复杂度方面, 传统的求解核组合参数的方法是将其转化为求解半定规划 (semi-definite programming, SDP) 优化问题, 而求解 SDP 问题需要使用的内点法非常耗费时间, 尽管后续的一些改进算法能减少耗费的时间, 但依然不能显著地降低时间复杂度。高昂的时间和空间复杂度是导致多核学习算法不能广泛应用的一个重要原因。

## 4.6 快速的 SVM 方法

支持向量机作为一个经典的机器学习算法, 被越来越多的人认可, 也经常被用来解决大规模问题。但是在解决大规模问题时还存在以下局限: ① 由于支持向量机的训练过程实质是求解一个二次规划问题, 其时间复杂度为 $O(N^3)$。由于要存储核矩阵, 空间复杂度为 $O(N^2)$。当训练集规模巨大时, 支持向量机的训练时间会太长, 同时核矩阵的规模太大将导致内存空间不足; ② 支持向量机的训练结果是用支持向量表示的, 当支持向量数目太大将导致内存不足, 使得分类器不能全部装入内存, 影响分类器的使用; ③ 由于计算机系统的不可靠性, 集中表示的分类器将面临失效的严重风险; ④ 二次规划问题的求解过程本质是面向已有的批量数据, 而已经训练好的支持向量机无法将新增加的训练样本纳入。因此研究如何使用支持向量机处理大规模问题的方法势在必行[10]。使用支持向量机处理大规模问题的方法可分为: 工作集方法、并行方法、避免求解二次规划问题方法、几何方法、减少训练样本方法等。

工作集方法[11] 每次只针对一部分拉格朗日乘子进行优化而将其他拉格朗日乘子视为常量。被优化的拉格朗日乘子的集合叫工作集, 工作集的规模通常较小, 应用中由可用内存的大小决定。于是每一步只需要求解一个规模远小于原问题规模的二次规划问题。在下一次迭代中采用启发式规则再挑选下一个工作集, 这样经过多次迭代最终求得原问题的最优解。

工作集方法不容易在算法的收敛速度与每个迭代步骤的二次规划子问题求解的计算代价之间取得平衡。比如: LibSVM[12] 取工作集大小为 2, 使工作集方法中的二次规划子问题的求解代价达到最小, 但由于算法每次只对两个变量求解, 算法的收敛速度无疑较慢; SVM light[13] 取规模不小于 2 的工作集, 利用数值方法求解二次规划子问题, 增大了计算代价, 但由于每次对多个变量求解, 提高了算法的收敛速度。鉴于收敛速度与计算代价之间难以平衡, 我们可以将 SVM light 算法中的二次规划子问题的求解过程并行化[14,15]。

通过修改目标函数, 避免求解二次规划问题。例如曼加萨里安 (Mangasarian) 提出了拉格朗日支持向量机 (Lagrangian support vector machine, LSVM)[16]。通过改变二次规划问题的目标函数的形式, 使得二次规划问题变成一个无约束二次规划问题, 从而可用迭代方法求解。在迭代方法求解过程中只需要计算一个 $(D+1) \times (D+1)$ (其中 $D$ 为训练样本的维数) 矩阵的逆, 因此 LSVM 算法既避免了求解二次规划问题, 又降低了矩阵运算的时间复杂度。但是, LSVM 只适用于核函数是线性, 样本数量巨大但维数较低的情形。仿真实验表明: 该算法在确保一般化能力的前提下, 加速了过程。曼加萨里安等还提出了牛顿拉格朗日支持向量机 (Newton Lagrangian SVM)[17] 和主动支持向量机 (active Lagrangian SVM)[18]。这些算法在数据维数很高时, 也能加速训练过程。

利用支持向量机的几何本质, 我们可以根据支持向量内在的几何意义使用几何方法求分类超平面, 也可以将核方法直接转化成几何问题。基于支持向量机求解过程的近似性, 我们可以将核方法转换成最小球覆盖问题 (minimum enclosing ball, MEB) 从而提出了核向量机[19], 证明了两类 L2-SVM[20] 与 MEB 问题等价。由于求解 MEB 的算法的时间复杂度与样本数量呈线性关系而其空间复杂度与样本数量独立, 核向量机的时间复杂度与样本数量呈线性关系而其空间复杂度与样本数量无关。

减少训练样本的策略有通过挑选最可能为支持向量的训练样本, 筛减最不可能为支持向量的训练样本, 或同时采用以上两种方法, 对训练集实施预处理, 以实现训练集规模的减小和训练过程的加速。快速样本选择的支持向量机方法, 通过对训练样本的邻域信息的分析, 挑选位于分类超平面附近的训练样本作为最终的训练集, 从而实现训练过程的加速, 同时确保分类器的一般化能力。我们可以使用聚类方法对大量数据进行预处理, 抽取聚类子集的有效信息, 从而实现训练样本的筛减。例如扩展支持向量机的分层聚类算法、筛减训练样本的自适应聚类方法等, 通过聚类大幅减少了训练样本, 从而大幅提高了训练速度。

## 4.7 本章概要

(1) SVM 期望在特征空间中找到一个超平面, 能将样本分到不同的类。超平面对应于方程 $w^{\mathrm{T}}x + b = 0$, 它由法向量 $w \in \mathbf{R}^D$ 和截距 $b$ 决定, 可用 $(w, b)$ 来表示。在训练数据是线性可分时, 硬间隔的线性支持向量机方法目标是通过间隔最大化求解最优的超平面。

(2) 通常训练数据集不是线性可分的, 训练数据中有一些异常点, 将这些异常点除去后, 剩下大部分的样本组成的集合是线性可分的。为了将线性可分模型扩展到线性不可分问题, 需要修改硬间隔最大化的计算方式, 使其成为软间隔最大化。软间隔允许某些样本不满足其约束条件, 但是在最大化间隔的同时, 期望不满足约束条件的样本尽可能少。

(3) 如果数据是非线性可分的, 可以使用非线性支持向量机, 其主要特点是利用核技巧, 将样本从原始空间映射到另一个特征空间, 使得样本在新特征空间内线性可分。

(4) 尽管核方法在众多的应用领域有效并且实用, 但这些方法都是基于单个特征空间的单核方法。由于不同的核函数具有的特性并不相同, 使得在不同的应用场合中核函数的性能表现差别很大, 且核函数的构造或选择至今没有完善的理论依据。针对这些问题, 大量关于核组合 (kernel combination) 方法的研究出现了, 即多核学习方法。

(5) 支持向量机是运用核方法的成功范例, 许多核方法的公式中需要用到多次求解二次规划的问题。如果训练集的样本数目为 $N$, 那么求解二次规划问题的时间复杂度为 $O(N^3)$, 并且空间复杂度最少为 $O(N^2)$。对于训练支持向量机, 一个重要的问题是如何减少计算的时间复杂度和空间复杂度。使用支持向量机处理大规模问题的方法可分为: 工作集方法、并行方法、避免求解二次规划问题、几何方法、减少训练样本、训练集分解法、增量学习法。

## 4.8 扩展阅读

目前关于多核学习主要研究方向有核函数权系数的选择问题和多核学习理论。其中核函数权系数的选择方法有非平稳的多核学习方法、局部多核学习方法、非稀疏多核学习方法等。多核学习理论有早期的基于 Boosting 的多核组合模型学习方法、基于半定规划 (SDP) 的多核学习方法、基于二次约束型二次规划 (quadratically constrained quadratic programming)[21] 的学习方法、基于半无限线性规划 (semi-infinite linear programming)[22] 的学习方法、基于超核 (hyperkernels)[23] 的学习方法, 以及近年来出现的简单多核学习 (simple MKL)[24] 方法和基于分组 Lasso 思想的多核学习方法[25]。

从本质上说工作集方法、并行化方法、避免求解二次规划问题方法和几何方法都是严格的支持向量机训练过程, 也将得到基本相同的解。减少训练样本法、训练集分解法和增量学习法则是支持向量机训练过程的近似。工作集方法、并行化方法、避免求解二次规划问题方法和几何方法都可以有效地嵌入减少训练样本法、训练集分解法和增量学习法。总的来讲, 要使用支持向量机实现对大规模数据的处理, 未来的方法应该是建立在训练集分解方法的基础上。这是因为计算机网络的发展方向是网格计算, 未来支持向量机算法的物理平台也必然是网格计算。训练集分解法和增量学习方法还存在以下问题: 利用它们训练的支持向量机的一般化能力有时会低于标准支持向量机。基于训练集的分解总会导致分类信息的损失。另外, 对于基于训练集分解的并行学习方法还缺少理论上的支撑。如何有效地将集成学习理论、PAC (probably approximately correct) 学习理论、分类器偏置方差理论、信息融合理论、粒计算理论应用到基于训练集分解的并行学习将是未来研究需要解决的问题。

## 4.9 习题

1. 已知训练数据集, 其正样本点是 $\boldsymbol{x}^{(1)} = (3,3)^{\mathrm{T}}$, $\boldsymbol{x}^{(2)} = (4,3)^{\mathrm{T}}$, 负样本点是 $\boldsymbol{x}^{(3)} = (1,1)^{\mathrm{T}}$, 试求最大间隔超平面及线性可分支持向量机。

2. 假设输入空间是 $\mathbf{R}^2$, 核函数是 $\mathcal{K}(\boldsymbol{x}, \boldsymbol{z}) = (\boldsymbol{x}^{\mathrm{T}}\boldsymbol{z})^2$, 试找出其相关的特征空间 $\mathcal{H}$ 和映射 $\phi(\boldsymbol{x}): \mathbf{R}^2 \to \mathcal{H}$。

3. 使用 LibSVM 软件包, 在 Iris 数据集上分别用线性核和高斯核训练 SVM, 并比较其支持向量的差别。

4. 分析 SVM 对噪声敏感的原因。

5. 比较感知机的对偶形式与硬间隔线性支持向量机的对偶形式。

## 4.10 实践: 利用 scikit-learn 建立一个 SVM 模型

### 1. 提取数据集

sklearn 中自带了一些数据集, 比如 iris 数据集, iris 数据中 data 存储花瓣长宽和花萼长宽, target 存储花的分类, 山鸢尾 (setosa)、杂色鸢尾 (versicolor) 以及维吉尼亚鸢尾 (virginica) 分别存储为数字 0、1、2。这里使用鸢尾花的全部特征作为分类标准。

```
from sklearn import datasets
import numpy as np


iris = datasets.load_iris()
X = iris.data
y = iris.target
```

### 2. 数据集划分

train_test_split 将数据集分为训练集和测试集, test_size 参数决定测试集的比例。random_state 参数是随机数生成种子, 在分类前将数据打乱, 保证数据的可重复利用。stratify 保证训练集和测试集中花的三大类的比例与输入比例相同。其中 X_train, X_test, y_train, y_test 分别表示训练集的分类特征, 测试集的分类特征, 训练集的类别标签和测试集的类别标签。

```
from sklearn.model_selection import train_test_split

X_train, X_test, y_train, y_test = train_test_split(X, y, test_size=0.3,
    random_state=4, stratify=y)
```

### 3. 特征标准化

运用 sklearn preprocessing 模块的 StandardScaler 类对特征值进行标准化。fit 函数计算平均值和标准差, 而 transform 函数运用 fit 函数计算的均值和标准差进行数据的标准化。

```
from sklearn.preprocessing import StandardScaler


sc = StandardScaler()
sc.fit(X_train)
X_train_std = sc.transform(X_train)
X_test_std = sc.transform(X_test)
```

### 4. 训练模型

```
from sklearn.svm import LinearSVC


model = LinearSVC()
model.fit(X_train_std, y_train)
y_pred = model.predict(X_test_std)
```

### 5. 计算模型准确率

```
from sklearn.metrics import accuracy_score


miss_classified = (y_pred != y_test).sum()
print("MissClassified: ", miss_classified)
print('Accuracy : % .2f' % accuracy_score(y_pred, y_test))
```

得到结果:

```
MissClassified: 2
Accuracy : 0.96
```

通常, sklearn 在训练集和测试集的划分以及模型的训练中都会使用一些随机种子来保证最终的结果不会是一种偶然现象。所以按照上述代码得到不一样的结果只要差异不大也是正常现象。

## 参考文献

[1]  V Vapnik. Pattern recognition using generalized portrait method. *Automation and remote control*, 24:774–780, 1963.

[2]  T M Cover. Geometrical and statistical properties of systems of linear inequalities with applications in pattern recognition. *IEEE transactions on electronic computers*, (3):326–334, 1965.

[3]  F W Smith.  Pattern classifier design by linear programming.  *IEEE transactions on*

*computers*, 100(4):367–372, 1968.

[4] A Chervonenkis and V Vapnik. Theory of uniform convergence of frequencies of events to their probabilities and problems of search for an optimal solution from empirical data(average risk minimization based on empirical data, showing relationship of problem to uniform convergence of averages toward expectation value). *Automation and Remote Control*, 32:207–217, 1971.

[5] V N Vapnik. An overview of statistical learning theory. *IEEE transactions on neural networks*, 10(5):988–999, 1999.

[6] B E Boser, I M Guyon, and V N Vapnik. A training algorithm for optimal margin classifiers. In *Proceedings of the fifth annual workshop on Computational learning theory*, pages 144–152, 1992.

[7] C Corinna and V Vapnik. Support-vector networks, machine learning. *Available from World Wide Web: http://www. springerlink. com/content/k238jx04hm87j80g*, 1995.

[8] J Weston, C Watkins, et al. Support vector machines for multi-class pattern recognition. In *Esann*, volume 99, pages 219–224, 1999.

[9] K Crammer and Y Singer. On the algorithmic implementation of multiclass kernel-based vector machines. *Journal of machine learning research*, 2(Dec):265–292, 2001.

[10] N Cristianini, C Campbell, and C Burges. Kernel methods: Current research and future directions. *Machine Learning*, 46(1-3):5–9, 2002.

[11] E Osuna, R Freund, and F Girosi. An improved training algorithm for support vector machines. In *Neural networks for signal processing VII. Proceedings of the 1997 IEEE signal processing society workshop*, pages 276–285. IEEE, 1997.

[12] C Chang and C Lin. LibSVM 2.82. *LIBSVM: a library for support vector machines*, 2001.

[13] T Joachims. Making large-scale SVM learning practical. advances in kernel methods-support vector learning. *http://svmlight. joachims. org/*, 1999.

[14] G Zanghirati and L Zanni. A parallel solver for large quadratic programs in training support vector machines. *Parallel computing*, 29(4):535–551, 2003.

[15] L Zanni, T Serafini, and G Zanghirati. Parallel software for training large scale support vector machines on multiprocessor systems. *Journal of Machine Learning Research*, 7(Jul):1467–1492, 2006.

[16] O L Mangasarian and D R Musicant. Lagrangian support vector machines. *Journal of Machine Learning Research*, 1(Mar):161–177, 2001.

[17] G Fung and O L. Mangasarian. Finite newton method for lagrangian support vector machine classification. *Neurocomputing*, 55(1-2):39–55, 2003.

[18] O L Mangasarian and D R Musicant. Active support vector machine classification. In *NIPS*, number 7. Citeseer, 2000.

[19] I W Tsang, J T Kwok, and P -M Cheung. Core vector machines: Fast SVM training on very large data sets. *Journal of Machine Learning Research*, 6(Apr):363–392, 2005.

[20] S S Keerthi, S K Shevade, C Bhattacharyya, and K R Murthy. A fast iterative nearest point algorithm for support vector machine classifier design. *IEEE transactions on neural networks*, 11(1):124–136, 2000.

[21]  F R Bach, G R Lanckriet, and M I Jordan. Multiple kernel learning, conic duality, and the smo algorithm. In *Proceedings of the twenty-first international conference on Machine learning*, page 6, 2004.

[22]  S Sonnenburg, G Rätsch, C Schäfer, and B Schölkopf. Large scale multiple kernel learning. *Journal of Machine Learning Research*, 7(Jul):1531–1565, 2006.

[23]  C S Ong, A J Smola, and R C Williamson. Learning the kernel with hyperkernels. *Journal of Machine Learning Research*, 6(Jul):1043–1071, 2005.

[24]  A Rakotomamonjy, F Bach, S Canu, and Y Grandvalet. More efficiency in multiple kernel learning. In *Proceedings of the 24th international conference on Machine learning*, pages 775–782, 2007.

[25]  F R Bach. Consistency of the group lasso and multiple kernel learning. *Journal of Machine Learning Research*, 9(Jun):1179–1225, 2008.

# 第5章 神经网络

5

人工神经网络 (artificial neural network, ANN) 通常简称为神经网络 (neural network, NN) 主要是指受生物学和神经科学启发模拟生物神经网络的数学模型。这个模拟依据的是人脑神经元互相连接传递信息的过程，因此，在建立数学模型时，会将人脑神经元抽象成人工神经元，并且按照一定的拓扑结构实现人工神经元之间的连接。第 2 章介绍的感知机，可视为一种简单的神经网络。

神经网络是一种连接主义模型。连接主义的网络结构可以根据具体的要求以及应用设计各种各样的网络结构，使用不同的学习方法。随着时代的发展，对模型结构的要求也从早期的强调模型的生物学合理性 (biological plausibility)，转为后期更关注的对某种特定认知能力的模拟，比如物体识别、自然语言处理等。在误差反向传播等优化方法出现后，神经网络也越来越多地应用在各种机器学习任务上。从机器学习的角度来看，神经网络是一种高度非线性的模型，其基本单元为具有非线性激活函数的神经元，整体结构则是大量神经元之间的连接。神经网络作为一个数学模型，各个神经元之间的连接权重就是需要学习的参数，这些参数可以通过各种优化算法进行求解。

本章中，首先回顾神经网络的发展历史，然后关注采用误差反向传播来进行学习的神经网络，分别介绍神经网络的基本单元神经元、前馈神经网络、反向传播算法、卷积神经网络以及递归神经网络。

## 5.1 神经网络的发展历史

1958 年，心理学家罗森布拉特发明了模式识别算法感知机[1]，用简单的加减法实现了两层的计算机学习网络。罗森布拉特也用数学符号描述了基本感知机里没有的回路，如异或回路。1969 年，明斯基 (Minsky) 和派珀特 (Papert) 发现了神经网络的两个重大缺陷[2]：其一，基本感知机无法处理异或问题。其二，当时计算机的计算能力不足以处理大型神经网络。神经网络的研究就此停滞不前。

1974 年，韦伯斯 (Werbos) 在博士论文中提出了用误差反向传导来训练人工神经网络，有效解决了异或回路问题，使得训练多层神经网络成为可能[3]。1979 年，福岛

(Fukushima) 提出了神经认知机 (Neocognitron)[4], 在这个工作中已经有了诸如卷积、池化的概念。1980 年代中期, 以连接主义的名义, 分布式并行处理流行起来。在 20 世纪剩下的时间里, 支持向量机和其他更简单的算法 (如线性分类器) 的流行程度逐步超过了神经网络。

1986 年, 鲁梅尔哈特 (Rumelhart) 等人发表文章 *Learning representations by back-propagating errors*[5], 重新报道这一方法, 反向传播 (back propagation, BP) 神经网络学习算法才受到重视。BP 算法引入了可微分非线性神经元或者 sigmod 函数神经元, 克服了早期神经元的弱点, 为多层神经网络的学习训练与实现提供了一种切实可行的解决途径。1988 年, 继 BP 算法之后, 布鲁姆黑德 (Broomhead) 和罗威 (Lowe) 将径向基函数引入到神经网络的设计中, 形成了径向基神经网络 (radial basis function, RBF)[6]。RBF 网络是神经网络真正走向实用化的一个重要标志。

1989 年提出了一种用反向传导进行更新的卷积神经网络, 称为 LeNet[7]。1997 年, 霍克赖特 (Hochreiter) 和施米德胡贝 (Schmidhuber) 提出了长短期记忆网络[8]。1998 年, 研究人员实现了一个七层的卷积神经网络 LeNet-5[9] 以识别手写数字。

21 世纪初, 借助 GPU 和分布式计算, 计算机的计算能力大大提升。2006 年, 辛顿 (Hinton) 用贪婪逐层预训练 (greedy layer-wise pretraining)[10] 有效训练了一个深度信念网络。这一技巧随后被研究人员推广到了许多不同的神经网络上, 大大提高了模型在测试集上的泛化效果。以辛顿为代表的加拿大高等研究院附属机构的研究人员开始将人工神经网络/连接主义重新包装为深度学习并进行了推广。

2009—2012 年, 瑞士人工智能实验室 IDSIA 的施米德胡贝 (Schmidhuber) 带领研究小组发展了递归神经网络 (recursive neural network, RNN)[11]。2012 年, 辛顿 (Hinton) 组的研究人员在 ImageNet 2012 上夺冠, 他们图像分类的效果远远超过了第二名, 引发了深度学习的研究热潮并一直持续至今。

人工神经网络是由大量处理单元互联组成的非线性、自适应信息处理系统。它是在现代神经科学研究成果的基础上提出的, 试图通过模拟大脑神经网络处理、记忆信息的方式进行信息处理。人工神经网络具有四个基本特征:

(1) 非线性。非线性关系是自然界的普遍特性。大脑的智慧就是一种非线性现象。人工神经元处于激活或抑制两种不同的状态, 这种行为在数学上表现为一种非线性关系。具有阈值的神经元构成的网络具有更好的性能, 可以提高容错性和存储容量。

(2) 非局限性。一个神经网络通常由多个神经元广泛连接而成。一个系统的整体行为不仅取决于单个神经元的特征, 而且可能主要由单元之间的相互作用、相互连接所决定。通过单元之间的大量连接模拟大脑的非局限性。联想记忆是非局限性的典型例子。

(3) 非常定性。人工神经网络具有自适应、自组织、自学习能力。神经网络不但处理的信息可以有各种变化, 而且在处理信息的同时, 非线性动力系统本身也在不断变化。经常采用迭代过程描写动力系统的演化过程。

(4) 非凸性。一个系统的演化方向, 在一定条件下将取决于某个特定的状态函数。例如能量函数, 它的极值相应于系统比较稳定的状态。非凸性是指这种函数有多个极值, 故系统具有多个较稳定的平衡态, 这将导致系统演化的多样性。

## 5.2  多层神经元

神经网络由神经元构成, 感知机可以视作一种简单的神经网络。感知机只有输出层神经元进行激活函数处理, 即只拥有一层功能神经元, 其表示能力非常有限。图 5.1(a)~图 5.1(c) 所示都是线性可分的, 且只存在一个线性超平面可以将它们分开。而处理图 5.1(d) 所示的异或问题时, 由于其是非线性可分问题, 感知机不能求得合适解。

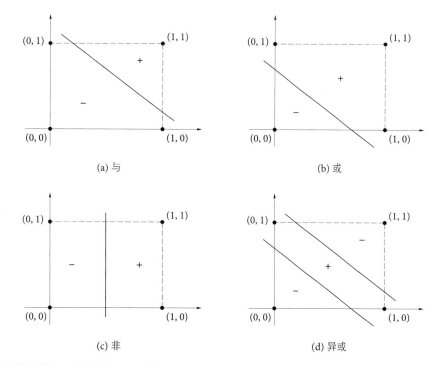

图 5.1  线性可分的"与""或""非"问题与非线性可分的"异或"问题

解决非线性问题需使用多层功能神经元, 图 5.2 中的两层感知机就可以解决异或问题。在输入层和输出层之间的一层神经元被称为隐含层, 隐含层和输出层都是拥有激活函数的功能神经元。

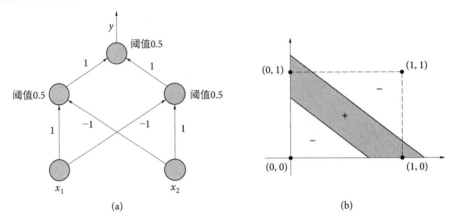

**图 5.2** 能解决异或问题的两层感知机

假设一个神经元有 $D$ 个输入 $x_1, x_2, \cdots, x_D$, 令向量 $\boldsymbol{x} = [x_1, x_2, \cdots, x_D]$ 来表示这组输入, 并用 $z \in \mathbf{R}$ 表示一个神经元所获得的输入信号 $\boldsymbol{x}$ 的加权和,

$$z = \boldsymbol{w}^{\mathrm{T}} \boldsymbol{x} + b = \sum_{d=1}^{D} w_d x_d + b \tag{5.1}$$

其中 $\boldsymbol{w} = [w_1, w_2, \cdots, w_D] \in \mathbf{R}^D$ 是 $D$ 维的权重向量, $b \in \mathbf{R}$ 是偏置。

$z$ 在经过一个非线性函数 $A(\cdot)$ 后, 得到神经元的激活 (activation) 值 $a$,

$$a = A(z) \tag{5.2}$$

其中非线性函数 $A(\cdot)$ 称为激活函数 (activation function)。

图 5.3 给出了一个典型的三层神经元结构示例, 其中激活函数在神经元中具有十分重要的地位, 每一个结点的输出都需要经过激活, 图中边的颜色深浅表示权重绝对值

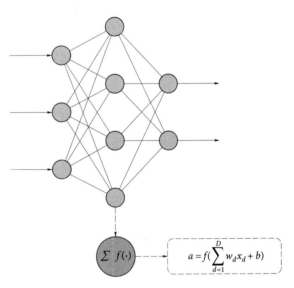

**图 5.3** 典型的神经元结构

的大小。线的虚实代表权重的正负 (假设网络的权重在 $-1$ 到 $1$ 的范围内)。为了增强网络的表示能力和学习能力, 激活函数需要具备以下几点性质: 连续可导的非线性函数, 可通过计算梯度学习网络参数; 简单有效; 激活函数及其导函数的值域要在一个合适的区间内, 保证网络参数学习的效率和稳定性。

## 常用的激活函数

### (1) S 型激活函数

S 型曲线函数, 为两端饱和函数。常用的 S 型函数有 Sigmoid 函数和 Tanh 函数。
Sigmoid 函数定义为

$$\sigma(x) = \frac{1}{1 + \exp(-x)} \tag{5.3}$$

Sigmoid 函数是一个常见的 S 型函数, 它可以将任意一个实数映射到 (0,1) 的区间。当输入值在 0 附近时, Sigmoid 函数的变化比较大; 当输入值趋近两端的无穷时, 函数值变化不明显。输入越小, 函数值越接近于 0; 输入越大, 函数值越接近于 1。相较于阶跃激活函数相比, Sigmoid 函数是平滑的, 连续可导的。

由于 Sigmoid 函数的性质, 使得装备了 Sigmoid 激活函数的神经元具有以下两点性质: ① 其输出直接可以看作概率分布, 使得神经网络可以更好地和统计学习模型进行结合, 可解释性更强。② 其可以看作一个软性门, 用来控制其他神经元输出信息的数量。

Tanh 函数也是一种 S 型函数。其定义为

$$\tanh(x) = \frac{\exp(x) - \exp(-x)}{\exp(x) + \exp(-x)} \tag{5.4}$$

Tanh 函数可以看作放大并平移的 Logistic 函数, 其值域是 $(-1, 1)$。

$$\tanh(x) = 2\sigma(2x) - 1 \tag{5.5}$$

图 5.4 给出了 Sigmoid 函数和 Tanh 函数的形状。Sigmoid 函数的输出恒大于 0, 而 Tanh 函数的输出值正负均有。使用 Sigmoid 函数会使得其后一层的神经元的输入发生偏置偏移 (bias shift), 并进一步使得梯度下降的收敛速度变慢。

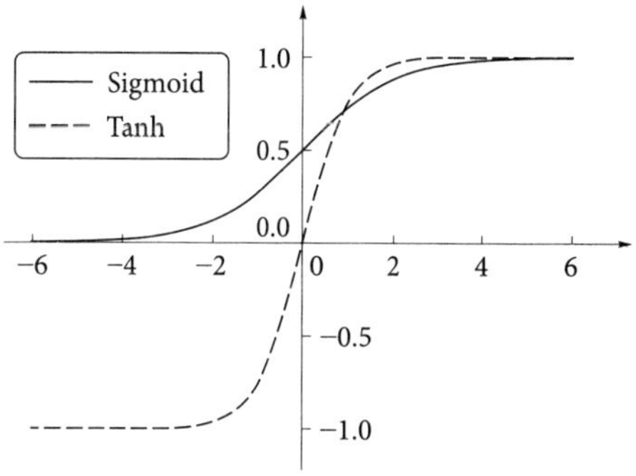

**图 5.4** Sigmoid 函数和 Tanh 函数

### (2) ReLU 激活函数

修正线性单元 (rectified linear unit, ReLU), 也称为 Rectifier 函数, 是常用的激活函数, 其定义为

$$\text{ReLU}(x) = \max(0, x) = \begin{cases} x, & x \geqslant 0 \\ 0, & x < 0 \end{cases} \tag{5.6}$$

相比于 Sigmoid 型激活函数,ReLU 激活函数计算上更加高效, 它只需要进行加、乘和比较的操作。ReLU 函数也有其他特性, 比如单侧抑制、宽兴奋边界 (即兴奋程度可以非常高)。考虑生物神经网络特性, 在同一时刻大概只有 1% 到 4% 的神经元处于活跃状态。因此, 神经网络也要求具有一定的稀疏性, Sigmoid 型激活函数会导致一个非稀疏的神经网络, 而 ReLU 却具有很好的稀疏性, 大约 50% 的神经元会处于非激活状态。在优化方面, 相比于 Sigmoid 型函数的两端饱和, ReLU 函数为左饱和函数, 且在 $x > 0$ 时导数为 1, 在一定程度上缓解了神经网络的梯度消失问题, 加速梯度下降的收敛速度。

但是, ReLU 激活函数也存在一些缺点。首先 ReLU 函数的输出是非零中心化的, 会给后一层的神经网络引入偏置偏移, 并影响梯度下降的效率。此外, ReLU 神经元在训练时比较容易 "死亡"。在训练时, 如果参数在一次不恰当的更新后, 第一个隐含层中的某个 ReLU 神经元在所有的训练数据上都不能被激活, 那么这个神经元自身参数的梯度永远都会是 0, 且在以后的训练过程中也永远不能被激活。这种现象称为死亡 ReLU 问题 (dying ReLU problem), 并且也有可能会发生在其他隐含层。在实际使用中, 为了避免上述情况, 几种 ReLU 的变种也被广泛使用。

Leaky ReLU 在输入 $x < 0$ 时, 引入一个很小的斜率 $\gamma$。Leaky ReLU 的定义如下:

$$\text{LeakyReLU}(x) = \max(0, x) + \gamma \min(0, x) = \begin{cases} x, & x > 0 \\ \gamma x, & x \leqslant 0 \end{cases} \tag{5.7}$$

其中 $\gamma$ 是一个很小的常数, 比如 0.01。这样当神经元非激活时也能有一个非零的梯度可以更新参数, 避免永远不能被激活[12]。当 $\gamma < 1$ 时, Leaky ReLU 也可以写为

$$\text{LeakyReLU}(x) = \max(x, \gamma x) \tag{5.8}$$

与 Leaky ReLU 相似, 带参数的 ReLU(Parametric ReLU, PReLU) 也在输入 $x < 0$ 时引入一个可学习的参数。但不同的是每个神经元可以有各自的参数。对于第 $i$ 个神经元, 其 PReLU 的定义为

$$\text{PReLU}_i(x) = \max(0, x) + \gamma_i \min(0, x) = \begin{cases} x, & x > 0 \\ \gamma_i x, & x \leqslant 0 \end{cases} \tag{5.9}$$

其中 $\gamma_i$ 为 $x \leqslant 0$ 时函数的斜率。因此, PReLU 是非饱和函数。如果 $\gamma_i = 0$, 那么 PReLU 就退化为 ReLU。如果 $\gamma_i$ 为一个很小的常数, 则 PReLU 可以看作 Leaky ReLU。PReLU 可以允许不同神经元具有不同的参数, 也可以一组神经元共享一个

参数。

指数线性单元 (exponential linear unit, ELU) 是一个近似的零中心化的非线性函数, 其定义为

$$ELU(x) = \begin{cases} x, & x > 0 \\ \gamma(\exp(x) - 1), & x \leqslant 0 \end{cases} \tag{5.10}$$
$$= \max(0, x) + \min(0, \gamma(\exp(x) - 1))$$

其中 $\gamma \geqslant 0$ 是一个超参数, 决定 $x \leqslant 0$ 时的饱和曲线, 并调整输出均值在 0 附近。

Softplus 函数可以看作 Rectifier 函数的平滑版本, 其定义为

$$Softplus\,(x) = \log(1 + \exp(x)) \tag{5.11}$$

Softplus 函数的导数刚好是 Logistic 函数。Softplus 函数虽然也具有单侧抑制、宽兴奋边界的特性, 但其所在的神经网络却没有稀疏性。

图 5.5 给出了 ReLU、Leaky ReLU、ELU 以及 Softplus 函数图形的示例。

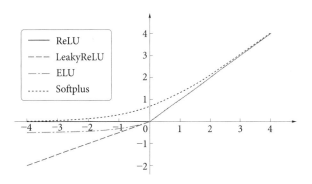

**图 5.5**　ReLU、Leaky ReLU、ELU 以及 Softplus 函数图形

## 5.3　前馈神经网络

利用第二节介绍的神经元, 可以通过设计不同的连接拓扑结构构建一个神经网络模型。不同的神经网络模型有着不同网络连接的拓扑结构, 其中最为直接的拓扑结构就是前馈神经网络。前馈神经网络 (feedforward neural network, FNN) 是最早发明的人工神经网络。前馈神经网络也经常称为多层感知机 (multi-layer perceptron, MLP)。但前馈神经网络与多层感知机之间存在着细微差别: 前馈神经网络是由多层连续的非线性函数 (Logistic 回归模型) 组成, 而多层的感知机由多个不连续的非线性函数 (感知机) 组成。

### 5.3.1 前馈神经网络的结构

前馈神经网络是由不同层次的神经元组成, 各神经元分别属于不同的层。对于当前层的神经元来说, 它可以接收前一层神经元的信号, 并产生信号输出到下一层。最前面的层称为输入层, 最后一层称为输出层, 其他中间层称为隐含层。整个网络中无反馈, 信号从输入层向输出层单向传播, 可用一个有向无环图表示。

图 5.6 给出了一个多层前馈神经网络的示例。

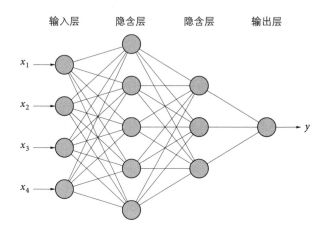

**图 5.6** 多层前馈神经网络示例

令 $a^{(0)} = x$, 前馈神经网络通过不断迭代下面公式进行信息传播:

$$z^{(l)} = W^{(l)}a^{(l-1)} + b^{(l)} \tag{5.12}$$

$$a^{(l)} = A_l\left(z^{(l)}\right) \tag{5.13}$$

首先根据第 $l-1$ 层神经元的激活 (activation) 值 $a^{(l-1)}$ 计算出第 $l$ 层神经元的净激活 (net activation) 值 $z^{(l)}$, 然后经过一个激活函数得到第 $l$ 层神经元的激活值。因此, 也可以把每个神经层看作一个仿射变换 (affine transformation) 和一个非线性变换。式 (5.12) 和式 (5.13) 也可以合并写为

$$z^{(l)} = W^{(l)}A_{l-1}\left(z^{(l-1)}\right) + b^{(l)} \tag{5.14}$$

或者

$$a^{(l)} = A_l\left(W^{(l)}a^{(l-1)} + b^{(l)}\right) \tag{5.15}$$

这样, 前馈神经网络可以通过逐层的信息传递, 得到网络最后的输出 $a^{(L)}$。整个网络可以看作一个复合函数 $\phi(x; W, b)$, 将向量 $x$ 作为第 1 层的输入 $a^{(0)}$, 将第 $L$ 层

的输出 $\boldsymbol{a}^{(L)}$ 作为整个函数的输出。

$$\boldsymbol{x} = \boldsymbol{a}^{(0)} \to \boldsymbol{z}^{(1)} \to \boldsymbol{a}^{(1)} \to \boldsymbol{z}^{(2)} \to \cdots \to \boldsymbol{a}^{(L-1)} \to \boldsymbol{z}^{(L)} \to \boldsymbol{a}^{(L)} = \phi(\boldsymbol{x}; \boldsymbol{W}, \boldsymbol{b}) \quad (5.16)$$

其中 $\boldsymbol{W}, \boldsymbol{b}$ 表示网络中所有层的连接权重和偏置。

在机器学习中以监督学习为例，多层前馈神经网络也可以看成是一种特征转换方法，其输出 $\phi(\boldsymbol{x})$ 作为分类器的输入进行分类。给定一个训练样本 $(\boldsymbol{x}, y)$，先利用多层前馈神经网络将 $\boldsymbol{x}$ 映射到 $\phi(\boldsymbol{x})$，然后再将 $\phi(\boldsymbol{x})$ 输入到分类器 $g(\cdot)$。

$$\hat{y} = g(\phi(\boldsymbol{x}); \theta) \quad (5.17)$$

其中 $g(\cdot)$ 为线性或非线性的分类器，$\theta$ 为分类器 $g(\cdot)$ 的参数，$\hat{y}$ 为分类器的输出。

特别地，如果分类器 $g(\cdot)$ 为 Logistic 回归分类器或 Softmax 回归分类器，那么 $g(\cdot)$ 也可以看成是网络的最后一层，即神经网络直接输出不同类别的条件概率 $p(y \mid \boldsymbol{x})$。

对于二分类问题 $y \in \{0, 1\}$，并采用 Logistic 回归，那么 Logistic 回归分类器可以看成神经网络的最后一层。也就是说，网络的最后一层只用一个神经元，并且其激活函数为 Logistic 函数。网络的输出可以直接作为类别 $y = 1$ 的条件概率，

$$p(y = 1 \mid \boldsymbol{x}) = \boldsymbol{a}^{(L)} \quad (5.18)$$

其中 $\boldsymbol{a}^{(L)} \in \mathbf{R}$ 为第 $L$ 层神经元的激活值。

对于多分类问题 $y \in \{1, 2, \cdots, K\}$，如果使用 Softmax 回归分类器，相当于网络最后一层设置 $K$ 个神经元，其激活函数为 Softmax 函数。网络最后一层 (第 $L$ 层) 的输出可以作为每个类的条件概率，即

$$\hat{\boldsymbol{y}} = \text{softmax}\left(\boldsymbol{z}^{(L)}\right) \quad (5.19)$$

其中 $\boldsymbol{z}^{(L)} \in \mathbf{R}^K$ 为第 $L$ 层神经元的净输入；$\hat{\boldsymbol{y}} \in \mathbf{R}^K$ 为第 $L$ 层神经元的激活值，每一维分别表示不同类别标签的预测条件概率。

**定理 5.1 全局逼近定理 (universal approximation theorem)**[13,14]: 令 $\phi(\cdot)$ 是一个非常数、有界、单调递增的连续函数，$\boldsymbol{J}_D$ 是一个 $D$ 维的单位超立方体 $[0, 1]^D$，$C(\boldsymbol{J}_D)$ 是定义在 $\boldsymbol{J}_D$ 上的连续函数集合。对于任何一个函数 $f \in C(\boldsymbol{J}_D)$，存在一个整数 $M$，和一组实数 $v_l, b_l \in \mathbf{R}$ 以及实数向量 $\boldsymbol{w}_l \in \mathbf{R}^D, l = 1, 2, \cdots, L$，以至于可以定

义函数

$$F(\boldsymbol{x}) = \sum_{l=1}^{L} v_l \phi\left(\boldsymbol{w}_l^{\mathrm{T}} \boldsymbol{x} + b_l\right) \tag{5.20}$$

作为函数 $f$ 的近似实现, 即

$$|F(\boldsymbol{x}) - f(\boldsymbol{x})| < \varepsilon, \forall \boldsymbol{x} \in \boldsymbol{J}_D \tag{5.21}$$

其中 $\varepsilon > 0$ 是一个很小的正数。

根据全局逼近定理, 对于具有线性输出层和至少一个使用 "挤压" 性质的激活函数的隐含层组成的前馈神经网络, 只要其隐含层神经元的数量足够, 它可以以任意的精度来近似任何一个定义在实数空间 $\mathbf{R}^D$ 中的有界闭集函数[15], 可以用来进行复杂的特征转换, 或逼近一个复杂的条件分布。所谓 "挤压" 性质的函数是指像 Sigmoid 函数的有界函数, 但神经网络的通用近似性质也被证明对于其他类型的激活函数, 比如 ReLU, 也都是适用的。

全局逼近定理只是说明了神经网络能以任意精度去逼近一个给定的连续函数, 但并没有说明如何找到这样一个网络, 以及该网络是否最优。此外, 当应用到机器学习时, 由于并不知道真实的映射函数, 我们一般是通过经验风险最小化和正则化来进行参数学习。但有时神经网络的强大能力, 会导致在训练集上过拟合。

### 5.3.2 网络参数学习

对于监督学习, 如果采用交叉熵损失函数, 对于样本 $(\boldsymbol{x}, y)$, 其损失函数为

$$\mathcal{L}(\boldsymbol{y}, \hat{\boldsymbol{y}}) = -\boldsymbol{y}^{\mathrm{T}} \log \hat{\boldsymbol{y}} \tag{5.22}$$

其中 $\boldsymbol{y} \in \{0,1\}^K$ 为标签 $y$ 对应的独热向量表示。

给定训练集为 $\mathcal{D} = \left\{\left(\boldsymbol{x}^{(n)}, y^{(n)}\right)\right\}_{n=1}^{N}$, 将每个样本 $\boldsymbol{x}^{(n)}$ 输入给前馈神经网络, 得到网络输出为 $\hat{\boldsymbol{y}}^{(n)}$, 其在数据集 $\mathcal{D}$ 上的结构化风险函数为

$$\mathcal{R}(\boldsymbol{W}, \boldsymbol{b}) = \frac{1}{N} \sum_{n=1}^{N} \mathcal{L}\left(\boldsymbol{y}^{(n)}, \hat{\boldsymbol{y}}^{(n)}\right) + \frac{1}{2}\lambda \|\boldsymbol{W}\|_F^2 \tag{5.23}$$

其中 $\boldsymbol{W}$ 和 $\boldsymbol{b}$ 分别表示网络中所有的权重矩阵和偏置向量; $\|\boldsymbol{W}\|_F^2$ 是正则化项, 用来防止过拟合; $\lambda > 0$ 为超参数, $\lambda$ 越大, $\boldsymbol{W}$ 越接近于 $\boldsymbol{0}$。这里的 $\|\boldsymbol{W}\|_F^2$ 一般使用 Frobenius 范数:

$$\|\boldsymbol{W}\|_F^2 = \sum_{l=1}^{L} \sum_{i=1}^{M_l} \sum_{j=1}^{M_{l-1}} \left(w_{ij}^{(l)}\right)^2 \tag{5.24}$$

有了学习准则和训练样本, 网络参数可以通过梯度下降法来进行学习。在梯度下降方法的每次迭代中, 第 $l$ 层的参数 $\boldsymbol{W}^{(l)}$ 和 $\boldsymbol{b}^{(l)}$ 参数更新方式为

$$
\begin{aligned}
\boldsymbol{W}^{(l)} &\leftarrow \boldsymbol{W}^{(l)} - \eta \frac{\partial \mathcal{R}(\boldsymbol{W}, \boldsymbol{b})}{\partial \boldsymbol{W}^{(l)}} \\
&= \boldsymbol{W}^{(l)} - \eta \left( \frac{1}{N} \sum_{n=1}^{N} \left( \frac{\partial \mathcal{L}\left(\boldsymbol{y}^{(n)}, \widehat{\boldsymbol{y}}^{(n)}\right)}{\partial \boldsymbol{W}^{(l)}} \right) + \lambda \boldsymbol{W}^{(l)} \right) \\
\boldsymbol{b}^{(l)} &\leftarrow \boldsymbol{b}^{(l)} - \eta \frac{\partial \mathcal{R}(\boldsymbol{W}, \boldsymbol{b})}{\partial \boldsymbol{b}^{(l)}} \\
&= \boldsymbol{b}^{(l)} - \eta \left( \frac{1}{N} \sum_{n=1}^{N} \left( \frac{\partial \mathcal{L}\left(\boldsymbol{y}^{(n)}, \widehat{\boldsymbol{y}}^{(n)}\right)}{\partial \boldsymbol{b}^{(l)}} \right) \right)
\end{aligned}
\tag{5.25}
$$

其中 $\eta$ 为学习率。

梯度下降法需要计算损失函数对参数的偏导数, 但是通过链式法则逐一对每个参数进行求偏导比较低效, 所以在神经网络的实际训练中经常使用反向传播算法来高效地计算梯度。

## 5.4　反向传播算法

我们可以使用随机梯度下降进行神经网络参数学习, 给定一个样本 $(\boldsymbol{x}, \boldsymbol{y})$, 将其输入到神经网络模型中, 得到网络输出为 $\widehat{\boldsymbol{y}}$。假设损失函数为 $\mathcal{L}(\boldsymbol{y}, \widehat{\boldsymbol{y}})$, 要进行参数学习就需要计算损失函数关于每个参数的导数。

不失一般性地, 对第 $l$ 层中的参数 $\boldsymbol{W}^{(l)}$ 和 $\boldsymbol{b}^{(l)}$ 计算偏导数。因为 $\frac{\partial \mathcal{L}(\boldsymbol{y}, \widehat{\boldsymbol{y}})}{\partial \boldsymbol{W}^{(l)}}$ 的计算涉及向量对矩阵的微分, 十分烦琐, 因此先计算 $\mathcal{L}(\boldsymbol{y}, \widehat{\boldsymbol{y}})$ 关于参数矩阵中每个元素的偏导数 $\frac{\partial \mathcal{L}(\boldsymbol{y}, \widehat{\boldsymbol{y}})}{\partial w_{ij}^{(l)}}$。根据链式法则,

$$
\frac{\partial \mathcal{L}(\boldsymbol{y}, \widehat{\boldsymbol{y}})}{\partial w_{ij}^{(l)}} = \frac{\partial \boldsymbol{z}^{(l)}}{\partial w_{ij}^{(l)}} \frac{\partial \mathcal{L}(\boldsymbol{y}, \widehat{\boldsymbol{y}})}{\partial \boldsymbol{z}^{(l)}}
\tag{5.26}
$$

$$
\frac{\partial \mathcal{L}(\boldsymbol{y}, \widehat{\boldsymbol{y}})}{\partial \boldsymbol{b}^{(l)}} = \frac{\partial \boldsymbol{z}^{(l)}}{\partial \boldsymbol{b}^{(l)}} \frac{\partial \mathcal{L}(\boldsymbol{y}, \widehat{\boldsymbol{y}})}{\partial \boldsymbol{z}^{(l)}}
\tag{5.27}
$$

式 (5.26) 和式 (5.27) 中的第二项都是目标函数关于第 $l$ 层的神经元 $\boldsymbol{z}^{(l)}$ 的偏导数, 称为误差项, 可以一次计算得到。这样只需要计算三个偏导数, 分别为 $\frac{\partial \boldsymbol{z}^{(l)}}{\partial w_{ij}^{(l)}}$, $\frac{\partial \boldsymbol{z}^{(l)}}{\partial \boldsymbol{b}^{(l)}}$ 和 $\frac{\partial \mathcal{L}(\boldsymbol{y}, \widehat{\boldsymbol{y}})}{\partial \boldsymbol{z}^{(l)}}$。

下面分别来计算这三个偏导数。

090

(1) 计算偏导数 $\frac{\partial \boldsymbol{z}^{(l)}}{\partial w_{ij}^{(l)}}$, 因 $\boldsymbol{z}^{(l)} = \boldsymbol{W}^{(l)}\boldsymbol{a}^{(l-1)} + \boldsymbol{b}^{(l)}$, 偏导数

$$
\begin{aligned}
\frac{\partial \boldsymbol{z}^{(l)}}{\partial w_{ij}^{(l)}} &= \left[\frac{\partial z_1^{(l)}}{\partial w_{ij}^{(l)}}, \cdots, \frac{\partial z_i^{(l)}}{\partial w_{ij}^{(l)}}, \cdots, \frac{\partial z_{M_l}^{(l)}}{\partial w_{ij}^{(l)}}\right] \\
&= \left[0, \cdots, \frac{\partial \left(\boldsymbol{w}_{i:}^{(l)}\boldsymbol{a}^{(l-1)} + b_i^{(l)}\right)}{\partial w_{ij}^{(l)}}, \cdots, 0\right] \\
&= \left[0, \cdots, a_j^{(l-1)}, \cdots, 0\right] \\
&\triangleq \mathbb{I}_i\left(a_j^{(l-1)}\right) \in \mathbf{R}^{1 \times M_l}
\end{aligned} \tag{5.28}
$$

其中 $\boldsymbol{w}_{i:}^{(l)}$ 为权重矩阵 $\boldsymbol{W}^{(l)}$ 的第 $i$ 行, $\mathbb{I}_i\left(a_j^{(l-1)}\right)$ 表示第 $i$ 个元素为 $a_j^{(l-1)}$, 其余为 0 的行向量。

(2) 计算偏导数 $\frac{\partial \boldsymbol{z}^{(l)}}{\partial \boldsymbol{b}^{(l)}}$, 因为 $\boldsymbol{z}^{(l)}$ 和 $\boldsymbol{b}^{(l)}$ 的函数关系为 $\boldsymbol{z}^{(l)} = \boldsymbol{W}^{(l)}\boldsymbol{a}^{(l-1)} + \boldsymbol{b}^{(l)}$, 因此偏导数

$$
\frac{\partial \boldsymbol{z}^{(l)}}{\partial \boldsymbol{b}^{(l)}} = \boldsymbol{I}_{M_l} \in \mathbf{R}^{M_l \times M_l} \tag{5.29}
$$

$\boldsymbol{I}_{M_l}$ 为 $M_l \times M_l$ 的单位矩阵。

(3) 计算偏导数 $\frac{\partial \mathcal{L}(\boldsymbol{y}, \hat{\boldsymbol{y}})}{\partial \boldsymbol{z}^{(l)}}$, 偏导数 $\frac{\partial \mathcal{L}(\boldsymbol{y}, \hat{\boldsymbol{y}})}{\partial \boldsymbol{z}^{(l)}}$ 表示第 $l$ 层神经元对最终损失的影响, 也反映了最终损失对第 $l$ 层神经元的敏感程度, 因此一般称为第 $l$ 层神经元的误差项, 用 $\delta^{(l)}$ 来表示。

$$
\delta^{(l)} \triangleq \frac{\partial \mathcal{L}(\boldsymbol{y}, \hat{\boldsymbol{y}})}{\partial \boldsymbol{z}^{(l)}} \in \mathbf{R}^{M_l} \tag{5.30}
$$

误差项 $\delta^{(l)}$ 也间接反映了不同神经元对网络能力的贡献程度, 从而比较好地解决了贡献度分配问题 (credit assignment problem, CAP)[16]。

根据 $\boldsymbol{z}^{(l+1)} = \boldsymbol{W}^{(l+1)}\boldsymbol{a}^{(l)} + \boldsymbol{b}^{(l+1)}$, 有

$$
\frac{\partial \boldsymbol{z}^{(l+1)}}{\partial \boldsymbol{a}^{(l)}} = \left(\boldsymbol{W}^{(l+1)}\right)^{\mathrm{T}} \in \mathbf{R}^{M_l \times M_{l+1}} \tag{5.31}
$$

根据 $\boldsymbol{a}^{(l)} = A_l\left(\boldsymbol{z}^{(l)}\right)$, 其 $A_l(\cdot)$ 为按位计算的函数, 因此有

$$
\frac{\partial \boldsymbol{a}^{(l)}}{\partial \boldsymbol{z}^{(l)}} = \frac{\partial A_l\left(\boldsymbol{z}^{(l)}\right)}{\partial \boldsymbol{z}^{(l)}} = \mathrm{diag}\left(A_l'\left(\boldsymbol{z}^{(l)}\right)\right) \in \mathbf{R}^{M_l \times M_l} \tag{5.32}
$$

因此, 根据链式法则, 第 $l$ 层的误差项为

$$\delta^{(l)} \triangleq \frac{\partial \mathcal{L}(\boldsymbol{y}, \widehat{\boldsymbol{y}})}{\partial \boldsymbol{z}^{(l)}} = \frac{\partial \boldsymbol{a}^{(l)}}{\partial \boldsymbol{z}^{(l)}} \cdot \frac{\partial \boldsymbol{z}^{(l+1)}}{\partial \boldsymbol{a}^{(l)}} \cdot \frac{\partial \mathcal{L}(\boldsymbol{y}, \widehat{\boldsymbol{y}})}{\partial \boldsymbol{z}^{(l+1)}}$$

$$= \mathrm{diag}\left(A_l'\left(\boldsymbol{z}^{(l)}\right)\right) \cdot \left(\boldsymbol{W}^{(l+1)}\right)^{\mathrm{T}} \cdot \delta^{(l+1)}$$

$$= A_l'\left(\boldsymbol{z}^{(l)}\right) \odot \left(\left(\boldsymbol{W}^{(l+1)}\right)^{\mathrm{T}} \cdot \delta^{(l+1)}\right) \in \mathbf{R}^{M_l} \tag{5.33}$$

其中 $\odot$ 是向量的点积运算符, 表示每个元素相乘。

从式 (5.33) 可以看出, 第 $l$ 层的误差项可以通过第 $l+1$ 层的误差项计算得到, 这就是误差的反向传播 (back propagation, BP)。反向传播算法的含义是: 第 $l$ 层的一个神经元的误差项 (或敏感性) 是所有与该神经元相连的第 $l+1$ 层的神经元的误差项的权重和。然后, 再乘上该神经元激活函数的梯度。在计算出上面三个偏导数之后, 式 (5.26) 可以写为

$$\frac{\partial \mathcal{L}(\boldsymbol{y}, \widehat{\boldsymbol{y}})}{\partial w_{ij}^{(l)}} = \mathbb{I}_i\left(a_j^{(l-1)}\right) \delta^{(l)}$$

$$= \left[0, \cdots, a_j^{(l-1)}, \cdots, 0\right] \left[\delta_1^{(l)}, \cdots, \delta_i^{(l)}, \cdots, \delta_{M_l}^{(l)}\right]^{\mathrm{T}} = \delta_i^{(l)} a_j^{(l-1)} \tag{5.34}$$

其中 $\delta_i^{(l)} a_j^{(l-1)}$ 相当于向量 $\delta^l$ 和向量 $\boldsymbol{a}^{l-1}$ 的外积的第 $i, j$ 个元素。上式可以进一步写为

$$\left[\frac{\partial \mathcal{L}(\boldsymbol{y}, \widehat{\boldsymbol{y}})}{\partial \boldsymbol{W}^{(l)}}\right]_{ij} = \left[\delta^{(l)}\left(\boldsymbol{a}^{(l-1)}\right)^{\mathrm{T}}\right]_{ij} \tag{5.35}$$

因为, $\mathcal{L}(\boldsymbol{y}, \widehat{\boldsymbol{y}})$ 关于第 $l$ 层权重 $\boldsymbol{W}^{(l)}$ 的梯度为

$$\frac{\partial \mathcal{L}(\boldsymbol{y}, \widehat{\boldsymbol{y}})}{\partial \boldsymbol{W}^{(l)}} = \delta^{(l)}\left(\boldsymbol{a}^{(l-1)}\right)^{\mathrm{T}} \in \mathbf{R}^{M_l \times M_{l-1}} \tag{5.36}$$

同理, $\mathcal{L}(\boldsymbol{y}, \widehat{\boldsymbol{y}})$ 关于第 $l$ 层偏置 $\boldsymbol{b}^{(l)}$ 的梯度为

$$\frac{\partial \mathcal{L}(\boldsymbol{y}, \widehat{\boldsymbol{y}})}{\partial \boldsymbol{b}^{(l)}} = \delta^{(l)} \in \mathbf{R}^{M_l} \tag{5.37}$$

在计算出每一层的误差项之后, 就可以得到每一层参数的梯度。因此, 使用误差反向传播算法的前馈神经网络训练过程可以分为以下三步:

(1) 前馈计算每一层的净输入 $\boldsymbol{z}^{(l)}$ 和激活值 $\boldsymbol{a}^{(l)}$, 直到最后一层;

(2) 反向传播计算每一层的误差项 $\delta^{(l)}$;

(3) 计算每一层参数的偏导数, 并更新参数。

092

**算法 5.1** 使用反向传播算法的随机梯度下降训练过程

输入：训练集 $\mathcal{D} = \{(\boldsymbol{x}^{(n)}, y^{(n)})\}_{n=1}^{N}$，学习率 $\eta$，正则化系数 $\lambda$，网络层 $L$，神经元数量 $M_l, 1 \leqslant l \leqslant L$

1. 随机初始化 $\boldsymbol{W}, \boldsymbol{b}$；
2. repeat
3. 　对训练集 $\mathcal{D}$ 中的样本随机重排序；
4. 　for $n = 1 \cdots N$ do
5. 　　从训练集 $\mathcal{D}$ 中选取样本 $(\boldsymbol{x}^{(n)}, y^{(n)})$；
6. 　　前馈计算每一层的净输入 $\boldsymbol{z}^{(l)}$ 和激活值 $\boldsymbol{a}^{(l)}$，直到最后一层；
7. 　　反向传播计算每一层的误差 $\delta^{(l)}$；
8. 　　计算每一层参数的导数：
9. 　　$\forall l, \quad \dfrac{\partial \mathcal{L}(\boldsymbol{y}^{(n)}, \hat{\boldsymbol{y}}^{(n)})}{\partial \boldsymbol{W}^{(l)}} = \delta^{(l)}(\boldsymbol{a}^{(l-1)})^{\mathrm{T}}$；
10. 　　$\forall l, \quad \dfrac{\partial \mathcal{L}(\boldsymbol{y}^{(n)}, \hat{\boldsymbol{y}}^{(n)})}{\partial \boldsymbol{b}^{(l)}} = \delta^{(l)}$；
11. 　　更新参数：
12. 　　$\boldsymbol{W}^{(l)} \leftarrow \boldsymbol{W}^{(l)} - \eta\left(\delta^{(l)}(\boldsymbol{a}^{(l-1)})^{\mathrm{T}} + \lambda \boldsymbol{W}^{(l)}\right)$；
13. 　　$\boldsymbol{b}^{(l)} \leftarrow \boldsymbol{b}^{(l)} - \eta \delta^{(l)}$；
14. 　end for
15. until 达到收敛条件；

输出：$\boldsymbol{W}, \boldsymbol{b}$

**例 5.1** 给定训练数据集 $\mathcal{D}$ 中包括正样本 $\boldsymbol{x}^{(1)} = (2,3)^{\mathrm{T}}$，$\boldsymbol{x}^{(2)} = (3,1)^{\mathrm{T}}$ 和负样本 $\boldsymbol{x}^{(3)} = (1,1)^{\mathrm{T}}$。试用算法 5.1 求解表 5.1 所示的神经网络，网络的结构由式 (5.38) 和表 5.1 给出，考虑到计算的复杂程度，这个简单的神经网络没有偏置，只有一层激活层，损失的计算使用平方误差，计算时保留两位小数。

$$\hat{y} = \boldsymbol{W}^{(2)} \boldsymbol{A}_1\left(\boldsymbol{W}^{(1)} \boldsymbol{x}\right) \tag{5.38}$$

表 5.1　例 5.1 的网络结构

| 记号 | 含义 |
| --- | --- |
| $\boldsymbol{W}^{(1)} \in \mathbf{R}^{3 \times 2}$ | 第 1 层到第 2 层的权重矩阵 |
| $\boldsymbol{W}^{(2)} \in \mathbf{R}^{2 \times 3}$ | 第 2 层到第 3 层的权重矩阵 |
| $A_1(\cdot) = sigmoid(\cdot)$ | 第 1 层的激活函数 |
| $\boldsymbol{z}^{(l)} \in \mathbf{R}^{M_l}$ | 第 $l$ 层神经元的净输入 (净激活值) |
| $\boldsymbol{a}^{(l)} \in \mathbf{R}^{M_l}$ | 第 $l$ 层神经元的输出 (激活值) |
| $\delta^{(l)} \in \mathbf{R}^{M_l}$ | 第 $l$ 层神经元的误差 |
| $\boldsymbol{x}$ | 神经网络的输入 |
| $\hat{y}$ | 神经网络的输出 |
| $y$ | 样本的实际标签 |

**解** 首先，设定正样本的标签为 1，负样本的标签为 0，学习率 $\eta = 1$，为方便计算

初始化网络参数 $\boldsymbol{W}^{(1)}, \boldsymbol{W}^{(2)}$ 为 0 和 1 的矩阵, 正则化系数 $\lambda = 0$

$$\boldsymbol{W}^{(1)} = \begin{pmatrix} 1 & 0 \\ 0 & 1 \\ 1 & 1 \end{pmatrix} \tag{5.39}$$

$$\boldsymbol{W}^{(2)} = \begin{pmatrix} 1 & 1 & -1 \end{pmatrix} \tag{5.40}$$

从训练集 $\mathcal{D}$ 中随机挑选样本, 假定选中样本 $\boldsymbol{x}^{(1)} = \begin{pmatrix} 2 & 3 \end{pmatrix}^{\mathrm{T}}$, 前馈计算每一层的净输入 $\boldsymbol{z}^{(l)}$ 和激活值 $\boldsymbol{a}^{(l)}$,

$$\boldsymbol{z}^{(1)} = \boldsymbol{W}^{(1)}\boldsymbol{x} = \begin{pmatrix} 2 & 3 & 5 \end{pmatrix}^{\mathrm{T}} \tag{5.41}$$

$$\boldsymbol{a}^{(1)} = sigmoid(\boldsymbol{z}^{(1)}) \approx \begin{pmatrix} 0.88 & 0.95 & 0.99 \end{pmatrix}^{\mathrm{T}} \tag{5.42}$$

$$\hat{y} = \boldsymbol{z}^{(2)} = \boldsymbol{W}^{(2)}\boldsymbol{a}^{(1)} = \begin{pmatrix} 0.84 \end{pmatrix} \tag{5.43}$$

计算样本 $\boldsymbol{x}^{(1)}$ 的误差:

$$\mathcal{L} = \frac{1}{2}(\hat{y} - y)^2 \approx 0.03 \tag{5.44}$$

根据式 (5.33) 计算每层的误差得:

$$\delta^{(2)} = \frac{\partial \mathcal{L}}{\partial \boldsymbol{z}^{(2)}} = \boldsymbol{z}^{(2)} - 1 = -0.16 \tag{5.45}$$

$$\begin{aligned} \delta^{(1)} &= \frac{\partial \boldsymbol{a}^{(1)}}{\partial \boldsymbol{z}^{(1)}} \odot \left( \left( \boldsymbol{W}^{(2)} \right)^{\mathrm{T}} \cdot \delta^{(2)} \right) \\ &\approx \begin{pmatrix} 0.10 & 0.05 & 0.01 \end{pmatrix}^{\mathrm{T}} \odot \left( \begin{pmatrix} 1 & 1 & -1 \end{pmatrix}^{\mathrm{T}} \cdot -0.16 \right) \\ &\approx \begin{pmatrix} -0.02 & -0.01 & 0 \end{pmatrix}^{\mathrm{T}} \end{aligned} \tag{5.46}$$

根据式 (5.36) 计算每层权重 $\mathrm{W}^{(l)}$ 的梯度得:

$$\begin{aligned} \frac{\partial \mathcal{L}(\boldsymbol{y}, \widehat{\boldsymbol{y}})}{\partial \boldsymbol{W}^{(2)}} &= \delta^{(2)} \left( \boldsymbol{a}^{(1)} \right)^{\mathrm{T}} \\ &= \begin{pmatrix} -0.14 & -0.15 & -0.16 \end{pmatrix} \end{aligned} \tag{5.47}$$

$$\begin{aligned} \frac{\partial \mathcal{L}(\boldsymbol{y}, \widehat{\boldsymbol{y}})}{\partial \boldsymbol{W}^{(1)}} &= \delta^{(1)} \boldsymbol{x}^{\mathrm{T}} \\ &= \begin{pmatrix} -0.04 & -0.06 \\ -0.02 & -0.03 \\ 0.0 & 0.0 \end{pmatrix} \end{aligned} \tag{5.48}$$

最后, 根据权重的梯度和学习率更新权重:

$$
\begin{aligned}
\boldsymbol{W}^{(2)} &= \begin{pmatrix} 1 & 1 & -1 \end{pmatrix} - \begin{pmatrix} -0.14 & -0.15 & -0.16 \end{pmatrix} \\
&= \begin{pmatrix} 1.14 & 1.15 & -0.84 \end{pmatrix}
\end{aligned}
\tag{5.49}
$$

$$
\begin{aligned}
\boldsymbol{W}^{(1)} &= \begin{pmatrix} 1 & 0 \\ 0 & 1 \\ 1 & 1 \end{pmatrix} - \begin{pmatrix} -0.04 & -0.06 \\ -0.02 & -0.03 \\ 0.0 & 0.0 \end{pmatrix} \\
&= \begin{pmatrix} 1.04 & 0.06 \\ 0.02 & 1.03 \\ 1.0 & 1.0 \end{pmatrix}
\end{aligned}
\tag{5.50}
$$

以上就是神经网络的单次梯度下降过程, 一般经过多次迭代, 神经网络模型最终能得到一个不错的结果。

算法 5.1 给出使用反向传播算法的随机梯度下降训练过程。以 Iris 数据集为例, 图 5.7 展示了神经网络决策边界变化的过程。

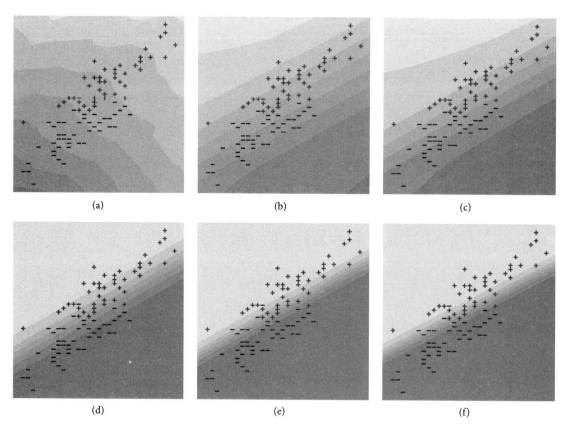

图 5.7　Iris 数据集的反向传播边界决策展示

## 5.5 卷积神经网络

卷积神经网络 (convolutional neural network, CNN) 是一种具有局部连接、权重共享等特性的前馈神经网络。卷积神经网络也是受生物学中的感受野机制的启发而提出的。在视觉神经系统中, 视觉皮层中的神经细胞的输出依赖于视网膜上的光感受器。视网膜上的光感受器受刺激激活时, 神经冲动信号会被传到视觉皮层, 但不是视觉皮层中的所有神经元都会接受这些信号。一个神经元的感受野是指视网膜上其对应的特定区域, 只有这个区域内的刺激才能够激活该神经元。

相比 5.2 节中介绍的前馈神经网络, 卷积神经网络具有一些明显的优势, 特别是在处理图像数据时。首先, 由于卷积神经网络关注的是输入的局部相关特性, 因此它在一定程度上具备局部的平移、缩放和旋转不变性, 而全连接前馈网络很难提取这些局部不变性特征, 一般需要进行数据增强来提高性能。同时, 卷积神经网络是利用多个小尺寸的卷积进行特征学习, 因此和前馈神经网络相比, 卷积神经网络的参数更少, 整个神经网络的训练效率明显更高。正是因为这些特性, 卷积神经网络在图像和视频分析图像分类、人脸识别、物体识别、图像分割等各种任务上已经取得了一定的成功, 其准确率在大部分应用中远远超出了其他的神经网络模型。近年来卷积神经网络也广泛地应用到自然语言处理、推荐系统等领域。

本节将分别介绍卷积的基本概念; 卷积神经网络的整体结构及其基本模块; 卷积神经网络的反向传播方法; 主要简要介绍几种经典的卷积神经网络模型。

### 5.5.1 卷积

卷积 (convolution) 是数学分析中一种重要的运算。在信号处理和图像处理中, 经常使用一维或二维卷积。

一维卷积经常被用在信号处理中, 用于计算信号的延迟累积。假设一个信号发生器每个时刻 $t$ 产生一个信号 $\boldsymbol{x}_t$, 其信息的衰减率为 $w_k$, 即在 $k-1$ 个时间步长后, 信息为原来的 $w_k$ 倍。假设 $w_1 = 1$, $w_2 = 1/2$, $w_3 = 1/4$, 那么在时刻 $t$ 收到的信号 $y_t$ 为当前时刻产生的信息和以前时刻延迟信息的叠加,

$$y_t = 1 \times \boldsymbol{x}_t + \frac{1}{2} \times \boldsymbol{x}_{t-1} + \frac{1}{4} \times \boldsymbol{x}_{t-2} \tag{5.51}$$

$$= w_1 \times \boldsymbol{x}_t + w_2 \times \boldsymbol{x}_{t-1} + w_3 \times \boldsymbol{x}_{t-2} = \sum_{k=1}^{3} w_k \boldsymbol{x}_{t-k+1} \tag{5.52}$$

把 $w_1, w_2, \cdots$ 称为滤波器 (filter) 或卷积核 (convolution kernel)。假设滤波器长

度为 $S$, 它和一个信号序列 $\boldsymbol{x}_1, \boldsymbol{x}_2, \cdots$ 的卷积为

$$y_t = \sum_{s=1}^{S} w_s \boldsymbol{x}_{t-s+1} \tag{5.53}$$

为了简单起见, 这里假设卷积的输出 $y_t$ 的下标 $t$ 从 $S$ 开始。

信号序列 $\boldsymbol{x}$ 和滤波器 $\boldsymbol{w}$ 的卷积定义为

$$\boldsymbol{y} = \boldsymbol{w} * \boldsymbol{x} \tag{5.54}$$

其中 $*$ 表示卷积运算。一般情况下滤波器的长度 $S$ 远小于信号序列 $\boldsymbol{x}$ 的长度。

可以设计不同的滤波器来提取信号序列的不同特征。比如, 当令滤波器 $\boldsymbol{w} = [1/S, 1/S, \cdots, 1/S]$ 时, 卷积相当于信号序列的简单移动平均 (窗口大小为 $S$); 当令滤波器 $\boldsymbol{w} = [1, -2, 1]$ 时, 可以近似实现对信号序列的二阶微分, 即

$$\boldsymbol{x}''(t) = \boldsymbol{x}(t+1) + \boldsymbol{x}(t-1) - 2\boldsymbol{x}(t) \tag{5.55}$$

图 5.8 给出了两个滤波器的一维卷积示例。可以看出, 两个滤波器分别提取了输入序列的不同特征。滤波器 $\boldsymbol{w} = [1/3, 1/3, 1/3]$ 可以检测信号序列中的低频信息, 而滤波器 $\boldsymbol{w} = [1, -2, 1]$ 可以检测信号序列中的高频信息。

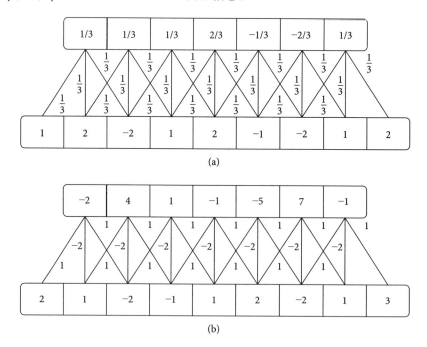

**图 5.8** 一维卷积示例

卷积也经常用在图像处理中。因为图像是二维的, 所以需要将一维卷积进行扩展。

给定一个图像 $\boldsymbol{X} \in \mathbf{R}^{M \times N}$ 和一个滤波器 $\boldsymbol{W} \in \mathbf{R}^{U \times V}$, 一般有 $U \ll M$ 且 $V \ll N$, 两者卷积为

$$y_{ij} = \sum_{u=1}^{U} \sum_{v=1}^{V} w_{uv} x_{i-u+1,j-v+1} \tag{5.56}$$

为了简单起见, 这里假设卷积的输出 $y_{ij}$ 的下标 $(i,j)$ 从 $(U,V)$ 开始。

输入信息 $\boldsymbol{X}$ 和滤波器 $\boldsymbol{W}$ 的二维卷积定义为

$$\boldsymbol{Y} = \boldsymbol{W} \otimes \boldsymbol{X} \tag{5.57}$$

其中 $\otimes$ 表示二维卷积运算。图 5.9 给出了二维卷积示例。

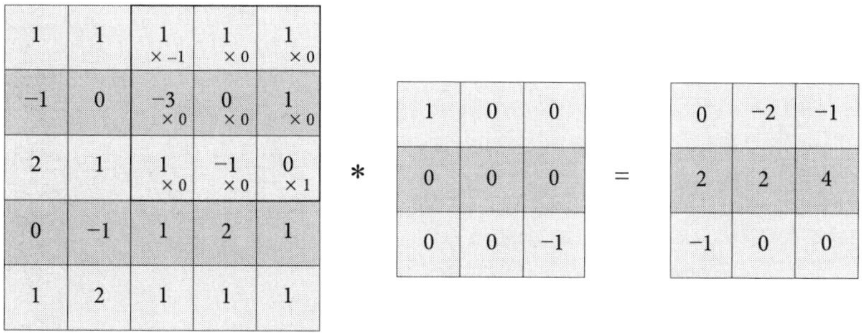

**图 5.9**　二维卷积示例

在图像处理中常用的均值滤波 (averaging filtering)[17] 就是一种二维卷积, 将当前位置的像素值设为滤波器窗口中所有像素的平均值, 即 $w_{uv} = \frac{1}{UV}$。在图像处理中, 卷积经常作为特征提取的有效方法。一幅图像在经过卷积操作后得到的结果被称为特征映射。例如, 高斯滤波器[18] (Gaussian filter) 可以用来对图像进行平滑去噪; Sobel 滤波器[19] 可以用来提取边缘特征。

假设 $\boldsymbol{Y} = \boldsymbol{W} \otimes \boldsymbol{X}$, 其中 $\boldsymbol{X} \in \mathbf{R}^{M \times N}$, $\boldsymbol{W} \in \mathbf{R}^{U \times V}$, $\boldsymbol{Y} \in \mathbf{R}^{(M-U+1) \times (N-V+1)}$, 函数 $f(\boldsymbol{Y}) \in \mathbf{R}$ 为一个标量函数, 则

$$\frac{\partial f(\boldsymbol{Y})}{\partial w_{uv}} = \sum_{i=1}^{M-U+1} \sum_{j=1}^{N-V+1} \frac{\partial y_{ij}}{\partial w_{uv}} \frac{\partial f(\boldsymbol{Y})}{\partial y_{ij}} \tag{5.58}$$

$$= \sum_{i=1}^{M-U+1} \sum_{j=1}^{N-V+1} x_{i+u-1,j+v-1} \frac{\partial f(\boldsymbol{Y})}{\partial y_{ij}} \tag{5.59}$$

$$= \sum_{i=1}^{M-U+1} \sum_{j=1}^{N-V+1} \frac{\partial f(\boldsymbol{Y})}{\partial y_{ij}} x_{u+i-1,v+j-1} \tag{5.60}$$

从式 (5.60) 可以看出, $f(\boldsymbol{Y})$ 关于 $\boldsymbol{W}$ 的偏导数为 $\boldsymbol{X}$ 和 $\frac{\partial f(\boldsymbol{Y})}{\partial \boldsymbol{Y}}$ 的卷积

$$\frac{\partial f(\boldsymbol{Y})}{\partial \boldsymbol{W}} = \frac{\partial f(\boldsymbol{Y})}{\partial \boldsymbol{Y}} \otimes \boldsymbol{X} \tag{5.61}$$

同理得到,

$$\frac{\partial f(\boldsymbol{Y})}{\partial x_{st}} = \sum_{i=1}^{M-U+1} \sum_{j=1}^{N-V+1} \frac{\partial y_{ij}}{\partial x_{st}} \frac{\partial f(\boldsymbol{Y})}{\partial y_{ij}} \tag{5.62}$$

$$= \sum_{i=1}^{M-U+1} \sum_{j=1}^{N-V+1} w_{s-i+1,t-j+1} \frac{\partial f(\boldsymbol{Y})}{\partial y_{ij}} \tag{5.63}$$

其中当 $(s-i+1) < 1$, 或 $(s-i+1) > U$, 或 $(t-j+1) < 1$, 或 $(t-j+1) > V$ 时, $w_{s-i+1,t-j+1} = 0$。即相当于对 $\boldsymbol{W}$ 进行了 $P = (M-U, N-V)$ 的零填充。

从式 (5.63) 可以看出, $f(\boldsymbol{Y})$ 关于 $\boldsymbol{X}$ 的偏导数为 $\boldsymbol{W}$ 和 $\frac{\partial f(\boldsymbol{Y})}{\partial \boldsymbol{Y}}$ 的宽卷积。式 (5.63) 中的卷积是真正的卷积而不是互相关, 为了一致性, 用互相关的 "卷积", 即

$$\frac{\partial f(\boldsymbol{Y})}{\partial \boldsymbol{X}} = \mathrm{rot}\,180\left(\frac{\partial f(\boldsymbol{Y})}{\partial \boldsymbol{Y}}\right) \widetilde{\otimes} \boldsymbol{W} \tag{5.64}$$

$$= \mathrm{rot}\,180(\boldsymbol{W}) \widetilde{\otimes} \frac{\partial f(\boldsymbol{Y})}{\partial \boldsymbol{Y}} \tag{5.65}$$

其中 $\mathrm{rot}\,180(\cdot)$ 表示旋转 180 度。

### 5.5.2 卷积神经网络

卷积神经网络一般是由多个卷积层、池化层和全连接层堆叠而成的前馈神经网络。下面首先介绍卷积网络的结构, 然后分别介绍各个基本模块。

(1) 卷积网络的结构

目前常用的卷积网络结构如图 5.10 所示。一个卷积块为连续 $M$ 个卷积层和 $b$ 个池化层 ($M$ 通常设置为 $2 \sim 5$, $b$ 为 0 或 1)。一个卷积网络中可以堆叠 $N$ 个连续的卷积块, 然后在后面接着 $B$ 个全连接层 ($N$ 的取值区间比较大, 比如 $1 \sim 100$ 或者更大; $B$ 一般为 $0 \sim 2$)。

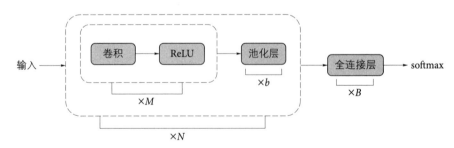

**图** 5.10　常用的卷积网络整体结构

目前, 卷积网络的整体结构趋向于使用更小的卷积核 (比如 $1 \times 1$ 和 $3 \times 3$) 以及更深的结构 (比如层数大于 50)。此外, 由于卷积的操作性越来越灵活 (比如不同步长

的卷积), 池化层的作用也变得越来越小, 因此目前比较流行的卷积网络中, 池化层的比例正在逐渐降低, 趋向于全卷积网络。

(2) 卷积层

卷积层能够提取一个局部区域的特征, 使用多个卷积核作为不同的特征提取器。上一节中描述的卷积层的神经元和全连接网络一样都是一维结构。由于卷积网络主要应用在图像处理上, 而图像为二维结构, 因此为了更充分地利用图像的局部信息, 通常将神经元组织为三维结构的神经层, 其大小为高度 $M\times$ 宽度 $N\times$ 深度 $G$, 由 $G$ 个 $M\times N$ 大小的特征映射构成。

**特征映射** (feature mapping) 为一幅图像 (或其他特征映射) 经过卷积提取到的特征, 每个特征映射可以作为一类抽取的图像特征。为了提高卷积网络的表示能力, 可以在每一层使用多个不同的特征映射, 以更好地表示图像的特征。

在输入层, 特征映射就是图像本身。如果是灰度图像, 就是有一个特征映射, 输入层的深度 $G = 1$; 如果是彩色图像, 分别有 RGB 三个颜色通道的特征映射, 输入层的深度 $G = 3$。

为不失一般性, 假设一个卷积层的结构如下:

输入特征映射组: $\mathcal{X} \in \mathbf{R}^{M\times N\times G}$ 为三维张量 (tensor), 其中每一个切片 (slice) 矩阵 $\boldsymbol{X}^g \in \mathbf{R}^{M\times N}$ 为一个输入特征映射, $1 \leqslant g \leqslant G$;

输出特征映射组: $\mathcal{Y} \in \mathbf{R}^{M'\times N'\times P}$ 为三维张量, 其中每个切片矩阵 $\boldsymbol{Y}^p \in \mathbf{R}^{M'\times N'}$ 为一个输出特征映射, $1 \leqslant p \leqslant P$;

卷积核: $\mathcal{W} \in \mathbf{R}^{U\times V\times P\times G}$ 为四维张量, 其中每个切片矩阵 $\boldsymbol{W}^{p,g} \in \mathbf{R}^{U\times V}$ 为一个二维卷积核, $1 \leqslant p \leqslant P, 1 \leqslant g \leqslant G$。

图 5.11 给出卷积层的三维结构表示。

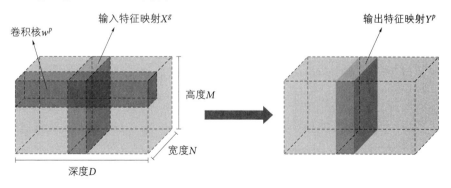

**图 5.11**　卷积层的三维结构表示

为了计算输出特征映射 $\boldsymbol{Y}^p$, 用卷积核 $\boldsymbol{W}^{p,1}, \boldsymbol{W}^{p,2}, \cdots, \boldsymbol{W}^{p,G}$ 分别对输入特征映射 $\boldsymbol{X}^1, \boldsymbol{X}^2, \cdots, \boldsymbol{X}^G$ 进行卷积, 然后将卷积结果相加, 并加上一个标量偏置 $b^p$ 得到卷

积层的净输入 $\boldsymbol{Z}^p$, 再经过非线性激活函数后得到输出特征映射 $\boldsymbol{Y}^p$。

$$\boldsymbol{Z}^p = \boldsymbol{W}^p \otimes \boldsymbol{X} + b^p = \sum_{g=1}^{G} \boldsymbol{W}^{p,g} \otimes \boldsymbol{X}^g + b^p \tag{5.66}$$

$$\boldsymbol{Y}^p = f\left(\boldsymbol{Z}^p\right) \tag{5.67}$$

其中 $\boldsymbol{W}^p \in \mathbf{R}^{U \times V \times G}$ 为三维卷积核, $f(\cdot)$ 为非线性激活函数, 一般用 ReLU 函数。

整个计算过程如图 5.12 所示。如果希望卷积层输出 $P$ 个特征映射, 可以将上述计算过程重复 $P$ 次, 得到 $P$ 个输出特征映射 $\boldsymbol{Y}^1, \boldsymbol{Y}^2, \cdots, \boldsymbol{Y}^P$。

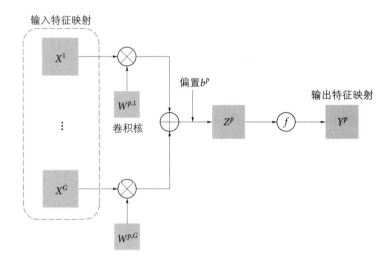

**图 5.12** 卷积层中从输入特征映射组 $\boldsymbol{X}$ 到输出特征映射 $\boldsymbol{Y}^p$ 的计算示例

输入为 $\mathcal{X} \in \mathbf{R}^{M \times N \times G}$, 输出为 $\mathcal{Y} \in \mathbf{R}^{M' \times N' \times P}$ 的卷积层, 每一个输出特征映射都需要 $G$ 个卷积核以及一个偏置。假设每个卷积核的大小为 $U \times V$, 那么共需要 $P \times G \times (U \times V) + P$ 个参数。

(3) 池化层

池化层 (pooling layer) 也叫子采样层 (subsampling layer), 其作用是进行特征选择, 降低特征数量, 从而减少参数数量。

卷积层虽然可以显著减少网络中连接的数量, 但特征映射组中的神经元个数并没有显著减少。如果后面接一个分类器, 分类器的输入维数依然很高, 很容易出现过拟合。为了解决这个问题, 可以在卷积层之后加上一个池化层, 从而降低特征维数, 避免过拟合。

假设池化层的输入特征映射组为 $\mathcal{X} \in \mathbf{R}^{M \times N \times G}$, 对于其中每一个特征映射 $\boldsymbol{X}^g \in \mathbf{R}^{M \times N}$, $1 \leqslant g \leqslant G$, 将其划分为很多区域 $R_{m,n}^g$, $1 \leqslant m \leqslant M'$, $1 \leqslant n \leqslant N'$, 这些区域可以重叠, 也可以不重叠。池化 (pooling) 是指对每个区域进行下采样 (subsample) 得

到一个值, 作为这个区域的概括。

常用的池化函数有两种:

最大池化 (max pooling): 对于一个区域 $R_{m,n}^g$, 选择这个区域内所有神经元的最大激活值作为这个区域的表示, 即

$$y_{m,n}^g = \max_{i \in R_{m,n}^g} x_i \tag{5.68}$$

其中 $x_i$ 为区域 $R_k^g$ 内每个神经元的激活值。

平均池化 (average pooling): 一般是取区域内所有神经元激活值的平均值, 即

$$y_{m,n}^g = \frac{1}{|R_{m,n}^g|} \sum_{i \in R_{m,n}^g} x_i \tag{5.69}$$

对每一个输入特征映射 $\boldsymbol{X}^g$ 的 $M' \times N'$ 个区域进行子采样, 得到池化层的输出特征映射 $\boldsymbol{Y}^g = \{y_{m,n}^g\}, 1 \leqslant m \leqslant M', 1 \leqslant n \leqslant N'$

图 5.13 给出了采样最大池化和平均池化进行子采样操作的示例。可以看出, 池化层不但可以有效地减少神经元的数量, 还可以使得网络对一些小的局部形态改变保持不变性, 并拥有更大的感受野。

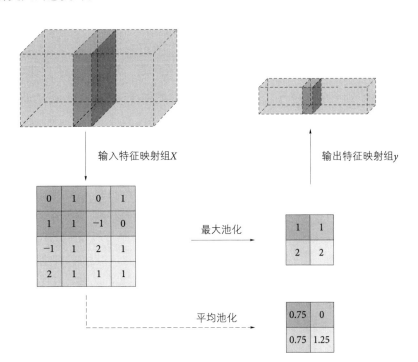

**图 5.13**　池化层中最大池化和平均池化过程示例

目前主流的卷积网络中, 池化层仅包含下采样操作。但在早期的一些卷积网络中,

有时也会在池化层使用非线性激活函数, 比如

$$Y'^g = f\left(w^g Y^g + b^g\right) \tag{5.70}$$

其中 $Y'^g$ 为池化层的输出, $f(\cdot)$ 为非线性激活函数, $w^g$ 和 $b^g$ 为可学习的标量权重和偏置。

典型的池化层是将每个特征映射划分为 $2 \times 2$ 大小的不重叠区域, 然后使用最大池化的方式进行下采样。池化层也可以看作一个特殊的卷积层, 卷积核大小为 $E \times E$, 步长为 $F \times F$, 卷积核为 max 函数或 mean 函数。过大的采样区域会急剧减少神经元的数量, 也会造成过多的信息损失。

### 5.5.3 卷积神经网络的反向传播算法

在卷积网络中, 参数为卷积核中权重以及偏置。和全连接前馈网络类似, 卷积网络也可以通过误差反向传播算法来进行参数学习。

在全连接前馈神经网络中, 梯度主要通过每一层的误差项进行反向传播, 并进一步计算每层参数的梯度。

在卷积神经网络中, 主要有两种不同功能的神经层: 卷积层和池化层。而参数为卷积核以及偏置, 因此只需要计算卷积层中参数的梯度。

不失一般性地, 对第 $l$ 层为卷积层, 第 $l-1$ 层的输入特征映射为 $\mathcal{X}^{(l-1)} \in \mathbf{R}^{M \times N \times D}$, 通过卷积计算得到第 $l$ 层的特征映射净输入 $\mathcal{Z}^{(l)} \in \mathbf{R}^{M' \times N' \times P}$。第 $l$ 层的第 $p(1 \leqslant p \leqslant P)$ 个特征映射净输入

$$Z^{(l,p)} = \sum_{g=1}^{G} W^{(l,p,g)} \otimes X^{(l-1,g)} + b^{(l,p)} \tag{5.71}$$

其中 $W^{(l,p,g)}$ 和 $b^{(l,p)}$ 为卷积核以及偏置。第 $l$ 层中共有 $P \times G$ 个卷积核和 $P$ 个偏置, 可以分别使用链式法则来计算其梯度。

根据式 (5.61) 和式 (5.71) 损失函数 $\mathcal{L}$ 关于第 $l$ 层的卷积核 $W^{(l,p,g)}$ 的偏导数为

$$\frac{\partial \mathcal{L}}{\partial W^{(l,p,g)}} = \frac{\partial \mathcal{L}}{\partial Z^{(l,p)}} \otimes X^{(l-1,g)} \tag{5.72}$$

$$= \delta^{(l,p)} \otimes X^{(l-1,g)} \tag{5.73}$$

同理可得, 损失函数关于第 $l$ 层的第 $p$ 个偏置 $b^{(l,p)}$ 的偏导数为

$$\frac{\partial \mathcal{L}}{\partial b^{(l,p)}} = \sum_{i,j} \left[ \delta^{(l,p)} \right]_{i,j} \tag{5.74}$$

在卷积网络中, 每层参数的梯度依赖其所在层的误差项 $\delta^{(l,p)}$。

卷积层和池化层中误差项的计算有所不同, 因此分别计算其误差项。

**卷积层**　当 $l+1$ 层为卷积层时, 假设特征映射净输入 $Z^{(l+1)} \in \mathbf{R}^{M' \times N' \times P}$, 其中第 $p(1 \leqslant p \leqslant P)$ 个特征映射净输入

$$Z^{(l+1,p)} = \sum_{g=1}^{G} W^{(l+1,p,q)} \otimes X^{(l,g)} + b^{(l+1,p)} \tag{5.75}$$

其中 $W^{(l+1,p,g)}$ 和 $b^{(l+1,p)}$ 为第 $l+1$ 层的卷积核以及偏置。第 $l+1$ 层中共有 $P \times G$ 个卷积核和 $P$ 个偏置。

第 $l$ 层的第 $g$ 个特征映射的误差项 $\delta^{(l,g)}$ 的具体推导过程如下:

$$\delta^{(l,g)} \triangleq \frac{\partial \mathcal{L}}{\partial Z^{(l,g)}} \tag{5.76}$$

$$= \frac{\partial X^{(l,g)}}{\partial Z^{(l,g)}} \frac{\partial \mathcal{L}}{\partial X^{(l,g)}} \tag{5.77}$$

$$= A_l'\left(Z^{(l,g)}\right) \odot \sum_{p=1}^{P} \left(\text{rot } 180\left(W^{(l+1,p,g)}\right) \widetilde{\otimes} \frac{\partial \mathcal{L}}{\partial Z^{(l+1,p)}}\right) \tag{5.78}$$

$$= A_l'\left(Z^{(l,g)}\right) \odot \sum_{p=1}^{P} \left(\text{rot } 180\left(W^{(l+1,p,g)}\right) \widetilde{\otimes} \delta^{(l+1,p)}\right) \tag{5.79}$$

其中 $\widetilde{\otimes}$ 为宽卷积。

**池化层**　当第 $l+1$ 层为池化层时, 因为池化层是下采样操作, $l+1$ 层的每个神经元的误差项 $\delta$ 对应于第 $l$ 层的相应特征映射的一个区域。$l$ 层的第 $p$ 个特征映射中的每个神经元都有条边和 $l+1$ 层的第 $p$ 个特征映射中的一个神经元相连。根据链式法则, 第 $l$ 层的一个特征映射的误差项 $\delta^{(l,p)}$, 只需要将 $l+1$ 层对应特征映射的误差项 $\delta^{(l+1,p)}$ 进行上采样操作 (和第 $l$ 层的大小一样), 再和 $l$ 层特征映射的激活值偏导数逐元素相乘, 就得到了 $\delta^{(l,p)}$。

第 $l$ 层的第 $p$ 个特征映射的误差项 $\delta^{(l,p)}$ 的具体推导过程如下:

$$\delta^{(l,p)} \triangleq \frac{\partial \mathcal{L}}{\partial Z^{(l,p)}} \tag{5.80}$$

$$= \frac{\partial X^{(l,p)}}{\partial Z^{(l,p)}} \frac{\partial Z^{(l+1,p)}}{\partial X^{(l,p)}} \frac{\partial \mathcal{L}}{\partial Z^{(l+1,p)}} \tag{5.81}$$

$$= A_l'\left(Z^{(l,p)}\right) \odot \text{up}\left(\delta^{(l+1,p)}\right) \tag{5.82}$$

其中 $A_l'(\cdot)$ 为第 $l$ 层使用的激活函数导数, up 为上采样函数 (upsampling), 与池化层中使用的下采样操作刚好相反。如果下采样是最大池化, 误差项 $\delta^{(l+1,p)}$ 中每个值会

直接传递到上层对应区域中的最大值所对应的神经元, 该区域中其他神经元的误差项都设为 0。

如果下采样是平均池化, 误差项 $\delta^{(l+1,p)}$ 中每个值会被平均分配到上一层对应区域中的所有神经元上。

### 5.5.4 几种典型的卷积神经网络

本节介绍几种广泛使用的典型卷积神经网络模型。

#### (1) LeNet-5

LeNet-5 是在 1998 年提出来一个较早的卷积神经网络模型[9], 它在 20 世纪 90 年代已经成功地应用于很多美国银行的手写数字识别系统中, 用来识别支票上面的手写数字。LeNet-5 的网络结构如图 5.14 所示。

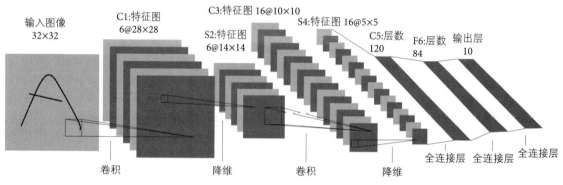

**图 5.14** LeNet-5 网络结构

LeNet-5 共有 2 层卷积层, 2 个池化层以及 3 个全连接层, 接受输入图像大小为 32×32 的灰度图像, 输出对应 10 个类别的得分。LeNet-5 中每层的具体信息如表 5.2 所示。

表 5.2 LeNet-5 网络结构每层具体信息

| 层数 | 输出大小 | 模块 | 步长 | 参数量 | 连接数 |
|---|---|---|---|---|---|
| 卷积层 C1 | $28 \times 28 \times 6$ | 6 个 $[5 \times 5]$ 卷积 | 1 | 156 | 122 304 |
| 池化层 S2 | $14 \times 14 \times 6$ | $2 \times 2$ 平均池化 | 2 | 12 | 5 880 |
| 卷积层 C3 | $10 \times 10 \times 16$ | 16 个 $[5 \times 5]$ 卷积 | 1 | 1 516 | 151 600 |
| 池化层 S4 | $5 \times 5 \times 16$ | $2 \times 2$ 平均池化 | 2 | 32 | 2 000 |
| 卷积层 C5 | $1 \times 1 \times 120$ | $[5 \times 5 \ 120]$ | 1 | 48 120 | 48 120 |
| 全连接层 F6 | $1 \times 1 \times 84$ | 全连接层 | None | 10 164 | 10 164 |
| 输出层 | 10 | 径向基函数 | | | |

#### (2) AlexNet

AlexNet[20] 通常被认为是第一个现代深度卷积网络模型, 其首次使用了很多现代深度卷积网络的技术方法, 比如使用 GPU 进行并行训练、采用了 ReLU 作为非线性激活函数、使用 Dropout 防止过拟合、使用数据增强来提高模型准确率等。AlexNet 赢得了 2012 年 ImageNet 图像分类竞赛的冠军。

AlexNet 的结构如图 5.15 所示, 包括 5 个卷积层、3 个池化层和 3 个全连接层 (其中最后一层是使用 Softmax 函数的输出层)。每层具体信息如表 5.3 所示。因为其网络规模超出了当时单个 GPU 的内存限制, AlexNet 将网络拆为两半, 分别放在两个 GPU 上,GPU 间只在某些层 (比如第 3 层) 进行通信。

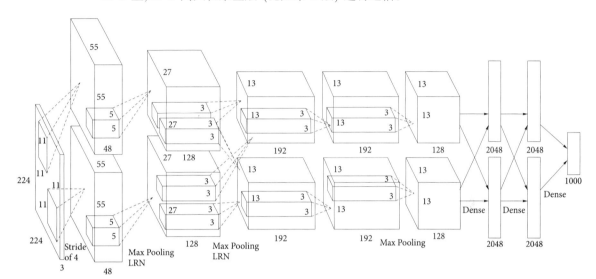

**图 5.15**　AlexNet 网络结构

AlexNet 的输入为 $224 \times 224 \times 3$ 的彩色图像, 输出为 1 000 个类别的条件概率, 每层的具体信息如表 5.3 所示。

**表 5.3**　AlexNet 网络结构每层具体信息

| 层名 | 输出大小 | | 步长 | 零填充 | 参数量 |
|---|---|---|---|---|---|
| 卷积层 1 | $55 \times 55 \times 96$ | $[11 \times 11 \ 96]$ | 4 | 3 | 34 944 |
| 池化层 1 | $27 \times 27 \times 96$ | $3 \times 3$ 最大池化 | 2 | 0 | 0 |
| 卷积层 2 | $27 \times 27 \times 256$ | $[5 \times 5 \ 256]$ | 1 | 2 | 307 456 |
| 池化层 2 | $13 \times 13 \times 256$ | $3 \times 3$ 最大池化 | 2 | 0 | 0 |
| 卷积层 3 | $13 \times 13 \times 384$ | $[3 \times 3 \ 384]$ | 1 | 1 | 885 120 |
| 卷积层 4 | $13 \times 13 \times 384$ | $[3 \times 3 \ 384]$ | 1 | 1 | 663 936 |
| 卷积层 5 | $13 \times 13 \times 256$ | $[3 \times 3 \ 256]$ | 1 | 1 | 442 624 |
| 池化层 3 | $6 \times 6 \times 256$ | $3 \times 3$ 最大池化 | 2 | 0 | 0 |
| 全连接层 1 | 4 096 | 全连接层 | None | None | 37 752 832 |
| 全连接层 3 | 4 096 | 全连接层 | None | None | 16 781 312 |
| 全连接层 3 | 1 000 | 全连接层 | None | None | 4 097 000 |

此外, AlexNet 还在前两个池化层之后进行了局部响应归一化 (local response

normalization, LRN) 以增强模型的泛化能力。

(3) Inception 网络

在卷积网络中, 如何设置卷积层的卷积核大小是一个十分关键的问题。在 Inception 网络中, 一个卷积层包含多个不同大小的卷积操作, 被称为 Inception 模块。Inception 网络是由多个 Inception 模块和少量的池化层堆叠而成。

Inception 模块同时使用 $1\times1$、$3\times3$、$5\times5$ 等不同大小的卷积核, 并将得到的特征映射在深度上拼接 (堆叠) 起来作为输出特征映射。

图 5.16 给出了 v1 版本的 Inception 模块结构, 采用了 4 组平行的特征抽取方式, 分别为 $1\times1$、$3\times3$、$5\times5$ 的卷积和 $3\times3$ 的最大池化。同时, 为了提高计算效率, 减少参数数量, Inception 模块在进行 $3\times3$、$5\times5$ 的卷积之前、$3\times3$ 的最大池化之后, 进行一次 $1\times1$ 的卷积来减少特征映射的深度。如果输入特征映射之间存在冗余信息, 进行 $1\times1$ 的卷积相当于先进行一次特征抽取。Inception 网络有多个版本, 其中最早的 Inception v1 版本就是非常著名的 GoogLeNet[21]。GoogLeNet 赢得了 2014 年 ImageNet 图像分类竞赛的冠军。

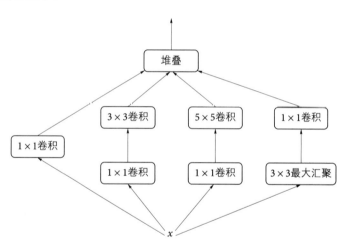

**图 5.16** Inception v1 的模块结构

GoogLeNet 由 9 个 Inception v1 模块和 5 个池化层以及其他一些卷积层和全连接层构成, 总共为 22 层网络, 如图 5.17 所示。

(4) 深度卷积神经网络难点之梯度消失问题

在神经网络中误差反向传播的迭代公式为

$$\delta^{(l)} = A_l' \left( z^{(l)} \right) \odot \left( W^{(l+1)} \right)^{\mathrm{T}} \delta^{(l+1)} \tag{5.83}$$

误差从输出层反向传播时, 在每一层都要乘以该层的
激活函数的导数。当使用 Sigmoid 型函数: Logistic 函
数 $\sigma(x)$ 或 Tanh 函数时, 其导数为

$$\sigma'(x) = \sigma(x)(1 - \sigma(x)) \in [0, 0.25] \tag{5.84}$$

$$\tanh'(x) = 1 - (\tanh(x))^2 \in [0, 1] \tag{5.85}$$

Sigmoid 型函数的导数的值域都小于或等于 1, 如
图 5.18 所示。

由于 Sigmoid 型函数的饱和性, 饱和区的导数更
是接近于 0。这样, 误差经过每一层传递都会不断衰
减。当网络层数很深时, 梯度就会不停衰减, 甚至消失,
这给深度神经网络的训练带来了难题。这就是所谓的
梯度消失问题 (vanishing gradient problem), 也被称
为梯度弥散问题。目前在深度神经网络中, 减轻梯度消
失问题的方法有很多种。对于 AlexNet 而言, 一个用
于减轻梯度消失问题的重要举措就是使用了一种导数
比较大的激活函数 ReLU, 其导数为

$$\text{ReLU}'(x) = \begin{cases} 1, & x \geqslant 0 \\ 0, & x < 0 \end{cases} \tag{5.86}$$

显然, ReLU 可以将 $x > 0$ 激活梯度完全回传过来, 而
不进行衰减, 如图 5.18 所示。

为了解决梯度消失问题, GoogLeNet 在网络中间
层引入两个辅助分类器来加强监督信息。Inception 网
络有多个改进版本, 其中比较有代表性的有 Inception
v3 网络[22]。Inception v3 网络用多层的小卷积核来替
换大的卷积核, 以减少计算量和参数量, 并保持感受野
不变。具体包括: 1) 使用两层 $3 \times 3$ 的卷积来替换 v1
中的 $5 \times 5$ 的卷积; 2) 使用连续的 $K \times 1$ 卷积和 $1 \times K$
卷积来替换 $K \times K$ 的卷积。此外, Inception v3 网络
同时也引入了标签平滑以及批量归一化等优化方法进行训练。

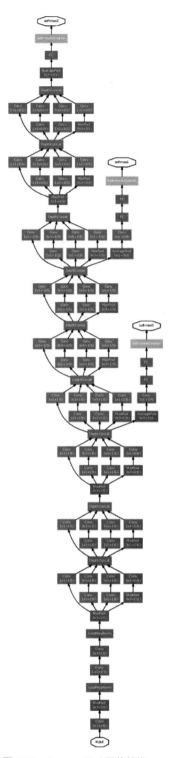

**图 5.17** GoogLeNet 网络结构

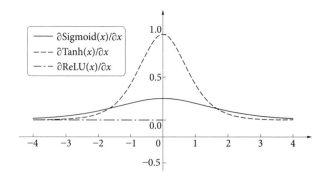

**图 5.18**　Sigmoid 型函数和 ReLU 函数的导数

### 1. 残差网络

残差网络 (residual network, ResNet)[23] 通过给非线性的卷积层增加直连边 (short-cut connection) 也被称为残差连接 (residual connection) 的方式来提高信息的传播效率。

假设在一个深度网络中, 我们期望用一个非线性单元 (可以为一层或多层的卷积层) $f(\boldsymbol{x})$ 去逼近一个目标函数 $h(\boldsymbol{x})$。我们需要将目标函数拆分成两部分: 恒等函数 (identity function) $\boldsymbol{x}$ 和残差函数 (residue function) $h(\boldsymbol{x}) - \boldsymbol{x}$。

$$h(\boldsymbol{x}) = \boldsymbol{x} + (h(\boldsymbol{x}) - \boldsymbol{x}) \tag{5.87}$$

根据全局逼近定理, 一个由神经网络构成的非线性单元有足够的能力来近似逼近原始目标函数或残差函数, 但在实际中后者更容易学习[23]。因此, 原来的优化问题可以转换为: 让非线性单元 $f(\boldsymbol{x})$ 去逼近残差函数 $h(\boldsymbol{x}) - \boldsymbol{x}$, 并用 $f(\boldsymbol{x}) + \boldsymbol{x}$ 去逼近 $h(\boldsymbol{x})$。

图 5.19 给出了一个典型的残差单元示例。残差单元由多个级联的 (等宽) 卷积层和一个跨层的直连边组成, 再经过 ReLU 激活后得到输出。其中, 等宽卷积是一种特殊的卷积网络, 其输出特征的维度和输入特征维度一致, 这是为了残差单元的等宽卷积输出和直连边的输出可以直接相加, 而不会出现因维度不同而无法执行加法操作。残差网络就是将很多个残差单元串联起来构成的一个非常深的网络。和残差网络类似的还有 Highway Network[24]。

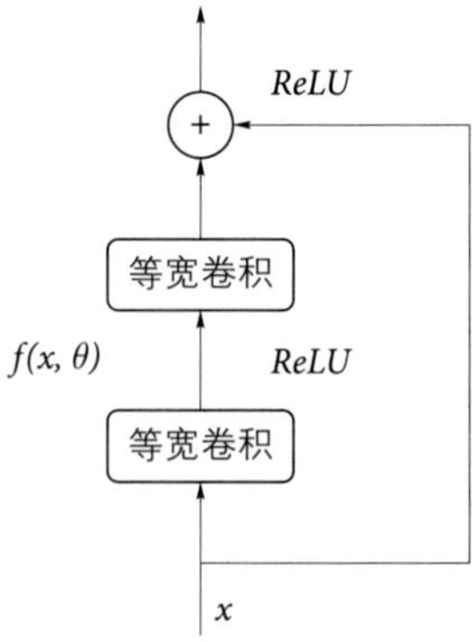

**图 5.19**　一个简单的残差单元结构

### 2. 网络模型比较与分析

值得说明的是本章介绍的 AlexNet、GoogLeNet 和 ResNet 模型均曾获得 ImageNet 图像分类竞赛冠军, 本节对这些模型进行比较和分析。具体信息如表 5.4 所示。

表 5.4    典型网络模型在 ImageNet 图像分类数据上的对比

| 模型名 | AlexNet | GoogLeNet | ResNet50 | ResNet101 | ResNet152 |
|---|---|---|---|---|---|
| 提出时间 | 2012 | 2014 | 2015 | 2015 | 2015 |
| 层数 | 8 | 22 | 50 | 101 | 152 |
| 最大宽度 | 384 | 1024 | 2048 | 2048 | 2048 |
| 参数量 (M) | 60.97 | 5.8 | 25.56 | 44.55 | 60.19 |
| Val Top1 err. | 0.381 | — | 0.2074 | 0.1987 | 0.1938 |
| Val Top5 err. | 0.164 | — | 0.0525 | 0.046 | 0.0449 |
| Test Top5 err. | 0.164 | 0.067 | — | — | 0.0357 |

从表 5.4 中可以看出, 随着时间的推移。卷积神经网络模型的性能得到了显著的提升。同时有以下结论。

(1) 卷积神经网络的层数越多, 卷积神经网络的性能越高。但是, 当卷积神经网络的层数达到一定数量时 (例如大于 100 层), 增加层数带来的收益变小。

(2) 卷积神经网络宽度越宽 (即每个卷积层卷积滤波器的数量越多), 卷积神经网络的性能越高。但是, 相应计算量也会明显增加。

(3) 如果想训练较深的卷积神经网络, 我们需要引入额外的策略。例如, AlexNet 和 GoogLeNet 利用 ReLU 和辅助分类器缓解梯度消失问题。残差网络通过引入残差连接提高信息的传播效率, 缓解梯度消失问题。

## 5.6  递归神经网络与长短期记忆网络

前面的章节中介绍了全连接神经网络和卷积神经网络, 以及它们的训练和使用。它们都只能单独地处理一个个的输入, 前一个输入和后一个输入之间是完全独立的。但是, 某些任务需要能够更好地处理信息序列, 即前面的输入和后面的输入是有关系的。比如, 在理解一句话的意思时, 孤立地理解这句话的每个词是不够的, 需要理解这些词连接起来的整个序列; 当分析视频的时候, 也不能只单独地去分析每一帧, 而要分析这些帧连接起来的整个序列。这时, 就需要用到深度学习领域中另一类非常重要的神经网络: 递归神经网络 (recurrent neural network, RNN)。RNN 对具有序列特性的数据非常有效, 它能挖掘数据中的时序信息以及语义信息。利用 RNN 的这种能力, 深度学习模型在解决语音识别、语言模型、机器翻译以及时序分析等自然语言处理领域的问题时有所突破。

### 5.6.1 递归神经网络

递归神经网络是一类具有短期记忆能力的神经网络。在递归神经网络中, 神经元不但可以接受其他神经元的信息, 也可以接受自身的信息, 形成具有环路的网络结构。和前馈神经网络相比, 递归神经网络更加符合生物神经网络的结构。递归神经网络已经被广泛应用在语音识别、语言模型以及自然语言生成等任务上。递归神经网络的参数学习可以通过随时间反向传播算法来学习。随时间反向传播算法即按照时间的逆序将错误信息一步步地往前传递。当输入序列比较长时, 会存在梯度爆炸和消失问题, 也被称为长程依赖问题。为了解决这个问题, 人们对递归神经网络进行了很多的改进, 其中最有效的改进方式是引入门控机制。

递归神经网络通过使用带自反馈的神经元, 能够处理任意长度的时序数据。给定一个输入序列 $\boldsymbol{x}_{1:T} = (\boldsymbol{x}_1, \boldsymbol{x}_2, \cdots, \boldsymbol{x}_t, \cdots, \boldsymbol{x}_T)$, 递归神经网络通过下面公式更新带反馈边的隐含层的激活值 $\boldsymbol{h}_t$:

$$\boldsymbol{h}_t = f(\boldsymbol{h}_{t-1}, \boldsymbol{x}_t) \tag{5.88}$$

其中 $\boldsymbol{h}_0 = \boldsymbol{0}$, $f()$ 为一个非线性函数, 可以是一个前馈网络。如图 5.20 所示, 是一层递归神经网络。

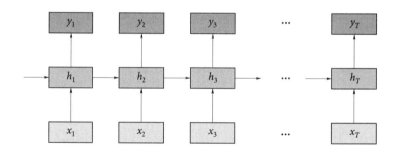

**图 5.20**　递归神经网络的展开结构

### 5.6.2 长短期记忆网络

长短期记忆 (long short-term memory, LSTM)[8] 网络是递归神经网络的一个变体, 可以有效地解决递归神经网络的梯度爆炸或消失问题。在基本神经网络的基础上, LSTM 网络主要改进在以下两个方面:

(1) 新的内部状态。LSTM 网络引入一个新的内部状态 $c_t \in \mathbf{R}^D$, 专门进行线性的循环信息传递, 同时 (非线性地) 输出信息给隐含层的外部状态 $h_t \in \mathbf{R}^D$。内部状态

$c_t$ 通过下面公式计算:

$$c_t = f_t \odot c_{t-1} + i_t \odot \tilde{c}_t \qquad (5.89)$$

$$h_t = o_t \odot \mathrm{Tanh}(c_t) \qquad (5.90)$$

其中 $f_t \in [0,1]^D$, $i_t \in [0,1]^D$, $o_t \in [0,1]^D$, 为三个来控制信息传递的路径的门; $\odot$ 为向量元素乘积; $c_{t-1}$ 为上一时刻的记忆单位; $\tilde{c}_t \in \mathbf{R}^D$ 是通过非线性函数得到的候选状态:

$$\tilde{c}_t = \mathrm{Tanh}(W_c x_t + U_c h_{t-1} + b_c) \qquad (5.91)$$

在每个时刻 $t$, LSTM 网络的内部状态 $c_t$ 记录了到当前时刻为止的所有历史信息。

(2) 门控机制。在数字电路中, 门为一个二值变量 0 或 1。0 代表关闭状态, 不允许任何信息通过; 1 代表开放状态, 允许所有信息通过。LSTM 网络引入了门控机制来控制信息传递的路径, LSTM 的三个门分别为输入门 $i_t$、遗忘门 $f_t$ 和输出门 $o_t$。三个门的计算方式为

$$i_t = \sigma(W_i x_t + U_i h_{t-1} + b_i) \qquad (5.92)$$

$$f_t = \sigma(W_f x_t + U_f h_{t-1} + b_f) \qquad (5.93)$$

$$o_t = \sigma(W_o x_t + U_o h_{t-1} + b_o) \qquad (5.94)$$

其中 $\sigma$ 为 Logistic 函数, 其输出区间为 $(0,1)$, $x_t$ 为当前时刻的输入, $h_{t-1}$ 为上一时刻的外部状态。

## 5.7　本章概要

神经元是构成神经网络的基本单元, 其主要是模拟生物神经元的结构和特性, 接收一组输入信号并产生输出。生物学家在 20 世纪初就发现了生物神经元的结构。一个生物神经元通常具有多个树突和一条轴突。树突用来接收信息, 轴突用来发送信息。当神经元所获得的输入信号的积累超过某个阈值时, 它就处于激活状态并产生电脉冲。轴突尾端有许多末梢可以和其他神经元的树突产生连接 (突触), 并将电脉冲信号传递给其他神经元。

前馈神经网络也经常称为多层感知机 (multi-layer perceptron, MLP)。但前馈神

经网络与多层感知机之间存在着细微差别: 前馈神经网络是由多层连续的非线性函数 (Logistic 回归模型) 组成, 而多层的感知机由多个不连续的非线性函数 (感知机) 组成。

第 $l$ 层的误差项可以通过计算第 $l+1$ 层的误差项得到, 这就是误差的反向传播 (back propagation, BP)。反向传播算法的含义是: 第 $l$ 层的一个神经元的误差项 (或敏感性) 是所有与该神经元相连的第 $l+1$ 层的神经元的误差项的权重和。然后, 再乘上该神经元激活函数的梯度。

卷积神经网络 (convolutional neural network, CNN) 是一种具有局部连接、权重共享等特性的前馈神经网络。卷积神经网络也是受生物学中的感受野机制的启发而提出的。在视觉神经系统中, 视觉皮层中的神经细胞的输出依赖于视网膜上的光感受器。视网膜上的光感受器受刺激激活时, 神经冲动信号会被传到视觉皮层, 但不是视觉皮层中的所有神经元都会接受这些信号。一个神经元的感受野是指视网膜上其对应的特定区域, 只有这个区域内的刺激才能够激活该神经元。

递归神经网络 (recurrent neural network, RNN) 是一类具有短期记忆能力的神经网络。神经元不但可以接受其他神经元的信息, 也可以接受自身的信息, 形成具有环路的网络结构。和前馈神经网络相比, 递归神经网络更加符合生物神经网络的结构。递归神经网络的参数学习可以通过随时间反向传播算法来学习。

## 5.8 扩展阅读

人工神经网络特有的非线性适应性信息处理能力, 克服了传统人工智能方法在模式识别、语音识别、非结构化信息处理等应用中的缺陷, 使之在神经专家系统、模式识别、智能控制、组合优化、预测等领域得到成功应用。人工神经网络与其他传统方法相结合, 将推动人工智能和信息处理技术不断发展。近年来, 人工神经网络正向模拟人类认知的道路上加速前行, 与模糊系统、遗传算法、进化机制等结合, 形成计算智能, 成为人工智能的一个重要方向。信息几何也正应用于人工神经网络的研究, 为人工神经网络的理论研究开辟了新的途径。神经计算机的研究发展很快, 已有产品进入市场。光电结合的神经计算机为人工神经网络的发展提供了良好条件。

虽然神经网络在很多领域已得到了很好的应用, 但其需要研究的方面还很多。其中, 具有分布存储、并行处理、自学习、自组织以及非线性映射等优点的神经网络与其他技术的结合以及由此而来的混合方法和混合系统, 已经成为一大研究热点。我们将神经网络与其他方法相结合, 取长补短, 希望可以获得更好的应用效果。目前这方面工作有神经网络与模糊逻辑[25]、专家系统[26]、遗传算法[27]、粗集理论[28] 等技术的融合。

理论研究主要包括: 利用神经生理与认知科学研究人类思维以及智能机理; 用数理方法探索功能更加完善、性能更加优越的神经网络模型; 深入研究网络算法和性能; 开发新的网络数理理论等。

应用研究领域主要有: 神经网络的软件模拟和硬件实现以及模式识别、信号处理、知识工程、专家系统、优化组合、机器人控制等领域。随着神经网络理论本身以及相关理论、相关技术的不断发展, 神经网络的应用定将更加广阔。

## 5.9 习题

1. 如果限制一个神经网络的总神经元数量 (不考虑输入层) 为 $N+1$, 输入层大小为 $M_0$, 输出层大小为 1, 隐含层的层数为 $L$, 每个隐含层的神经元数量为 $\frac{N}{L}$, 试分析参数数量和隐含层层数 $L$ 的关系。

2. 梯度消失问题是否可以通过增加学习率来缓解?

3. 分析卷积神经网络中用 $1 \times 1$ 的卷积核的作用。

4. 对于一个输入为 $100 \times 100 \times 256$ 的特征映射组, 使用 $3 \times 3$ 的卷积核, 输出为 $100 \times 100 \times 256$ 的特征映射组的卷积层, 求其时间和空间复杂度。如果引入一个 $1 \times 1$ 卷积核, 先得到 $100 \times 100 \times 64$ 的特征映射, 再进行 $3 \times 3$ 的卷积, 得到 $100 \times 100 \times 256$ 的特征映射组, 求其时间和空间复杂度。

5. 对于一个二维卷积, 输入为 $3 \times 3$, 卷积核大小为 $2 \times 2$, 试将卷积操作重写为仿射变换的形式。

6. 分析 GoogLeNet 是如何缓解梯度消失问题的。

7. 分析残差模块在缓解梯度消失问题中的作用, 并尝试设计一个相似的模块。

8. 编程实现简单的卷积神经网络解决手写数字数据集分类任务。

## 5.10 实践: 利用 scikit-learn 建立一个神经网络模型

### 1. 提取数据集

sklearn 中自带了一些数据集, 比如 iris 数据集, iris 数据中 data 存储花瓣长宽和花萼长宽, target 存储花的分类, 山鸢尾 (setosa)、杂色鸢尾 (versicolor) 以及维吉尼亚鸢尾 (virginica) 分别存储为数字 0、1、2。这里使用鸢尾花的全部特征作为分类标准。

```python
from sklearn import datasets
import numpy as np

iris = datasets.load_iris()
X = iris.data
y = iris.target
```

### 2. 数据集划分

train_test_split 将数据集分为训练集和测试集, test_size 参数决定测试集的比例。random_state 参数是随机数生成种子, 在分类前将数据打乱, 保证数据的可重复利用。stratify 保证训练集和测试集中花的三大类的比例与输入比例相同。其中 X_train, X_test, y_train, y_test 分别表示训练集的分类特征, 测试集的分类特征, 训练集的类别标签和测试集的类别标签。

```python
from sklearn.model_selection import train_test_split

X_train, X_test, y_train, y_test = train_test_split(X, y, test_size=0.3,
    random_state=4, stratify=y)
```

### 3. 特征标准化

运用 sklearn preprocessing 模块的 StandardScaler 类对特征值进行标准化。fit 函数计算平均值和标准差, 而 transform 函数运用 fit 函数计算的均值和标准差进行数据的标准化。

```python
from sklearn.preprocessing import StandardScaler

sc = StandardScaler()
sc.fit(X_train)
X_train_std = sc.transform(X_train)
X_test_std = sc.transform(X_test)
```

### 4. 训练模型

```python
from sklearn.neural_network import MLPClassifier

model = MLPClassifier(max_iter=500)
model.fit(X_train_std, y_train)
y_pred = model.predict(X_test_std)
```

### 5. 计算模型准确率

```
from sklearn.metrics import accuracy_score

miss_classified = (y_pred != y_test).sum()
print("MissClassified: ", miss_classified)
print('Accuracy : % .2f' % accuracy_score(y_pred, y_test))
```

得到结果:

```
MissClassified: 4
Accuracy : 0.91
```

通常, sklearn 在训练集和测试集的划分以及模型的训练中都会使用一些随机种子来保证最终的结果不会是一种偶然现象。所以按照上述代码得到不一样的结果只要差异不大也是正常现象。

## 参考文献

[1] F Rosenblatt. The perceptron: a probabilistic model for information storage and organization in the brain. *Psychological review*, 65(6):386, 1958.

[2] M Minsky and S Papert. An introduction to computational geometry. *Cambridge tiass., HIT*, 1969.

[3] P Werbos. Beyond regression: new tools for prediction and analysis in the behavioral sciences. *Ph. D. dissertation, Harvard University*, 1974.

[4] K Fukushima. Neural network model for a mechanism of pattern recognition unaffected by shift in position-neocognitron. *IEICE Technical Report, A*, 62(10):658–665, 1979.

[5] D E Rumelhart, G E Hinton, and R J Williams. Learning representations by back-propagating errors. *nature*, 323(6088):533–536, 1986.

[6] D S Broomhead and D Lowe. Radial basis functions, multi-variable functional interpolation and adaptive networks. Technical report, Royal Signals and Radar Establishment Malvern (United Kingdom), 1988.

[7] Y Le Cun, L D Jackel, B Boser, J S Denker, H P Graf, I Guyon, D Henderson, R E Howard, and W Hubbard. Handwritten digit recognition: Applications of neural network chips and automatic learning. *IEEE Communications Magazine*, 27(11):41–46, 1989.

[8] S Hochreiter and J Schmidhuber. Long short-term memory. *Neural computation*, 9(8):1735–1780, 1997.

[9] Y LeCun, L Bottou, Y Bengio, and P Haffner. Gradient-based learning applied to document recognition. *Proceedings of the IEEE*, 86(11):2278–2324, 1998.

[10] G E Hinton and R R Salakhutdinov. Reducing the dimensionality of data with neural networks. *science*, 313(5786):504–507, 2006.

[11] A Graves and J Schmidhuber. Offline arabic handwriting recognition with multidimensional recurrent neural networks. In *Guide to OCR for Arabic scripts*, pages 297–313. Springer, 2012.

[12] A L Maas, A Y. Hannun, and A Y Ng. Rectifier nonlinearities improve neural network acoustic models. In *Proc. icml*, volume 30, page 3. Citeseer, 2013.

[13] G Cybenko. Approximation by superpositions of a sigmoidal function. *Mathematics of control, signals and systems*, 2(4):303–314, 1989.

[14] K Hornik, M Stinchcombe, and H White. Multilayer feedforward networks are universal approximators. *Neural networks*, 2(5):359–366, 1989.

[15] K Funahashi and Y Nakamura. Approximation of dynamical systems by continuous time recurrent neural networks. *Neural networks*, 6(6):801–806, 1993.

[16] R S Sutton. *Temporal credit assignment in reinforcement learning*. PhD thesis, University of Massachusetts Amherst, 1984.

[17] D Comaniciu and P Meer. Mean shift analysis and applications. In *Proceedings of the Seventh IEEE International Conference on Computer Vision*, volume 2, pages 1197–1203. IEEE, 1999.

[18] G Deng and L Cahill. An adaptive Gaussian filter for noise reduction and edge detection. In *1993 IEEE conference record nuclear science symposium and medical imaging conference*, pages 1615–1619. IEEE, 1993.

[19] O R Vincent, O Folorunso, et al. A descriptive algorithm for sobel image edge detection. In *Proceedings of informing science & IT education conference (InSITE)*, volume 40, pages 97–107. Informing Science Institute California, 2009.

[20] A Krizhevsky, I Sutskever, and G E Hinton. Imagenet classification with deep convolutional neural networks. *Advances in neural information processing systems*, 25:1097–1105, 2012.

[21] C Szegedy, W Liu, Y Jia, P Sermanet, S Reed, D Anguelov, D Erhan, V Vanhoucke, and A Rabinovich. Going deeper with convolutions. In *Proceedings of the IEEE conference on computer vision and pattern recognition*, pages 1–9, 2015.

[22] C Szegedy, V Vanhoucke, S Ioffe, J Shlens, and Z Wojna. Rethinking the inception architecture for computer vision. In *Proceedings of the IEEE conference on computer vision and pattern recognition*, pages 2818–2826, 2016.

[23] K He, X Zhang, S Ren, and J Sun. Deep residual learning for image recognition. In *Proceedings of the IEEE conference on computer vision and pattern recognition*, pages 770–778, 2016.

[24] R K Srivastava, K Greff, and J Schmidhuber. Highway networks. *arXiv preprint arXiv:1505.00387*, 2015.

[25] K De Rajat, N R Pal, and S K Pal. Feature analysis: Neural network and fuzzy set theoretic approaches. *Pattern Recognition*, 30(10):1579–1590, 1997.

[26] M Karabatak and M C Ince. An expert system for detection of breast cancer based on association rules and neural network. *Expert systems with Applications*, 36(2):3465–3469, 2009.

[27] F H -F Leung, H -K Lam, S -H Ling, and P K -S Tam. Tuning of the structure and parameters of a neural network using an improved genetic algorithm. *IEEE Transactions on Neural networks*, 14(1):79–88, 2003.

[28] B S Ahn, S Cho, and C Kim. The integrated methodology of rough set theory and artificial neural network for business failure prediction. *Expert systems with applications*, 18(2):65–74, 2000.

[29] W S McCulloch and W Pitts. A logical calculus of the ideas immanent in nervous activity. *The bulletin of mathematical biophysics*, 5(4):115–133, 1943.

# 第6章 决策树

6

决策树 (decision tree) 是一种监督学习方法。决策树是基于一系列对属性的逻辑判断形成的树形结构, 通过在当前属性集上对其中某个属性进行划分, 可形成若干个子属性集, 从而一步步缩小属性集考虑空间。从逻辑判断的角度出发, 它可以看作一系列 if-then 规则的集合, 从概率学的角度出发, 也可以看作在特征空间与类空间上的条件概率分布。决策树模型与一般的模型训练方式一样, 首先通过训练数据根据损失函数最小化的原则建立, 预测时, 则通过建立好的决策树模型对测试数据进行分类。

决策树采用的是分治法 (divide and conquer)。面对一个困难的预测问题, 通过树的分支结点, 可以将其分解为两个或多个较为简单的子集, 从结构上划分为不同的子问题。对于不同的分支结点, 依规则分割数据集的过程将不断递归划分 (recursive partitioning)。随着树的深度不断增加, 分支结点的子集越来越小, 所需要提出的问题数也逐渐变少。当分支结点的深度或者问题的简单程度满足一定的停止规则 (stopping rule) 时, 该分支结点会停止划分, 此为自上而下的截止值阈值 (cutoff threshold) 法; 有些决策树也使用自下而上的剪枝 (pruning) 法。

决策树学习通常包括 3 个步骤: 特征选择、决策树的生成和决策树的修剪。本章首先介绍决策树的基本概念, 然后通过 ID3、C4.5 和 CART 算法介绍特征的选择以及决策树的生成, 最后介绍决策树的剪枝方法。

## 6.1 决策树的发展历史

最早的决策树算法是由亨特 (Hunt) 等人于 1966 年提出, Hunt 算法[1] 是许多决策树算法的基础, 通过将训练记录相继划分为较纯的子集, 以递归方式建立决策树。决策树归纳的学习算法必须解决以下两个问题: 树增长的每次递归都必须要选择一个属性测试条件, 将记录划分为更小的子集。为了更好地进行记录分割, 算法必须为不同类型的属性指定测试条件的方法, 并且提供评估每个测试条件优劣的客观标准; 为了确保决策树的成长过程有终止, 一个可能的策略是分裂结点直到所有的记录都属于同一类, 或者所有的记录都具有相同的属性值。尽管这两个约束条件对于结束决策树成长是充分的, 但是往往还需要其他的标准来提前停止树的生长过程。

ID3 算法 (iterative dichotomiser 3)[2] 是昆兰 (Quinlan) 于 1975 年提出的一种分类预测算法, 其算法核心是 "信息熵"。ID3 算法通过计算每个属性的信息增益, 以信息增益度量属性的区分能力, 每次划分选取信息增益最大的属性细分样本, 重复这个过程, 直至生成一个能完美分类训练样例的决策树。

昆兰于 1993 年提出了 C4.5 算法[3]。C4.5 算法继承了 ID3 算法的优点, 并且获得了许多改进: 改用信息增益率来选择属性, 克服了用信息增益选择属性时偏向选择取值多的属性的不足; 能够在树构造过程中进行剪枝; 能够完成对连续属性的离散化处理; 能够处理不完备数据。

此外, 布莱曼 (Breiman) 等人在 1984 年提出了 CART 算法[4]。CART 与 ID3、C4.5 的不同之处在于 CART 生成的树必须是二叉树。无论是回归还是分类问题, 无论特征是离散的还是连续的, 无论属性取值有多个还是两个, 内部结点只能根据属性值进行二分。回归树中, 使用平方误差最小化准则来选择特征并进行划分。每一个叶子结点给出的预测值, 是划分到该叶子结点的所有样本目标值的均值, 这样只是在给定划分的情况下最小化了平方误差。要确定最优划分, 还需要遍历所有属性, 以及其所有的取值来分别尝试划分并计算在此种划分情况下的最小平方误差, 选取最小的平方误差作为此次划分的依据。由于回归树生成使用平方误差最小化准则, 所以又叫作最小二乘回归树。分类树中, CART 使用基尼指数最小化准则来选择特征并进行划分; 基尼指数表示集合的不确定性, 或者是不纯度。基尼指数越大, 集合不确定性越高, 不纯度也越大。这一点和熵类似。

决策树含义直观, 容易解释。对于实际应用, 决策树还有其他算法难以比拟的速度优势。这使得决策树一方面能够有效处理大规模数据; 另一方面在测试/预测阶段满足实时或者更高的速度要求。但由于决策树预测结果方差大, 且容易过拟合, 决策树曾一度被学术界冷落。随着集成学习 (ensemble learning) 的发展和大数据时代的到来, 决策树的弱点被逐渐克服, 同时它的长处得到了更好地发挥。在实际应用中, 决策树以及对应的集成学习算法 (如 Boosting、随机森林) 已经成为解决实际问题的重要工具, 成功应用于人脸检测、人体动作识别, 对象跟踪等场景。

## 6.2  决策树模型

### 6.2.1  决策树结构

分类决策树模型是一种描述对实例进行分类的树形结构。决策树由结点 (node) 和有向边 (directed edge) 组成。结点有两种类型: 分支结点和叶结点。分支结点决定输入数据进入哪一个分支。每个分支结点对应一个分支函数 (劈分函数), 将不同的预测变量的值域映射到有限、离散的分支上。根结点是一个特殊的分支结点, 它是决策树的起点。对于决策树来说, 所有结点的分类或者回归目标都要在根结点已经定义好了。如果决策树的目标变量是离散的 (序数型或者是列名型变量), 则称它为分类树 (classification tree); 如果目标变量是连续的 (区间型变量), 则称它为回归树 (regression tree)。叶结点存储了决策树的输出。对于分类问题, 所有类别的后验概率都存储在叶结点, 观测走过了全树从上到下的某一条路径 (决策过程) 之后会根据叶子结点给出一个 "观测属于哪一类" 的预报; 对于回归问题, 叶子结点上存储了训练集目标变量的中位数, 不同观测走过决策路径后如果到达了相同的叶子结点, 则对它们给出相同预报。

使用决策树对实例进行分类, 首先, 从根结点开始, 对其某一特征测试, 根据测试结果将其分配到子结点。因此, 每一个子结点对应着该特征的一个取值。如此递归地对实例进行测试并分配, 直至达到叶结点。最后将实例分到叶结点的类中。

图 6.1 是一个决策树示意图。图中菱形结点和圆角矩形结点分别表示分支结点和

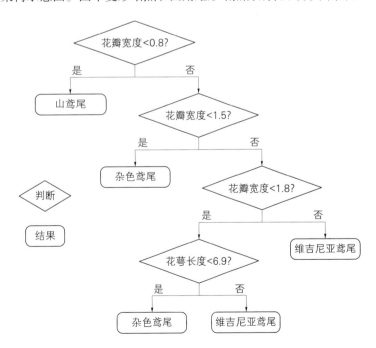

**图 6.1**  利用鸢尾花部分数据构建的决策树模型

叶结点, 其中分支结点可以看作判断的过程, 而叶结点则是最终的分类结果。箭头表示分支走向。

### 6.2.2 决策树与 if-then 规则

从逻辑判断的角度出发, 可以将决策树看成一个 if-then 规则的集合。具体地, 将决策树转换成 if-then 规则的过程是: 由决策树的根结点到叶结点的每一条路径构建一条规则, 路径上内部结点的特征对应着规则的条件, 而叶结点的类对应着规则的结论。决策树的路径以及其对应的 if-then 规则集合都具有一个重要的性质: 互斥并且完备。换句话说, 每一个实例都被且只被一条路径或一条规则所覆盖。这里所谓覆盖是指实例的特征与路径上的特征一致或实例满足规则的条件。

以图 6.1 中的决策树模型为例, 对一个未知样本的分类可以用如下 if-then 规则表示, if 花瓣宽度 $< 0.8$ then 可以判断这个样本属于山鸢尾, 如果未知样本不满足上述的条件, 则需要进行另一个分支。在另一个分支中, 仍然需要更多的信息来进一步区分样本的种类, if 花瓣宽度 $< 1.5$ then 可以判断这个样本属于杂色鸢尾, 不满足该条件则进行另一个分支, 以此类推。

### 6.2.3 特征选择问题

决策树是根据样本的特定特征递归地进行样本判断, 因此选取对训练数据有分类能力的特征将会一定程度上提高决策树的学习效率。假设利用某个特征进行分类的结果与随机分类的结果没有很大差别, 则称这个特征是没有分类能力的, 舍弃这样的特征对决策树学习的精度影响不大。通常特征选择的准则是信息增益或信息增益比。

首先通过一个例子来说明特征选择问题。

**例 6.1** 表 6.1 展示的数据是从 Iris 数据集中抽取的一个子数据集。源数据集中有 150 个样本, 为了方便展示随机抽取 20 个样本。数据中包含四个特征, 分别是花萼长度、花萼宽度、花瓣长度和花瓣宽度, 类别数据有两种, 分别为杂色鸢尾和维吉尼亚鸢尾。在这个例子中, 要求通过利用其四种特征训练一个决策树模型分辨该鸢尾花所属的类别。

表中给出的数据较为简单, 可以很容易得到一个决策树模型, 其结构由图 6.1 所示, 该决策树所选取的特征分别为花瓣长度是否短, 花瓣宽度是否窄, 花瓣宽度是否宽, 花萼长度是否短。不难发现, 能将表中数据准确分类的特征并不是唯一的, 不同的特征选择方法可能会生成不同的决策树模型。特征选择是决定用哪个特征来划分特征空间。决策树学习常用的算法有 ID3、C4.5 与 CART, 其中的重点是特征选择方法不同。

表 6.1　鸢尾花部分样本数据表

| ID | 花萼长度 | 花萼宽度 | 花瓣长度 | 花瓣宽度 | 类别 |
|----|----------|----------|----------|----------|------|
| 1  | 短 | 窄 | 短 | 窄 | 杂色鸢尾 |
| 2  | 短 | 窄 | 短 | 窄 | 杂色鸢尾 |
| 3  | 短 | 宽 | 短 | 窄 | 杂色鸢尾 |
| 4  | 短 | 窄 | 短 | 窄 | 杂色鸢尾 |
| 5  | 短 | 窄 | 短 | 窄 | 杂色鸢尾 |
| 6  | 短 | 窄 | 短 | 窄 | 杂色鸢尾 |
| 7  | 短 | 窄 | 短 | 窄 | 杂色鸢尾 |
| 8  | 短 | 窄 | 短 | 窄 | 杂色鸢尾 |
| 9  | 短 | 窄 | 短 | 窄 | 杂色鸢尾 |
| 10 | 短 | 宽 | 长 | 较宽 | 杂色鸢尾 |
| 11 | 长 | 窄 | 长 | 宽 | 维吉尼亚鸢尾 |
| 12 | 短 | 窄 | 长 | 宽 | 维吉尼亚鸢尾 |
| 13 | 短 | 宽 | 长 | 宽 | 维吉尼亚鸢尾 |
| 14 | 短 | 宽 | 长 | 宽 | 维吉尼亚鸢尾 |
| 15 | 长 | 宽 | 长 | 较宽 | 维吉尼亚鸢尾 |
| 16 | 长 | 窄 | 长 | 宽 | 维吉尼亚鸢尾 |
| 17 | 短 | 窄 | 短 | 宽 | 维吉尼亚鸢尾 |
| 18 | 短 | 窄 | 长 | 宽 | 维吉尼亚鸢尾 |
| 19 | 长 | 宽 | 长 | 宽 | 维吉尼亚鸢尾 |
| 20 | 短 | 窄 | 长 | 宽 | 维吉尼亚鸢尾 |

### 6.2.4　决策树学习

假设给定训练数据集

$$\mathcal{D} = \left\{ (\boldsymbol{x}^{(1)}, y^{(1)}), (\boldsymbol{x}^{(2)}, y^{(2)}), \cdots, (\boldsymbol{x}^{(N)}, y^{(N)}) \right\} \tag{6.1}$$

其中, $\boldsymbol{x}^{(n)} = (x_1^{(n)}, x_2^{(n)}, \cdots, x_D^{(n)})^{\mathrm{T}}$, $D$ 为特征个数, $y^{(n)} \in \{1, 2, \cdots, K\}$ 为类标记, $n = 1, 2, \cdots, N$, $N$ 为样本容量。决策树学习的目标是根据给定的训练数据集构建一个决策树模型, 使它能够对实例进行正确分类。

一棵决策树由分支结点 (树的结构) 和叶结点 (树的输出) 组成。决策树的训练的目标是通过最小化某种形式的损失函数或者经验风险, 来确定每个分支函数的参数, 以及叶结点的输出。

决策树自上而下地循环回归 (recursive regression) 分支学习采用了贪心算法。每个分支结点只关心自己的目标函数。具体来说, 给定一个分支结点, 以及落在该结点上对应样本的观测 (包含自变量与目标变量), 选择某个 (一次选择一个变量的方法很常见) 或某些预测变量, 也许会经过一步对变量的离散化 (对于连续自变量而言), 经过搜索不同形式的分叉函数且得到一个最优解 (最优的含义是特定准则下收益最高或损失最小)。这个分支过程, 从根结点开始, 递归进行, 不断产生新的分支, 直到满足结束准则时停止。整个过程和树的分支生长非常相似。

决策树学习本质上是从训练数据集中归纳出一组分类规则。与训练数据集不相矛盾的决策树 (即能对训练数据进行正确分类的决策树) 可能有多个, 也可能一个都没有。需要的是一个与训练数据矛盾较小的决策树, 同时具有很好的泛化能力。从另一个角度看, 决策树学习是由训练数据集估计条件概率模型。基于特征空间划分的类的条件概率模型有无穷多个。选择的条件概率模型应该不仅对训练数据有很好的拟合, 而且对未知数据有很好的预测。

决策树学习用损失函数表示这一目标。如下所述, 决策树学习的损失函数通常是正则化的极大似然函数。决策树学习的策略是以损失函数为目标函数的最小化。

当损失函数确定以后, 学习问题就变为在损失函数意义下选择最优决策树的问题。因为从所有可能的决策树中选取最优决策树是 NP 完全问题, 所以现实中决策树学习算法通常采用启发式方法, 近似求解这一最优化问题。这样得到的决策树是次优的 (sub-optimal)。

决策树学习的算法通常是一个递归地选择最优特征, 并根据该特征对训练数据进行分割, 使得对各个子数据集有一个最好的分类的过程。这一过程对应着对特征空间的划分, 也对应着决策树的构建。开始, 构建根结点, 将所有训练数据都放在根结点。选择一个最优特征, 按照这一特征将训练数据集分割成子集, 使得各个子集有一个在当前条件下最好的分类。如果这些子集已经能够被基本正确分类, 那么构建叶结点, 并将这些子集分到所对应的叶结点中去; 如果还有子集不能被基本正确分类, 那么就对这些子集选择新的最优特征, 继续对其进行分割, 构建相应的结点。如此递归地进行下去, 直至所有训练数据子集被基本正确分类, 或者没有合适的特征为止。最后每个子集都被分到叶结点上, 即都有了明确的类。这就生成了一棵决策树。

以上方法生成的决策树可能对训练数据有很好的分类能力, 但对未知的测试数据却未必有很好的分类能力, 即可能发生过拟合现象。需要对已生成的树自下而上进行剪枝, 将树变得更简单, 从而使它具有更好的泛化能力。具体地, 就是去掉过于细分的叶结点, 使其回退到父结点, 甚至更高的结点, 然后将父结点或更高的结点改为新的叶结点。

如果特征数量很多, 也可以在决策树学习开始的时候, 对特征进行选择, 只留下对训练数据有足够分类能力的特征。

可以看出,决策树学习算法包含特征选择、决策树的生成与决策树的剪枝过程。由于决策树表示一个条件概率分布,所以深浅不同的决策树对应着不同复杂度的概率模型。决策树的生成对应于模型的局部选择,决策树的剪枝对应于模型的全局选择。决策树的生成只考虑局部最优,相对地,决策树的剪枝则考虑全局最优。

一棵决策树一般包含一个根结点、若干个内部结点和若干个叶结点。其中根结点包含样本全集,叶结点对应于决策结果,其他每个内部结点对应于一个属性测试。根结点包含的样本集合根据属性测试的结果被依次划分到子结点中。从根结点到每个叶结点的路径对应了一个判定测试序列。决策树就是一个这样的结构,它根据已有的样本集合产生划分标准,生成一个能够处理未见示例的分类器。

---

**算法 6.1 决策树算法**

输入: 训练数据集 $\mathcal{D}$, 特征集 $\mathcal{A}$, 阈值 $\varepsilon$

1. 训练数据集 $\mathcal{D}$, 特征集 $\mathcal{A}$, 若对第 $i$ 个子结点,以 $\mathcal{D}_i$ 为训练集,以 $\mathcal{A} - \{A_g\}$ 为特征集;
2. **repeat**
3. 若 $\mathcal{D}$ 中所有实例属于同一类 $C_k$,则 $T$ 为单结点树,并将类 $C_k$ 作为该结点的类标记,返回 $T$;
4. 若 $\mathcal{A} = \varnothing$,则 $T$ 为单结点树,并将 $\mathcal{D}$ 中实例数最大的类 $C_k$ 作为该结点的类标记,返回 $T$;
5. 否则,进行特征选择 $A_g$;
6. 如果 $A_g$ 的值小于阈值 $\varepsilon$,则置 $T$ 为单结点树,并将 $\mathcal{D}$ 中实例数最大的类 $C_k$ 作为该结点的类标记,返回 $T$;
7. 否则,对 $A_g$ 的每一可能值 $a_i$,依 $A_g = a_i$ 将 $\mathcal{D}$ 分割为若干非空子集 $\mathcal{D}_i$,将 $\mathcal{D}_i$ 中实例数最大的类作为标记,构建子结点,由结点及其子结点构成树 $T$,返回 $T$;
8. **until** 构建完全部子树;

输出: 决策树 $T$

---

## 6.3 ID3 算法

ID3 算法的思想是在决策树各个结点上应用信息增益准则选择特征,递归地构建决策树。具体地,从根结点 (root node) 开始,对当前结点计算所有可能的特征的信息增益,选择信息增益最大的特征作为当前结点的特征,由该特征的不同取值建立子结点;再对子结点递归地调用以上方法,构建决策树;直到所有特征的信息增益均很小或没有特征可以选择为止。最终,建立了一个完整的决策树。从概率的角度出发,ID3 相当于用极大似然法进行概率模型的选择。

图 6.2 表示从表 6.1 数据学习到的两个可能的决策树,分别由两个不同特征的根结点构成。两个决策树都可以从此延续下去。问题是: 究竟选择哪个特征更好些? 这就要求确定选择特征的准则。直观上,如果一个特征具有更好的分类能力,或者说,按

照这一特征将训练数据集分割成子集, 使得各个子集在当前条件下有最好的分类, 那么就更应该选择这个特征。信息增益 (information gain) 就能够很好地表示这一直观的准则。

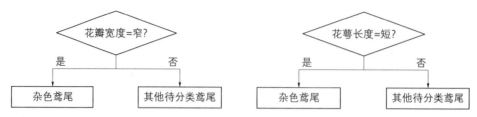

(a) 利用花瓣宽度是否为窄区分杂色鸢尾和其他鸢尾      (b) 利用花萼长度是否为短区分杂色鸢尾和其他鸢尾

**图 6.2** 不同特征选择构成的决策树结点

### 6.3.1 信息增益

首先, 介绍熵与条件熵, 然后再定义信息增益。在信息论与概率统计中, 熵 (entropy) 用于表示随机变量不确定性的度量。设 $X$ 是一个取有限个值的离散随机变量, 其概率分布为

$$P(X = x_i) = p_i, i = 1, 2, \cdots, n$$

则随机变量 $X$ 的熵定义为

$$H(X) = -\sum_{i=1}^{n} p_i \log p_i \tag{6.2}$$

在式 (6.2) 中, 若 $p_i = 0$, 则定义 $0 \log 0 = 0$。通常, 式 (6.2) 中的对数以 2 为底或以自然对数 e 为底, 这时熵的单位分别称作比特 (bit) 或奈特 (nat)。由定义可知: 熵只依赖于 $X$ 的分布, 而与 $X$ 的取值无关, 所以也可将 $X$ 的熵记作 $H(p)$, 即

$$H(\boldsymbol{p}) = -\sum_{i=1}^{n} p_i \log p_i \tag{6.3}$$

熵越大, 随机变量的不确定性就越大。从定义可验证

$$0 \leqslant H(\boldsymbol{p}) \leqslant \log n \tag{6.4}$$

当随机变量只取两个值, 例如 1,0 时, 即 $X$ 的分布为

$$P(X = 1) = p, P(X = 0) = 1 - p, \quad 0 \leqslant p \leqslant 1$$

熵为

$$H(p) = -p \log_2 p - (1-p) \log_2 (1-p) \tag{6.5}$$

这时, 熵 $H(p)$ 随概率 $p$ 变化的曲线如图 6.3 所示 (单位为比特)。

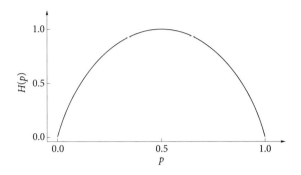

**图 6.3**　分布为伯努利分布时熵与概率的关系

当 $p = 0$ 或 $p = 1$ 时 $H(p) = 0$, 随机变量完全没有不确定性。当 $p = 0.5$ 时, $H(p) = 1$, 熵取值最大, 随机变量不确定性最大。

设有随机变量 $(X, Y)$, 其联合概率分布为

$$P(X = x_i, Y = y_j) = p_{ij}, \quad i = 1, 2, \cdots, n; j = 1, 2, \cdots, m$$

条件熵 $H(Y|X)$ 表示在已知随机变量 $X$ 的条件下随机变量 $Y$ 的不确定性。随机变量 $X$ 给定的条件下随机变量 $Y$ 的条件熵 (conditional entropy)$H(Y|X)$, 定义为 $X$ 给定条件下 $Y$ 的条件概率分布的熵对 $X$ 的数学期望

$$H(Y|X) = \sum_{i=1}^{n} p_i H(Y|X = x_i) \tag{6.6}$$

这里, $p_i = P(X = x_i), i = 1, 2, \cdots, n$。

当熵和条件熵中的概率由数据估计 (特别是极大似然估计) 得到时, 所对应的熵与条件熵分别称为经验熵 (empirical entropy) 和经验条件熵 (empirical conditional entropy)。此时, 如果有 0 概率, 令 $0 \log 0 = 0$。

信息增益 (information gain) 表示得知特征 $X$ 的信息而使得类 $Y$ 的信息的不确定性减少的程度。

信息增益: 特征 $A$ 对训练数据集 $D$ 的信息增益 $g(\mathcal{D}, \mathcal{A})$, 定义为集合 $\mathcal{D}$ 的经验熵 $H(\mathcal{D})$ 与特征 $\mathcal{A}$ 给定条件下 $D$ 的经验条件熵 $H(\mathcal{D}|\mathcal{A})$ 之差, 即

$$g(\mathcal{D}, \mathcal{A}) = H(\mathcal{D}) - H(\mathcal{D}|\mathcal{A}) \tag{6.7}$$

128

一般地, 熵 $H(Y)$ 与条件熵 $H(Y|X)$ 之差称为互信息 (mutual information)。决策树学习中的信息增益等价于训练数据集中类与特征的互信息。

学习决策树需要选择特征, 这个过程则可以根据信息增益准则进行。给定训练数据集 $\mathcal{D}$ 和特征 $A$, 经验熵 $H(\mathcal{D})$ 表示对数据集 $\mathcal{D}$ 进行分类的不确定性。而经验条件熵 $H(\mathcal{D}|A)$ 表示在特征 $A$ 给定的条件下对数据集 $\mathcal{D}$ 进行分类的不确定性。则它们的差, 即信息增益, 就表示由于特征 $A$ 而使得对数据集 $\mathcal{D}$ 的分类的不确定性减少的程度。显然, 对于数据集 $\mathcal{D}$ 而言, 信息增益依赖于特征, 不同的特征往往具有不同的信息增益。信息增益大的特征代表具有更强的分类能力。因此, 对于训练数据集 (或子集) $\mathcal{D}$, 需要首先计算其每个特征的信息增益, 然后比较它们的大小, 选择信息增益最大的特征进行决策树的学习。

设训练数据集为 $\mathcal{D}$, $|\mathcal{D}|$ 表示其样本容量, 即样本个数。设有 $K$ 个类 $C_k$, $k = 1, 2, \cdots, K$, $|C_k|$ 为属于类 $C_k$ 的样本个数, $\sum_{k=1}^{K} |C_k| = |\mathcal{D}|$。设特征 $A$ 有 $n$ 个不同的取值 $\{a_1, a_2, \cdots, a_n\}$, 根据特征 $A$ 的取值将 $\mathcal{D}$ 划分为 $n$ 个子集 $\mathcal{D}_1, \mathcal{D}_2, \cdots, \mathcal{D}_n$, $|\mathcal{D}_i|$ 为 $\mathcal{D}_i$ 的样本个数, $\sum_{i=1}^{n} |\mathcal{D}_i| = |\mathcal{D}|$。记子集 $\mathcal{D}_i$ 中属于类 $C_k$ 的样本的集合为 $\mathcal{D}_{ik}$, 即 $\mathcal{D}_{ik} = \mathcal{D}_i \bigcap C_k$, $|\mathcal{D}_{ik}|$ 为 $\mathcal{D}_{ik}$ 的样本个数。于是信息增益的算法如下。

**算法 6.2** 计算信息增益

输入: 训练数据集 $\mathcal{D}$ 和特征 $A$

1. 计算数据集 $\mathcal{D}$ 的经验熵 $H(\mathcal{D})$:

$$H(\mathcal{D}) = -\sum_{k=1}^{K} \frac{|C_k|}{|\mathcal{D}|} \log_2 \frac{|C_k|}{|\mathcal{D}|};$$

2. 计算特征 $A$ 对数据集 $\mathcal{D}$ 的经验条件熵 $H(\mathcal{D}|A)$:

$$H(\mathcal{D}|A) = \sum_{i=1}^{n} \frac{|\mathcal{D}_i|}{|\mathcal{D}|} H(\mathcal{D}_i) = -\sum_{i=1}^{n} \frac{|\mathcal{D}_i|}{|\mathcal{D}|} \sum_{k=1}^{K} \frac{|\mathcal{D}_{ik}|}{|\mathcal{D}_i|} \log_2 \frac{|\mathcal{D}_{ik}|}{|\mathcal{D}_i|};$$

3. 计算信息增益:

$$g(\mathcal{D}, A) = H(\mathcal{D}) - H(\mathcal{D}|A);$$

输出: 特征 $A$ 对训练数据集 $\mathcal{D}$ 的信息增益 $g(\mathcal{D}, A)$

**例 6.2** 对表 6.1 所给的训练数据集 $\mathcal{D}$, 根据信息增益准则选择最优特征。

**解** 首先计算经验熵 $H(\mathcal{D})$。

$$H(\mathcal{D}) = -\frac{10}{20} \log_2 \frac{10}{20} - \frac{10}{20} \log_2 \frac{10}{20} = 1$$

然后计算各特征对数据集 $\mathcal{D}$ 的信息增益。分别以 $A_1, A_2, A_3, A_4$ 表示花萼长度、花萼宽度、花瓣长度和花瓣宽度 4 个特征, 则

(1)

$$g\left(\mathcal{D}, \mathcal{A}_1\right) = H(\mathcal{D}) - \left[\frac{16}{20}H\left(\mathcal{D}_1\right) + \frac{4}{20}H\left(\mathcal{D}_2\right)\right] = 0.23$$

这里 $\mathcal{D}_1$, $\mathcal{D}_2$ 分别是 $\mathcal{D}$ 中 $\mathcal{A}_1$ (花萼长度) 取值为较短和长的样本子集。类似地,

(2)

$$g\left(\mathcal{D}, \mathcal{A}_2\right) = H(\mathcal{D}) - \left[\frac{14}{20}H\left(\mathcal{D}_1\right) + \frac{6}{20}H\left(\mathcal{D}_2\right)\right] = 0.35$$

这里 $\mathcal{D}_1$, $\mathcal{D}_2$ 分别是 $\mathcal{D}$ 中 $\mathcal{A}_2$ (花萼宽度) 取值为窄和较宽的样本子集。

(3)

$$g\left(\mathcal{D}, \mathcal{A}_3\right) = H(\mathcal{D}) - \left[\frac{10}{20}H\left(\mathcal{D}_1\right) + \frac{10}{20}H\left(\mathcal{D}_2\right)\right] = 0.53$$

这里 $\mathcal{D}_1$, $\mathcal{D}_2$ 分别是 $\mathcal{D}$ 中 $\mathcal{A}_3$ (花瓣长度) 取值为较长和长的样本子集。

(4)

$$g\left(\mathcal{D}, \mathcal{A}_4\right) = H(\mathcal{D}) - \left[\frac{9}{20}H\left(\mathcal{D}_1\right) + \frac{9}{20}H\left(\mathcal{D}_2\right) + \frac{2}{20}H\left(\mathcal{D}_3\right)\right] = 0.9$$

这里 $\mathcal{D}_1$, $\mathcal{D}_2$, $\mathcal{D}_3$ 分别是 $\mathcal{D}$ 中 $\mathcal{A}_4$ (花瓣宽度) 取值为窄、较宽和宽的样本子集。

最后, 比较各特征的信息增益值。由于特征 $\mathcal{A}_4$ (花瓣宽度) 的信息增益值最大, 所以选择特征 $\mathcal{A}_4$ 作为最优特征。

### 6.3.2  ID3 的生成算法

**例 6.3**  对表 6.1 的训练数据集, 利用 ID3 算法建立决策树。

---

**算法 6.3  ID3 算法**

输入: 训练数据集 $\mathcal{D}$, 特征集 $\mathcal{A}$, 阈值 $\varepsilon$
1.  训练数据集 $\mathcal{D}$, 特征集 $\mathcal{A}$, 对第 $i$ 个子结点, 以 $\mathcal{D}_i$ 为训练集, 以 $\mathcal{A} - \{\mathcal{A}_g\}$ 为特征集;
2.  **repeat**
3.    若 $\mathcal{D}$ 中所有实例属于同一类 $C_k$, 则 $T$ 为单结点树, 并将类 $C_k$ 作为该结点的类标记, 返回 $T$;
4.    若 $\mathcal{A} = \varnothing$, 则 $T$ 为单结点树, 并将 $\mathcal{D}$ 中实例数最大的类 $C_k$ 作为该结点的类标记, 返回 $T$;
5.    否则, 按算法 6.2 计算 $\mathcal{A}$ 中各特征对 $\mathcal{D}$ 的信息增益, 选择信息增益最大的特征 $\mathcal{A}_g$;
6.    如果 $\mathcal{A}_g$ 的值小于阈值 $\varepsilon$, 则置 $T$ 为单结点树, 并将 $\mathcal{D}$ 中实例数最大的类 $C_k$ 作为该结点的类标记, 返回 $T$;
7.    否则, 对 $\mathcal{A}_g$ 的每一可能值 $a_i$, 依 $\mathcal{A}_g = a_i$ 将 $\mathcal{D}$ 分割为若干非空子集 $\mathcal{D}_i$, 将 $\mathcal{D}_i$ 中实例数最大的类作为标记, 构建子结点, 由结点及其子结点构成树 $T$, 返回 $T$;
8.  **until** 构建完全部子树;
输出: 决策树 $T$

---

**解**  利用例 6.2 的结果, 由于特征 $\mathcal{A}_4$ (花瓣宽度) 的信息增益值最大, 所以选择特征 $\mathcal{A}_4$ 作为根结点的特征。它将训练数据集 $\mathcal{D}$ 划分为两个子集 $\mathcal{D}_1$ ($\mathcal{A}_3$ 取值为 "窄") 和 $\mathcal{D}_2$($\mathcal{A}_3$ 取值为 "较宽" 和 "宽")。由于 $\mathcal{D}_1$ 只有同一类的样本点, 所以它成为一个叶

结点, 结点的类标记为 "杂色鸢尾"。将 $\mathcal{D}_2$ 作为新的数据集, 重复例 6.2 的过程, 最终可以得到图 6.1 所示的决策树。

ID3 算法只有树的生成, 没有特征选择与剪枝, 所以该算法生成的树容易产生过拟合。

## 6.4 C4.5 算法

C4.5 算法与 ID3 算法相比既有相似性又有一定的不同, C4.5 在生成的过程中, 用信息增益比代替信息增益选择特征。

### 6.4.1 信息增益比

以信息增益作为划分训练数据集的特征, 存在偏向于选择取值较多的特征的问题。使用信息增益比 (information gain ratio) 可以对这一问题进行校正。

信息增益比: 特征 $\mathcal{A}$ 对训练数据集 $\mathcal{D}$ 的信息增益比 $g_R(\mathcal{D}, \mathcal{A})$ 定义为其信息增益 $g(\mathcal{D}, \mathcal{A})$ 与训练数据集 $\mathcal{D}$ 关于特征 $\mathcal{D}$ 的值的熵 $H_{\mathcal{A}}(\mathcal{D})$ 之比, 即

$$g_R(\mathcal{D}, \mathcal{A}) = \frac{g(\mathcal{D}, \mathcal{A})}{H_{\mathcal{A}}(\mathcal{D})} \tag{6.8}$$

其中, $H_{\mathcal{A}}(\mathcal{D}) = -\sum_{i=1}^{n} \frac{|\mathcal{D}_i|}{|\mathcal{D}|} \log_2 \frac{|\mathcal{D}_i|}{|\mathcal{D}|}$, $n$ 是特征 $\mathcal{A}$ 取值的个数。

### 6.4.2 C4.5 的生成算法

**例 6.4**  对表 6.1 的训练数据集, 利用 C4.5 算法建立决策树。

---

**算法 6.4  C4.5 的生成算法**

输入:  训练数据集 $\mathcal{D}$, 特征集 $\mathcal{A}$, 阈值 $\varepsilon$
1.  训练数据集 $\mathcal{D}$, 特征集 $\mathcal{A}$, 对第 $i$ 个子结点, 以 $\mathcal{D}_i$ 为训练集, 以 $\mathcal{A} - \{A_g\}$ 为特征集;
2.  **repeat**
3.  若 $\mathcal{D}$ 中所有实例属于同一类 $C_k$, 则 $T$ 为单结点树, 并将类 $C_k$ 作为该结点的类标记, 返回 $T$;
4.  若 $\mathcal{A} = \varnothing$, 则 $T$ 为单结点树, 并将 $\mathcal{D}$ 中实例数最大的类 $C_k$ 作为该结点的类标记, 返回 $T$;
5.  否则, 按式 (6.8) 计算 $\mathcal{A}$ 中各特征对 $\mathcal{D}$ 的信息增益比, 选择信息增益比最大的特征 $A_g$;
6.  如果 $A_g$ 的值小于阈值 $\varepsilon$, 则置 $T$ 为单结点树, 并将 $\mathcal{D}$ 中实例数最大的类 $C_k$ 作为该结点的类标记, 返回 $T$;
7.  否则, 对 $A_g$ 的每一可能值 $a_i$, 依 $A_g = a_i$ 将 $\mathcal{D}$ 分割为若干非空子集 $\mathcal{D}_i$, 将 $\mathcal{D}_i$ 中实例数最大的类作为标记, 构建子结点, 由结点及其子结点构成树 $T$, 返回 $T$;
8.  **until** 构建完全部子树;

输出:  决策树 $T$

**解**　由例 6.2 可知经验熵 $H(\mathcal{D}) = 1$。分别以 $\mathcal{A}_1, \mathcal{A}_2, \mathcal{A}_3, \mathcal{A}_4$ 表示花萼长度、花萼宽度、花瓣长度和花瓣宽度 4 个特征。

$$g_R(\mathcal{D}, \mathcal{A}_1) = \frac{g(\mathcal{D}, \mathcal{A}_1)}{H_{\mathcal{A}_1}(\mathcal{D})} = 0.32$$

$$g_R(\mathcal{D}, \mathcal{A}_2) = \frac{g(\mathcal{D}, \mathcal{A}_2)}{H_{\mathcal{A}_2}(\mathcal{D})} = 0.04$$

$$g_R(\mathcal{D}, \mathcal{A}_3) = \frac{g(\mathcal{D}, \mathcal{A}_3)}{H_{\mathcal{A}_3}(\mathcal{D})} = 0.53$$

$$g_R(\mathcal{D}, \mathcal{A}_4) = \frac{g(\mathcal{D}, \mathcal{A}_4)}{H_{\mathcal{A}_4}(\mathcal{D})} = 0.66$$

最后, 比较各特征的信息增益比。由于特征 $\mathcal{A}_4$ (花瓣宽度) 的信息增益比最大, 所以选择特征 $\mathcal{A}_4$ 作为最优特征。

## 6.5　CART 算法

1984 年, 布莱曼 (Breiman) 等人提出了分类回归树 (classification and regression tree, CART) 模型, 它目前已经成为广泛应用的决策树学习方法。CART 既可以解决分类问题又可以解决回归问题。CART 与大部分决策树方法一样也由特征选择、树的生成及剪枝组成。

CART 是在给定输入随机变量 $X$ 条件下输出随机变量 $Y$ 的条件概率分布的学习方法。CART 假设决策树是二叉树, 内部结点特征的取值为 "是" 和 "否", 一般情况下, 左分支是取值为 "是" 的分支, 右分支是取值为 "否" 的分支。

每个特征, 将输入空间即特征空间划分为有限个单元, 并在这些单元上确定预测的概率分布, 也就是在输入给定的条件下输出的条件概率分布。

决策树的生成是递归地构建二叉决策树的过程。对回归树用平方误差最小化准则, 对分类树用基尼指数 (Gini index) 最小化准则, 进行特征选择, 生成二叉树。

### 1. 回归树的生成

假设 $X$ 与 $Y$ 分别为输入和输出变量, 并且 $Y$ 是连续变量, 给定训练数据集

$$\mathcal{D} = \left\{ \left(\boldsymbol{x}^{(1)}, y^{(1)}\right), \left(\boldsymbol{x}^{(2)}, y^{(2)}\right), \cdots, \left(\boldsymbol{x}^{(N)}, y^{(N)}\right) \right\} \tag{6.9}$$

考虑如何生成回归树。

一棵回归树对应着输入空间 (即特征空间) 的一个划分以及在划分的单元上的输

出值。假设已将输入空间划分为 $M$ 个单元 $R_1, R_2, \cdots, R_M$，并且在每个单元 $R_m$ 上有一个固定的输出值 $c_m$，于是回归树模型可表示为

$$f(\boldsymbol{x}) = \sum_{m=1}^{M} c_m I\left(\boldsymbol{x} \in R_m\right) \tag{6.10}$$

当输入空间的划分确定时，可以用平方误差 $\sum_{\boldsymbol{x}^{(i)} \in R_m} \left(y^{(i)} - f\left(\boldsymbol{x}^{(i)}\right)\right)^2$ 来表示回归树对于训练数据的预测误差，用平方误差最小的准则求解每个单元上的最优输出值。易知，单元 $R_m$ 上的 $c_m$ 的最优值 $c_m^*$ 是 $R_m$ 上的所有输入实例 $\boldsymbol{x}^{(i)}$ 对应的输出 $y^{(i)}$ 的均值，即

$$c_m^* = \text{ave}\left(y^{(i)} \mid \boldsymbol{x}^{(i)} \in R_m\right) \tag{6.11}$$

问题是怎样对输入空间进行划分。这里采用启发式的方法，选择第 $j$ 个变量 $x_j$ 和它取的值 $s$，作为切分变量 (splitting variable) 和切分点 (splitting point)，并定义两个区域：

$$R_1(j, s) = \{\boldsymbol{x} \mid x_j \leqslant s\} \quad \text{和} \quad R_2(j, s) = \{\boldsymbol{x} \mid x_j > s\} \tag{6.12}$$

然后寻找最优切分变量 $j$ 和最优切分点 $s$。具体地，求解

$$\min_{j,s} \left[\min_{c_1} \sum_{\boldsymbol{x}^{(i)} \in R_1(j,s)} \left(y^{(i)} - c_1\right)^2 + \min_{c_2} \sum_{\boldsymbol{x}^{(i)} \in R_2(j,s)} \left(y^{(i)} - c_2\right)^2\right] \tag{6.13}$$

对固定输入变量 $j$ 可以找到最优切分点 $s$。

$$c_1^* = \text{ave}\left(y^{(i)} \mid \boldsymbol{x}^{(i)} \in R_1(j,s)\right) \quad \text{和} \quad c_2^* = \text{ave}\left(y^{(i)} \mid \boldsymbol{x}^{(i)} \in R_2(j,s)\right) \tag{6.14}$$

遍历所有输入变量，找到最优的切分变量 $j$，构成一个对 $(j, s)$。依此将输入空间划分为两个区域。接着，对每个区域重复上述划分过程，直到满足停止条件为止。这样就生成一棵回归树。这样的回归树通常称为最小二乘回归树 (least squares regression tree)，现将算法叙述如下。

**算法 6.5** 最小二乘回归树生成算法

输入：训练数据集 $\mathcal{D}$
在训练数据集所在的输入空间中，递归地将每个区域划分为两个子区域并决定每个子区域上的输出值，构建二叉决策树：

1. **repeat**
2. 选择最优切分变量 $j$ 与切分点 $s$，求解

$$\min_{j,s} \left[\min_{c_1} \sum_{\boldsymbol{x}^{(i)} \in R_1(j,s)} \left(y^{(i)} - c_1\right)^2 + \min_{c_2} \sum_{\boldsymbol{x}^{(i)} \in R_2(j,s)} \left(y^{(i)} - c_2\right)^2\right]$$

　　　　　　遍历变量 $j$, 对固定的切分变量 $j$ 扫描切分点 $s$, 选择使上式达到最小值的对 $(j,s)$;

3.　　用选定的对 $(j,s)$ 划分区域并决定相应的输出值:

$$R_1(j,s) = \{\boldsymbol{x} \mid x_j \leqslant s\}, \quad R_2(j,s) = \{\boldsymbol{x} \mid x_j > s\}$$

$$c_m^* = \frac{1}{N_m} \sum_{\boldsymbol{x}^{(i)} \in R_m(j,s)} y^{(i)}, \quad \boldsymbol{x} \in R_m, \quad m = 1, 2;$$

4.　**until** 满足停止条件;

5.　将输入空间划分为 $M$ 个区域 $R_1, R_2, \cdots, R_M$, 生成决策树:

$$f(\boldsymbol{x}) = \sum_{m=1}^{M} c_m^* I\left(\boldsymbol{x} \in R_m\right);$$

输出:　回归树 $f(\boldsymbol{x})$

### 2. 分类树的生成

分类树用基尼指数选择最优特征, 同时决定该特征的最优二值切分点。

基尼指数: 分类问题中, 假设有 $K$ 个类, 样本点属于第 $k$ 类的概率为 $p_k$, 则概率分布的基尼指数定义为

$$\text{Gini}(p) = \sum_{k=1}^{K} p_k\left(1 - p_k\right) = 1 - \sum_{k=1}^{K} p_k^2 \tag{6.15}$$

对于二类分类问题, 若样本点属于第 1 个类的概率是 $p$, 则概率分布的基尼指数为

$$\text{Gini}(p) = 2p(1 - p) \tag{6.16}$$

对于给定的样本集合 $\mathcal{D}$, 其基尼指数为

$$\text{Gini}(\mathcal{D}) = 1 - \sum_{k=1}^{K}\left(\frac{|C_k|}{|\mathcal{D}|}\right)^2 \tag{6.17}$$

这里, $C_k$ 是 $\mathcal{D}$ 中属于第 $k$ 类的样本子集, $K$ 是类的个数。

　　如果样本集合 $\mathcal{D}$ 根据特征 $\mathcal{A}$ 是否取某一可能值 $a$ 被分割成 $\mathcal{D}_1$ 和 $\mathcal{D}_2$ 两部分, 即

$$\mathcal{D}_1 = \{(\boldsymbol{x}, y) \in \mathcal{D} \mid \mathcal{A}(\boldsymbol{x}) = a\}, \quad \mathcal{D}_2 = \mathcal{D} - \mathcal{D}_1 \tag{6.18}$$

则在特征 $\mathcal{A}$ 的条件下, 集合 $\mathcal{D}$ 的基尼指数定义为

$$\text{Gini}(\mathcal{D}, \mathcal{A}) = \frac{|\mathcal{D}_1|}{|\mathcal{D}|}\,\text{Gini}\left(\mathcal{D}_1\right) + \frac{|\mathcal{D}_2|}{|\mathcal{D}|}\,\text{Gini}\left(\mathcal{D}_2\right) \tag{6.19}$$

基尼指数 $\text{Gini}(\mathcal{D})$ 表示集合 $\mathcal{D}$ 的不确定性, 基尼指数 $\text{Gini}(\mathcal{D}, \mathcal{A})$ 表示经 $\mathcal{A} = a$ 分割后集合 $\mathcal{D}$ 的不确定性。基尼指数值越大, 样本集合的不确定性也就越大, 这一点与熵相似。

图 6.4 显示二类分类问题中基尼指数 $\text{Gini}(p)$、熵之半 $H(p)/2$ 和分类误差率的关系。横坐标表示概率 $p$, 纵坐标表示损失。可以看出基尼指数和熵之半的曲线很接近, 都可以近似地代表分类误差率。

算法停止计算的条件是结点中的样本个数小于预定阈值, 或样本集的基尼指数小于预定阈值 (样本基本属于同一类), 或者没有更多特征。

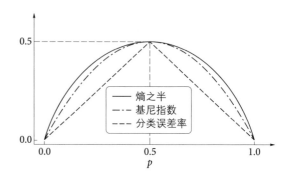

**图 6.4** 二类分类中基尼指数、熵之半和分类误差率的关系

---

**算法 6.6** CART 生成算法

输入: 训练数据集 $\mathcal{D}$, 停止计算的条件
　　　根据训练数据集, 从根结点开始, 递归地对每个结点进行以下操作, 构建二叉决策树:

1. **repeat**
2. 设结点的训练数据集为 $\mathcal{D}$, 计算现有特征对该数据集的基尼指数。此时, 对每一个特征 $\mathcal{A}$, 对其可能取的每个值 $a$, 根据样本点对 $\mathcal{A} = a$ 的测试为 "是" 或 "否" 将 $\mathcal{D}$ 分割成 $\mathcal{D}_1$ 和 $\mathcal{D}_2$ 两部分, 利用式 (6.19) 计算 $\mathcal{A} = a$ 时的基尼指数;
3. 在所有可能的特征 $\mathcal{A}$ 以及它们所有可能的切分点 $a$ 中, 选择基尼指数最小的特征及其对应的切分点作为最优特征与最优切分点。依最优特征与最优切分点, 从现结点生成两个子结点, 将训练数据集依特征分配到两个子结点中去;
4. **until** 满足停止条件;
5. 生成 CART 决策树。

输出: CART 决策树

---

**例 6.5** 根据 6.1 所给训练数据集, 应用 CART 算法生成决策树。

**解** 首先计算各特征的基尼指数, 选择最优特征以及其最优切分点。仍采用例 6.2 的记号, 分别以 $\mathcal{A}_1$、$\mathcal{A}_2$、$\mathcal{A}_3$、$\mathcal{A}_4$ 表示花萼长度、花萼宽度、花瓣长度和花瓣宽度 4 个特征。并以 1、2 表示花萼长度的值为较短和长、花萼宽度的值为窄和较宽、花瓣长度的值为较长和长, 以 1、2、3 表示花瓣宽度的值为窄、较宽和宽。

求特征 $\mathcal{A}_1$ 的基尼指数:

$$\mathrm{Gini}\left(\mathcal{D},\mathcal{A}_1=1\right)=\frac{16}{20}\left(2\times\frac{10}{16}\times\left(1-\frac{10}{16}\right)\right)+\frac{4}{20}\left(2\times\frac{4}{4}\times\left(1-\frac{0}{4}\right)\right)=0.375$$

$$\mathrm{Gini}\left(\mathcal{D},\mathcal{A}_1=2\right)=0.375$$

由于 $\mathcal{A}_1$ 只有一个切分点, 所以它就是最优切分点。类似地求特征 $\mathcal{A}_2$ 和 $\mathcal{A}_3$ 的基尼指数:

$$\mathrm{Gini}\left(\mathcal{D},\mathcal{A}_2=1\right)=0.62$$

$$\mathrm{Gini}\left(\mathcal{D},\mathcal{A}_2=2\right)=0.62$$

$$\mathrm{Gini}\left(\mathcal{D},\mathcal{A}_3=1\right)=0.32$$

$$\mathrm{Gini}\left(\mathcal{D},\mathcal{A}_3=2\right)=0.32$$

求特征 $\mathcal{A}_4$ 的基尼指数:

$$\mathrm{Gini}\left(\mathcal{D},\mathcal{A}_4=1\right)=0.24$$

$$\mathrm{Gini}\left(\mathcal{D},\mathcal{A}_4=2\right)=0.95$$

$$\mathrm{Gini}\left(\mathcal{D},\mathcal{A}_4=3\right)=0.24$$

在 $\mathcal{A}_1$、$\mathcal{A}_2$、$\mathcal{A}_3$、$\mathcal{A}_4$ 几个特征中, $\mathrm{Gini}\left(\mathcal{D},\mathcal{A}_4=1\right)=0.24$ 最小, 所以选择特征 $\mathcal{A}_4$ 为最优特征, $\mathcal{A}_4=1$ 为其最优切分点。于是根结点生成两个子结点, 一个是叶结点。

## 6.6　决策树的剪枝

生成的决策树很容易产生过拟合的现象, 即决策树对训练数据有很好的分类效果, 但是无法准确分类测试数据。这是因为决策树生成算法递归地产生决策树, 直到不能继续下去为止, 这个过程会过多地考虑如何提高对训练数据的正确分类, 从而构建出过于复杂的决策树。解决这个问题的办法是考虑决策树的复杂度, 对已生成的决策树进行简化。在决策树学习中将已生成的树进行简化的过程称为剪枝 (pruning)。具体地, 剪枝从已生成的树上裁掉一些子树或叶结点, 并将其根结点或父结点作为新的叶结点, 从而简化分类树模型。

### 6.6.1 剪枝算法

本节介绍一种简单的决策树学习的剪枝算法。

决策树的剪枝往往通过极小化决策树整体的损失函数 (loss function) 或代价函数 (cost function) 来实现。设树 $T$ 的叶结点个数为 $|T|$, $t$ 是树 $T$ 的叶结点, 该叶结点有 $N_t$ 个样本点, 其中 $k$ 类的样本点有 $N_{tk}$ 个, $k = 1, 2, \cdots, K$, $H_t(T)$ 为叶结点 $t$ 上的经验熵, $\alpha \geqslant 0$ 为参数, 则决策树学习的损失函数可以定义为

$$C_\alpha(T) = \sum_{t=1}^{|T|} N_t H_t(T) + \alpha|T| \tag{6.20}$$

其中经验熵为

$$H_t(T) = -\sum_k \frac{N_{tk}}{N_t} \log \frac{N_{tk}}{N_t} \tag{6.21}$$

在损失函数中, 将式 (6.20) 右端的第 1 项记作

$$C(T) = \sum_{t=1}^{|T|} N_t H_t(T) = -\sum_{t=1}^{|T|} \sum_{k=1}^{K} N_{tk} \log \frac{N_{tk}}{N_t} \tag{6.22}$$

这时有

$$C_\alpha(T) = C(T) + \alpha|T| \tag{6.23}$$

式 (6.23) 中, $C(T)$ 表示模型对训练数据的预测误差, 即模型与训练数据的拟合程度, $|T|$ 表示模型复杂度, 参数 $\alpha$ 调整拟合程度和模型复杂度之间的取舍。较大的 $\alpha$ 促使算法生成较简单的模型 (树), 较小的 $\alpha$ 促使算法生成较复杂的模型 (树)。$\alpha = 0$ 意味着只考虑模型与训练数据的拟合程度, 不考虑模型的复杂度。

剪枝是当 $\alpha$ 确定时, 选择损失函数最小的模型, 即损失函数最小的子树。当 $\alpha$ 值确定时, 子树越大, 往往与训练数据的拟合越好, 但是模型的复杂度就越高; 相反, 子树越小, 模型的复杂度就越低, 但是往往与训练数据的拟合不好。损失函数正好表示了对两者的平衡。

可以看出, 决策树生成只考虑了通过提高信息增益 (或信息增益比) 来对训练数据进行更好的拟合。而决策树剪枝通过优化损失函数还考虑了减小模型复杂度。决策树生成学习局部的模型, 而决策树剪枝学习整体的模型。

公式 (6.20) 定义的损失函数的极小化等价于正则化的极大似然估计。所以, 利用损失函数最小原则进行剪枝就是用正则化的极大似然估计进行模型选择。

图 6.5 是决策树剪枝过程的示意图。下面是剪枝算法。

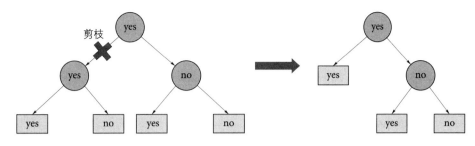

**图 6.5**　决策树的剪枝

---

**算法 6.7　树的剪枝算法**

输入：　生成算法产生的整个树 $T$, 参数 $\alpha$
　　1.　计算每个结点的经验熵;
　　2.　**repeat**
　　3.　　　递归地从树的叶结点向上回溯。设一组叶结点回溯到其父结点之前与之后的整体树分别为 $T_B$
　　　　　与 $T_A$, 其对应的损失函数值分别是 $C_\alpha(T_B)$ 与 $C_\alpha(T_A)$, 如果

$$C_\alpha(T_A) \leqslant C_\alpha(T_B)$$

　　　　　则进行剪枝, 即将父结点变为新的叶结点 (注意, 上式只需考虑两个树的损失函数的差, 其计算
　　　　　可以在局部进行。所以, 决策树的剪枝算法可以由一种动态规划的算法实现);
　　4.　**until** 满足条件;
　　5.　得到损失函数最小的子树 $T_\alpha$;
输出：　修剪后的子树 $T_\alpha$

---

### 6.6.2　CART 剪枝

　　CART 剪枝算法从 "完全生长" 的决策树的底端剪去一些子树, 使决策树变小 (模型变简单), 从而能够对未知数据有更准确的预测。CART 剪枝算法由两步组成: 首先从生成算法产生的决策树 $T_0$ 底端开始不断剪枝, 直到 $T_0$ 的根结点, 形成一个子树序列 $\{T_0, T_1, \cdots, T_n\}$; 然后通过交叉验证法在独立的验证数据集上对子树序列进行测试, 从中选择最优子树。

#### 1. 剪枝, 形成一个子树序列

　　在剪枝过程中, 计算子树的损失函数式 (6.23), 其中, $T$ 为任意子树, $C(T)$ 为对训练数据的预测误差 (如基尼指数), $|T|$ 为子树的叶结点个数, $\alpha$ 为参数, $C_\alpha(T)$ 为参数是 $\alpha$ 时的子树 $T$ 的整体损失。参数 $\alpha$ 权衡模型与训练数据的拟合程度与模型的复杂度。

　　对固定的 $\alpha$, 一定存在使损失函数 $C_\alpha(T)$ 最小的子树, 将其表示为 $T_\alpha$。$T_\alpha$ 在损失函数 $C_\alpha(T)$ 最小的意义下是最优的。容易验证这样的最优子树是唯一的。当 $\alpha$ 大的时候, 最优子树 $T_\alpha$ 偏小; 当 $\alpha$ 小的时候, 最优子树 $T_\alpha$ 偏大。极端情况, 当 $\alpha = 0$ 时, 整体树是最优的。当 $\alpha \to \infty$ 时, 只有根结点组成的单结点树是最优的。

　　布莱曼 (Breiman) 等人证明: 可以用递归的方法对树进行剪枝。将 $\alpha$ 从小增

大, $0 = \alpha_0 < \alpha_1 < \cdots < \alpha_n < \infty$, 产生一系列的区间 $[\alpha_i, \alpha_{i+1}), i = 0, 1, \cdots, n$; 剪枝得到的子树序列对应着区间 $\alpha \in [\alpha_i, \alpha_{i+1}), i = 0, 1, \cdots, n$ 的最优子树序列 $\{T_0, T_1, \cdots, T_n\}$, 序列中的子树是嵌套的。

具体地, 从整体树 $T_0$ 开始剪枝。对 $T_0$ 的任意内部结点 $t$, 以 $t$ 为单结点树的损失函数是

$$C_\alpha(t) = C(t) + \alpha \tag{6.24}$$

以 $t$ 为根结点的子树 $T_t$ 的损失函数是

$$C_\alpha(T_t) = C(T_t) + \alpha|T_t| \tag{6.25}$$

其中 $|T_t|$ 是 $T_t$ 的叶结点个数, 其在单结点树中为 1。

当 $\alpha = 0$ 及 $\alpha$ 充分小时, 有不等式

$$C_\alpha(T_t) < C_\alpha(t) \tag{6.26}$$

当 $\alpha$ 增大过程中, 可找到某 $\alpha$ 值满足

$$C_\alpha(T_t) = C_\alpha(t) \tag{6.27}$$

当 $\alpha$ 继续增大时, $C_\alpha(T_t) > C_\alpha(t)$。只要 $\alpha = \frac{C(t) - C(T_t)}{|T_t| - 1}$, $T_t$ 与 $t$ 便具有相同的损失函数值, 而 $t$ 的结点少, 因此 $t$ 比 $T_t$ 更可取, 对 $T_t$ 进行剪枝。

为此, 对 $T_0$ 中每一内部结点 $t$, 计算

$$g(t) = \frac{C(t) - C(T_t)}{|T_t| - 1} \tag{6.28}$$

它表示剪枝后整体损失函数减少的程度。在 $T_0$ 中剪去 $g(t)$ 最小的 $T_t$, 将得到的子树作为 $T_1$, 同时将最小的 $g(t)$ 设为 $\alpha_1$。$T_1$ 为区间 $[\alpha_1, \alpha_2)$ 的最优子树。

如此剪枝下去, 直至得到根结点。在这一过程中, 不断地增加 $\alpha$ 的值, 产生新的区间。

2. 在剪枝得到的子树序列 $T_0, T_1, \cdots, T_n$ 中通过交叉验证选取最优子树 $T_\alpha$

具体地, 利用独立的验证数据集, 测试子树序列 $T_0, T_1, \cdots, T_n$ 中子树的平方误差或基尼指数。平方误差或基尼指数最小的决策树被认为是最优的决策树。在子树序列中, 每棵子树 $T_1, T_2, \cdots, T_n$ 都对应于一个参数 $\alpha_1, \alpha_2, \cdots, \alpha_n$。所以, 当最优子树 $T_k$ 确定时, 对应的 $\alpha_k$ 也确定了, 即得到最优决策树 $T_\alpha$。

现在写出 CART 剪枝算法。

---

**算法 6.8** CART 剪枝算法

输入: CART 算法生成的决策树 $T_0$

1. 设 $k = 0, T = T_0$;
2. 设 $\alpha = +\infty$;
3. 自下而上地对各内部结点 $t$ 计算 $C(T_t), |T_t|$ 以及

$$g(t) = \frac{C(t) - C(T_t)}{|T_t| - 1}$$

$$\alpha = \min(\alpha, g(t))$$

这里,$T_t$ 表示以 $t$ 为根结点的子树, $C(T_t)$ 是对训练数据的预测误差, $|T_t|$ 是 $T_t$ 的叶结点的个数;
4. 对 $g(t) = \alpha$ 的内部结点 $t$ 进行剪枝, 并对叶结点 $t$ 以多数表决法决定其类, 得到树 $T$;
5. 设 $k = k + 1, \alpha_k = \alpha, T_k = T$;
6. 如果 $T_k$ 不是由根结点及两个叶结点构成的树, 则回步骤 2, 否则令 $T_k = T_n$;
7. 采用交叉验证法在子树序列 $T_0, T_1, \cdots, T_n$ 中选取最优子树 $T_\alpha$。

输出: 最优决策树 $T_\alpha$

---

## 6.7 本章概要

(1) 分类决策树模型是表示基于特征对实例进行分类的树形结构。决策树可以转换成一个 if-then 规则的集合, 也可以看作是定义在特征空间划分上的类的条件概率。

(2) 决策树学习旨在构建一个与训练数据拟合很好,并且复杂度小的决策树。因为从可能的决策树中直接选取最优决策树是 NP 完全问题, 现实中我们采用启发式方法学习次优的决策树。

决策树学习算法包括 3 部分: 特征选择、树的生成和树的剪枝。常用的算法有 ID3、C4.5 和 CART。

(3) 特征选择的目的在于选取对训练数据能够分类的特征。特征选择的关键是其准则。常用的准则如下:

① 样本集合 $D$ 对特征 $A$ 的信息增益 (ID3)

$$g(\mathcal{D}, \mathcal{A}) = H(\mathcal{D}) - H(\mathcal{D} \mid \mathcal{A})$$

$$H(\mathcal{D}) = -\sum_{k=1}^{K} \frac{|C_k|}{|\mathcal{D}|} \log_2 \frac{|C_k|}{|\mathcal{D}|} \tag{6.29}$$

$$H(\mathcal{D} \mid \mathcal{A}) = \sum_{i=1}^{n} \frac{|\mathcal{D}_i|}{|\mathcal{D}|} H(\mathcal{D}_i)$$

其中, $H(\mathcal{D})$ 是数据集 $\mathcal{D}$ 的熵, $H(\mathcal{D}_i)$ 是数据集 $\mathcal{D}_i$ 的熵, $H(\mathcal{D}|\mathcal{A})$ 是数据集 $\mathcal{D}$ 对

特征 $A$ 的条件熵。$D_i$ 是 $D$ 中特征 $A$ 取第 $i$ 个值的样本子集，$C_k$ 是 $D$ 中属于第 $k$ 类的样本子集。$n$ 是特征 $A$ 取值的个数，$K$ 是类的个数。

② 样本集合 $D$ 对特征 $A$ 的信息增益比 (C4.5)

$$g_R(D, A) = \frac{g(D, A)}{H_A(D)} \tag{6.30}$$

其中，$g(D, A)$ 是信息增益，$H_A(D)$ 是 $D$ 关于特征 $A$ 的值的熵。

③ 样本集合 $D$ 的基尼指数 (CART)

$$\text{Gini}(D) = 1 - \sum_{k=1}^{K} \left( \frac{|C_k|}{|D|} \right)^2 \tag{6.31}$$

特征 $A$ 条件下集合 $D$ 的基尼指数：

$$\text{Gini}(D, A) = \frac{|D_1|}{|D|} \text{Gini}(D_1) + \frac{|D_2|}{|D|} \text{Gini}(D_2) \tag{6.32}$$

④ 决策树的生成。通常使用信息增益最大、信息增益比最大或基尼指数最小作为特征选择的准则，决策树的生成往往通过计算信息增益或其他指标，从根结点开始递归地产生决策树。这相当于用信息增益或其他准则不断地选取局部最优的特征，或将训练集分割为能够基本正确分类的子集。

⑤ 决策树的剪枝。由于生成的决策树存在过拟合问题，需要对它进行剪枝，以简化学到的决策树。决策树的剪枝，往往从已生成的树上剪掉一些叶结点或叶结点以上的子树，并将其父结点或根结点作为新的叶结点，从而简化生成的决策树。

## 6.8 扩展阅读

介绍决策树学习方法的文献很多，关于 ID3 可参考文献[2]，C4.5 可参考文献[3]，CART 可参考文献[5,6]。决策树学习一般性介绍可参考文献[7,8,12]。与决策树类似的分类方法还有决策列表 (decision list)。决策列表与决策树可以相互转换，决策列表的学习方法可参见文献[10]。

决策树除了在本章第一段描述的缺点外，在处理各类样本数量不平衡的数据集时，它会偏向样本数目更多的特征，导致负类的分类准确率下降。因此，国内外学者对于决策树面临的不平衡数据问题做出了大量的改进。相关文献可参考[11-13]。

## 6.9 习题

1. 根据表 6.1 所给的训练数据集, 利用信息增益比 (C4.5 算法) 生成决策树。

2. 已知如表 6.2 所示的训练数据, 试用平方误差损失准则生成一个二叉回归树。

表 6.2 训练数据表

| $x^{(n)}$ | 1 | 2 | 3 | 4 | 5 | 6 | 7 | 8 | 9 | 10 |
|---|---|---|---|---|---|---|---|---|---|---|
| $y^{(n)}$ | 4.50 | 4.75 | 4.91 | 5.34 | 5.80 | 7.05 | 7.90 | 8.23 | 8.70 | 9.00 |

3. 证明 CART 剪枝算法中, 当 $\alpha$ 确定时, 存在唯一的最小子树 $T_\alpha$ 使损失函数 $C_\alpha(T)$ 最小。

4. 证明 CART 剪枝算法中求出的子树序列 $\{T_0, T_1, \cdots, T_n\}$ 分别是区间 $\alpha \in [\alpha_i, \alpha_{i+1})$ 的最优子树 $T_\alpha$, 这里 $i = 0, 1, \cdots, n, 0 = \alpha_0 < \alpha_1 < \cdots < \alpha_n < +\infty$。

5. 编程实现例 6.3。

## 6.10 实践: 利用 scikit-learn 建立一个决策树模型

### 1. 提取数据集

sklearn 中自带了一些数据集, 比如 iris 数据集, iris 数据中 data 存储花瓣长宽和花萼长宽, target 存储花的分类, 山鸢尾 (setosa)、杂色鸢尾 (versicolor) 以及维吉尼亚鸢尾 (virginica) 分别存储为数字 0、1、2。这里使用鸢尾花的全部特征作为分类标准。

```
from sklearn import datasets
import numpy as np


iris = datasets.load_iris()
X = iris.data
y = iris.target
```

### 2. 数据集划分

train_test_split 将数据集分为训练集和测试集, test_size 参数决定测试集的比例。random_state 参数是随机数生成种子, 在分类前将数据打乱, 保证数据的可重复利用。stratify 保证训练集和测试集中花的三大类的比例与输入比例相同。其中 X_train, X_test, y_train, y_test 分别表示训练集的分类特征, 测试集的分类特征, 训练集的类别标签和测试集的类别标签。

```
from sklearn.model_selection import train_test_split

X_train, X_test, y_train, y_test = train_test_split(X, y, test_size=0.3,
    random_state=4, stratify=y)
```

### 3. 特征标准化

运用 sklearn preprocessing 模块的 StandardScaler 类对特征值进行标准化。fit 函数计算平均值和标准差, 而 transform 函数运用 fit 函数计算的均值和标准差进行数据的标准化。

```
from sklearn.preprocessing import StandardScaler

sc = StandardScaler()
sc.fit(X_train)
X_train_std = sc.transform(X_train)
X_test_std = sc.transform(X_test)
```

### 4. 训练模型

```
from sklearn.tree import DecisionTreeClassifier

model = DecisionTreeClassifier()
model.fit(X_train_std, y_train)
y_pred = model.predict(X_test_std)
```

### 5. 计算模型准确率

```
from sklearn.metrics import accuracy_score

miss_classified = (y_pred != y_test).sum()
print("MissClassified: ", miss_classified)
print('Accuracy : % .2f' % accuracy_score(y_pred, y_test))
```

得到结果:

```
MissClassified: 1
Accuracy : 0.98
```

通常, sklearn 在训练集和测试集的划分以及模型的训练中都有一些随机种子来保证最终的结果不会是一种偶然现象。所以按照上述代码得到不一样的结果只要差异不大也是正常现象。

# 参考文献

[1] E B. Hunt, J Marin, and P J Stone. Experiments in induction. 1966.

[2] J R Quinlan. Induction of decision trees. *Machine learning*, 1(1):81–106, 1986.

[3] J R Quinlan. C4. 5: Programs for machine learning, 1993.

[4] L Breiman, J Friedman, C J Stone, and R A Olshen. *Classification and regression trees.* CRC press, 1984.

[5] W -Y Loh. Classification and regression trees. *Wiley interdisciplinary reviews: data mining and knowledge discovery*, 1(1):14–23, 2011.

[6] B D Ripley. *Pattern recognition and neural networks.* Cambridge university press, 2007.

[7] B Liu. *Web data mining: exploring hyperlinks, contents, and usage data.* Springer Science & Business Media, 2007.

[8] H Laurent and R L Rivest. Constructing optimal binary decision trees is np-complete. *Information processing letters*, 5(1):15–17, 1976.

[9] T Hastie, R Tibshirani, and J Friedman. *The elements of statistical learning: data mining, inference, and prediction.* Springer Science & Business Media, 2009.

[10] H Li and K Yamanishi. Text classification using esc-based stochastic decision lists. *Information processing & management*, 38(3):343–361, 2002.

[11] D A Cieslak and N V Chawla. Learning decision trees for unbalanced data. In *Joint European Conference on Machine Learning and Knowledge Discovery in Databases*, pages 241–256. Springer, 2008.

[12] A Almas, M Farquad, N R. Avala, and J Sultana. Enhancing the performance of decision tree: A research study of dealing with unbalanced data. In *Seventh International Conference on Digital Information Management (ICDIM 2012)*, pages 7–10. IEEE, 2012.

[13] I Mani and I Zhang. KNN approach to unbalanced data distributions: a case study involving information extraction. In *Proceedings of workshop on learning from imbalanced datasets*, volume 126. ICML United States, 2003.

# 第7章 贝叶斯模型

概率模型是用来描述不同随机变量之间关系的数学模型, 通常情况下刻画了一个或多个随机变量之间的相互非确定性的概率关系。贝叶斯模型是概率模型的一个重要分支, 是运用贝叶斯统计进行的一种预测方法。贝叶斯模型不仅利用了模型信息和数据信息, 而且充分利用了先验信息。贝叶斯方法是以贝叶斯法则为基础, 使用概率统计的知识对样本数据集进行分类, 有着坚实的数学基础, 同时算法本身也比较简单。贝叶斯方法的特点是结合先验概率和后验概率, 既避免了只使用先验概率的主观偏见, 也避免了单独使用样本信息的过拟合现象。

贝叶斯决策能对信息的价值以及是否需要采集新的信息做出科学的判断, 能对调查结果的可能性加以数量化的评价。如果说任何调查结果都不可能完全准确, 先验知识或主观概率也不是完全可以相信的, 那么贝叶斯决策则巧妙地将这两种信息有机地结合起来了。它可以在决策过程中根据具体情况不断地使用, 使决策逐步完善和更加科学。对预测样本进行预测, 过程简单速度快, 对于多分类问题也同样很有效。贝叶斯决策的局限性: 它需要的数据多, 分析计算比较复杂, 特别在解决复杂问题时, 这个矛盾就更为突出。有些数据需要使用主观概率。

本章首先介绍贝叶斯模型的发展历史、然后介绍贝叶斯法则, 最后介绍朴素贝叶斯分类器、贝叶斯信念网络和贝叶斯神经网络。

## 7.1 贝叶斯模型的发展历史

贝叶斯方法源于贝叶斯 (如图 7.1) 生前为解决一个 "逆概率" 问题写的一篇论文, 1763 年贝叶斯的遗产受赠者普赖斯 (Price) 整理发表了贝叶斯的成果 *An Essay towards solving a Problem in the Doctrine of Chances*[1], 这一论文对现代概率论和数理统计都非常重要。在贝叶斯的这一工作发表之前, 人们已经能够计算 "正向概率", 如 "假设袋子里面有 $N$ 个白球, $M$ 个黑球, 你伸手进去取出一个, 计算取出黑球的概率是多少" 。而逆概率问题就是反过来: "如果事先并不知道袋子里面黑白球的比例, 而是闭着眼睛取出若干个球, 通过观察这些被取出来的球的颜色分布, 推测袋子里面的黑白球的比例"。

**图 7.1** 托马斯·贝叶斯 (Thomas Bayes)

　　贝叶斯的论文最初只是对求解逆概率问题的一次尝试, 然而今天贝叶斯方法已经应用到各个领域, 成为机器学习的核心方法之一。这背后的原因是, 现实世界本身就是不确定的, 人类的观察能力是有局限性的, 日常所观察到的只是事物表面上的结果。以袋子里取球为例, 往往只能知道从里面取出来的球是什么颜色, 而并不能直接看到袋子里面实际的情况。这个时候, 就需要提供一个假设, 算出各种不同猜测的可能性大小, 同时算出最靠谱的猜测是什么。这就是计算特定猜测的后验概率, 对于连续的猜测空间则是计算猜测的概率密度函数。第二个则是所谓的模型比较, 模型比较如果不考虑先验概率的话就是极大似然方法。贝叶斯法则 (又称贝叶斯定理) 是概率论中的一个定理, 它描述了在一定已知条件 $B$ 下, 某事件 $A$ 发生的概率, 即 $P(A|B)$。通常, 事件 $A$ 在事件 $B$ 已发生的条件下发生的概率, 与事件 $B$ 在事件 $A$ 已发生的条件下发生的概率是不一样的。然而, 这两者是有确定关系的, 贝叶斯定理就是这种关系的描述。

　　朴素贝叶斯分类器 (naive Bayesian classifier)[2] 是应用广泛的分类算法之一, 其结构如图 7.2 所示。朴素贝叶斯的研究可以追溯至 20 世纪 50 年代, 在统计学与计算机科学中, 朴素贝叶斯有时也会被称为简单贝叶斯和独立贝叶斯。这些名称均参考了贝叶斯法

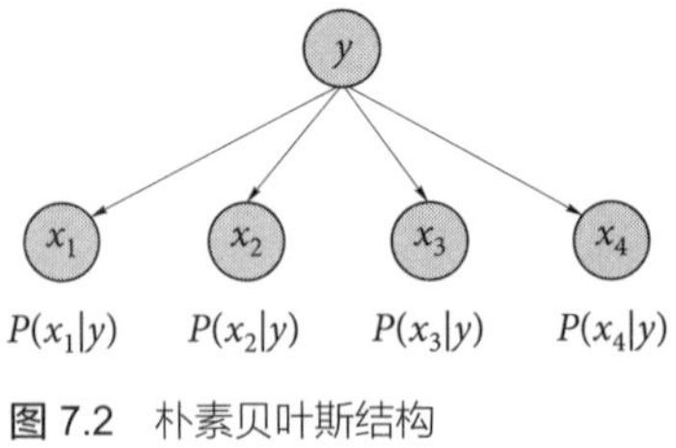

**图 7.2** 朴素贝叶斯结构

则在该方法决策规则中的使用, 但朴素贝叶斯不一定用到贝叶斯方法, 在许多实际应用中, 模型参数估计使用极大似然估计方法。朴素贝叶斯方法是在贝叶斯算法的基础上进行了相应的简化, 即假定给定目标值时属性之间相互条件独立。虽然这个简化方式在一定程度上降低了贝叶斯分类算法的分类效果, 但是在实际的应用场景中, 极大地简化了贝叶斯方法的复杂性。因其具有实现简单、学习与预测的效率都较高等优点,

目前仍是文本分类以及文字、图像识别等领域的常用方法。朴素贝叶斯的假设前提有两个: 各特征彼此独立; 对被解释变量的影响一致, 不能进行变量筛选。但是很多情况中第一个假设是不成立的, 比如解决文本分类时, 相邻词的关系、近义词的关系等等。彼此相关的特征之间的关系没法通过朴素贝叶斯分类器训练得到, 同时这种相关性也给问题的解决方案引入了更多的复杂性。本章将用鸢尾花的例子介绍贝叶斯模型, 其部分样本如表 7.1 所示。

表 7.1　鸢尾花部分样本数据表

| ID | 花萼长度 | 花萼宽度 | 花瓣长度 | 花瓣宽度 | 类别 |
|---|---|---|---|---|---|
| 1 | 短 | 窄 | 短 | 窄 | 杂色鸢尾 |
| 2 | 短 | 窄 | 短 | 窄 | 杂色鸢尾 |
| 3 | 短 | 宽 | 短 | 窄 | 杂色鸢尾 |
| 4 | 短 | 窄 | 短 | 窄 | 杂色鸢尾 |
| 5 | 短 | 窄 | 短 | 窄 | 杂色鸢尾 |
| 6 | 短 | 窄 | 短 | 窄 | 杂色鸢尾 |
| 7 | 短 | 窄 | 短 | 窄 | 杂色鸢尾 |
| 8 | 短 | 窄 | 短 | 窄 | 杂色鸢尾 |
| 9 | 短 | 窄 | 短 | 窄 | 杂色鸢尾 |
| 10 | 短 | 宽 | 长 | 较宽 | 杂色鸢尾 |
| 11 | 长 | 窄 | 长 | 宽 | 维吉尼亚鸢尾 |
| 12 | 短 | 窄 | 长 | 宽 | 维吉尼亚鸢尾 |
| 13 | 短 | 宽 | 长 | 宽 | 维吉尼亚鸢尾 |
| 14 | 短 | 宽 | 长 | 宽 | 维吉尼亚鸢尾 |
| 15 | 长 | 宽 | 长 | 较宽 | 维吉尼亚鸢尾 |
| 16 | 长 | 窄 | 长 | 宽 | 维吉尼亚鸢尾 |
| 17 | 短 | 窄 | 短 | 宽 | 维吉尼亚鸢尾 |
| 18 | 短 | 窄 | 长 | 宽 | 维吉尼亚鸢尾 |
| 19 | 长 | 宽 | 长 | 宽 | 维吉尼亚鸢尾 |
| 20 | 短 | 窄 | 长 | 宽 | 维吉尼亚鸢尾 |

更具普遍意义的贝叶斯网络 (图 7.3) 可以在特征之间彼此相关的情况下建模。但是贝叶斯网络并不放宽第二个假设, 仍然不能对变量进行筛选。直到 20 世纪 80 年代, Pearl[3] 提出消息传递算法 (message passing algorithm, MPA), 随后 Lauritzen 等人[4] 利用消

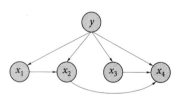

图 7.3　贝叶斯网络结构

息传递的概念进一步提出了联结树算法 (junction tree algorithm, JTA), 为更普遍的贝叶斯网络提供了一个有效的算法。贝叶斯网络将贝叶斯原理和图论相结合, 建立起一种基于概率推理的数学模型, 对于解决特征具有不确定性和关联性的问题有较强的

优势。

经过多年的发展与完善, 贝叶斯公式以及由此发展起来的一整套理论与方法, 已经成为概率统计中的一个冠以 "贝叶斯" 名字的学派, 研究者将其和其他领域的方法结合起来进行探究, 如专家系统和贝叶斯网络的结合[5], 模糊集和贝叶斯网络的结合[6]等。贝叶斯在自然科学及社会科学的许多领域中有着广泛应用。在文本分类、垃圾文本过滤、情感判别等应用场景, 朴素贝叶斯通常能取得很好的效果。例如在文本分类场景中, 文本数据满足分布独立的基本假设, 且朴素贝叶斯方法简单高效, 因此该方法能够占据一席之地。在实际的工业生产中, 贝叶斯网络作为对不确定性进行推理的工具被广泛应用, 包括智能推理、自动诊断、决策风险等。20 世纪 80 年代贝叶斯网络被应用于神经肌肉疾病的诊断[7,8] 中, 此后, 随着贝叶斯网络的进一步发展, 贝叶斯网络还被用于各种更加实用场景中, 如故障诊断[9], 系统可靠性分析[10]。

## 7.2 贝叶斯法则

贝叶斯法则是关于随机事件 $A$ 和 $B$ 的条件概率的一则定理:

$$P(A|B) = \frac{P(B|A)P(A)}{P(B)} \tag{7.1}$$

其中, $A$ 和 $B$ 为随机事件, 且 $P(B)$ 不为零。

$P(A|B)$ 是已知 $B$ 发生后, $A$ 的条件概率。也由于得自 $B$ 的取值而被称作 $A$ 的后验概率。

$P(A)$ 是 $A$ 的先验概率 (或边缘概率), 它不考虑任何 $B$ 方面的因素。

$P(B|A)$ 是已知 $A$ 发生后,$B$ 的条件概率。也由于得自 $A$ 的取值而被称作 $B$ 的后验概率。

$P(B)$ 是 $B$ 的先验概率 (或边缘概率), 它不考虑任何 $A$ 方面的因素。

按这些术语, 贝叶斯法则可表述为

$$后验概率 = \frac{似然 \times 先验概率}{标准化常量} \tag{7.2}$$

也就是说, 后验概率与似然和先验概率的乘积成正比。

另外, 比例 $P(B|A)/P(B)$ 也有时被称作标准似然 (standard likelihood), 贝叶斯

定理可表述为

$$\text{后验概率} = \text{标准似然} \times \text{先验概率} \tag{7.3}$$

贝叶斯定理通常可以再写成下面的形式:

$$P(B) = P(A,B) + P(A^C,B) = P(B|A)P(A) + P(B|A^C)P(A^C) \tag{7.4}$$

其中, $A^C$ 是 $A$ 的补集 (即非 $A$)。故式 (7.1) 也可写成

$$P(A|B) = \frac{P(B|A)P(A)}{P(B|A)P(A) + P(B|A^C)P(A^C)} \tag{7.5}$$

在更一般化的情况下, 假设 $\{A_i\}$ 是事件集合里的部分集合, 其中 $i = 1, 2, \cdots, n$, 对于任意的 $A_i$, 贝叶斯法则可以表示为

$$P(A_i|B) = \frac{P(B|A_i)P(A_i)}{\sum\limits_{j=1}^{n} P(B|A_j)P(A_j)} \tag{7.6}$$

## 7.3　朴素贝叶斯分类器

朴素贝叶斯是以贝叶斯法则与特征条件 (朴素) 独立假设为基础的一种概率分类方法, 属于监督式学习的生成模型算法。以鸢尾花数据为例, 其中 $y \in \{$杂色鸢尾, 维吉尼亚鸢尾$\}$ 表示样本标签, $x_1, x_2, x_3, x_4$ 分别表示花萼长度, 花萼宽度, 花瓣长度和花瓣宽度这四种特征。从表 7.1 中数据可知, $P(x_4|y = $ 杂色鸢尾 $) = 0.9$, 可以推断出如果有一个杂色鸢尾花, 那么它更可能拥有窄的花瓣宽度。朴素贝叶斯的基本方法是: 对于给定的有限训练数据集, 首先以特征条件独立为前提假设, 学习从输入到输出的联合概率分布; 然后基于学习到的模型, 对于输入 $\boldsymbol{x}$ 求出使得后验概率最大的输出 $y$。

下面叙述朴素贝叶斯模型与参数估计方法。

### 7.3.1　朴素贝叶斯模型

贝叶斯模型的输入空间 (特征空间) 是 $\boldsymbol{X} \subseteq \mathbf{R}^D$, 输入空间中的样本 $\boldsymbol{x} \in \boldsymbol{X}$ 表示样本的特征向量, 对应于输入空间 (特征空间) 的点。输出空间 (类别空间) 是 $\boldsymbol{Y}$, 表示样本的类别。

假设有样本数据集 $\mathcal{D} = \{(\boldsymbol{x}^{(1)}, y^{(1)}), (\boldsymbol{x}^{(2)}, y^{(2)}), \cdots, (\boldsymbol{x}^{(N)}, y^{(N)})\}$，其中样本数据的特征属性集为 $\boldsymbol{x}^{(n)} \in \mathbf{R}^D$，类变量为 $y^{(n)} \in \{1, 2, \cdots, K\}$，即样本数据有 $D$ 维特征，可以分为 $K$ 个类别。

理论上概率模型分类器是一个条件概率模型 $P(Y|X)$，条件依赖于若干特征变量 $[x_1, x_2, \cdots, x_D]$。在特征数量 $D$ 较大或每个特征能取大量值的情况下，基于概率模型列出概率表变得不现实，因此修改这个模型使之可行。引入上节介绍的贝叶斯法则可得

$$P(Y|X) = \frac{P(Y)P(X|Y)}{P(X)} \tag{7.7}$$

即将其表示为

$$后验概率 = \frac{似然 \times 先验概率}{证据\ (标准化常量)} \tag{7.8}$$

上式中，因为分母不依赖于 $Y$ 而且特征 $X$ 的值是给定的，分母可以认为是一个常数，所以只需关心其分子部分。其等价于联合分布模型：

$$P(Y, X) = P(Y, x_1, x_2, \cdots, x_D) \tag{7.9}$$

使用链式法则，将上式写成条件概率的形式，可得

$$
\begin{aligned}
&P(Y, x_1, x_2, \cdots, x_D) \\
&\propto P(Y)P(x_1, x_2, \cdots, x_D|Y) \\
&\propto P(Y)P(x_1|Y)P(x_2, \cdots, x_D|Y, x_1) \\
&\propto P(Y)P(x_1|Y)P(x_2|Y, x_1)P(x_3, \cdots, x_D|Y, x_1, x_2) \\
&\propto P(Y)P(x_1|Y)P(x_2|Y, x_1) \cdots P(x_D|Y, x_1, x_2, \cdots, x_{D-1})
\end{aligned} \tag{7.10}
$$

因为有条件独立假设，即每个特征 $x_d$ 对于其他特征 $x_j(d \neq j)$ 是条件独立的，那么

$$P(x_d|Y, x_j) = P(x_d|Y) \tag{7.11}$$

所以联合分布模型可以表达为

$$
\begin{aligned}
P(Y, X) &\propto P(Y)P(x_1|Y)P(x_2|Y) \cdots P(x_D|Y) \\
&\propto P(Y)\prod_{d=1}^{D} P(x_d|Y)
\end{aligned} \tag{7.12}
$$

对于给定的输入 $\boldsymbol{x}$, 类变量 $Y$ 的条件分布可以表达为

$$P(Y=k|X=\boldsymbol{x}) = \frac{1}{Z}P(Y=k)\prod_{d=1}^{D}P(x_d|Y=k), k=1,2,\cdots,K \tag{7.13}$$

上式即为朴素贝叶斯概率模型的基本公式, 其中 $Z$ 被称为证据因子, 是只依赖于特征变量 $\boldsymbol{x}$ 的缩放因子, 当 $\boldsymbol{x}$ 已知时, $Z$ 为一常数。上述概率模型和相应的决策规则即可确定朴素贝叶斯分类器, 一个普通的规则就是选出最有可能的那个: 即大家所熟知的最大后验 (maximum a posteriori, MAP) 决策准则。那么相应的分类器可表示为

$$y = \arg\max_{k} P(Y=k)\prod_{i=1}^{D}P(x_d|Y=k) \tag{7.14}$$

### 7.3.2　参数估计方法

在朴素贝叶斯方法中, 概率模型参数的学习意味着估计先验概率 $P(Y)$ 和条件概率 $P(X=\boldsymbol{x}|Y)$, 均可以通过训练集的相关频率来估计得到。常用方法是离散化训练样本的极大似然估计。

对于先验概率 $P(Y=k)$ 的极大似然估计为

$$P(Y=k) = \frac{\sum_{n=1}^{N} I(y^{(n)}=k)}{N}, k=1,2,\cdots,K \tag{7.15}$$

假设第 $d$ 个特征 $x_d$ 可能取值的集合为 $\{a_{d1},a_{d2},\cdots,a_{dS_d}\}$, 那么条件概率 $P(x_d=a_{dl}|Y=k)$ 的极大似然估计为

$$P(x_d=a_{dl}|Y=k) = \frac{\sum_{n=1}^{N} I(x_d^{(n)}=a_{dl}, y^{(n)}=k)}{\sum_{n=1}^{N} I(y^{(n)}=k)} \tag{7.16}$$

$$d=1,2,\cdots,D; k=1,2,\cdots,K; l=1,2,\cdots,S_d$$

式中, $x_d^{(n)}$ 是第 $n$ 个样本的第 $d$ 个特征; $a_{dl}$ 是第 $d$ 个特征可能取的第 $l$ 个值; $I$ 为指示函数。

如果一个给定的类和特征值在训练集中没有一起出现过, 那么基于频率的估计下该概率将为 0。这将影响到后验概率的计算结果, 使分类产生偏差。解决办法为对每个小类样本的概率估计进行修正, 以保证不会出现有为 0 的概率出现。修正后的条件

概率可以表示为

$$P(x_d = a_{dl}|Y = k) = \frac{\sum\limits_{n=1}^{N} I(x_d^{(n)} = a_{dl}, y^{(n)} = k) + \lambda}{\sum\limits_{n=1}^{N} I(y^{(n)} = k) + S_d\lambda} \tag{7.17}$$

$$d = 1, 2, \cdots, D; k = 1, 2, \cdots, K; l = 1, 2, \cdots, S_d$$

式中 $\lambda \geqslant 0$。等价于在随机变量各个取值的频数上赋予一个非负数 $\lambda$。当 $\lambda = 0$ 时显然就是极大似然估计。同样的，修正后的先验概率为

$$P(Y = k) = \frac{\sum\limits_{n=1}^{N} I(y^{(n)} = k) + \lambda}{N + K\lambda}, k = 1, 2, \cdots, K \tag{7.18}$$

---

**算法 7.1　朴素贝叶斯算法**

输入：训练数据集 $\mathcal{D} = \{(\boldsymbol{x}^{(1)}, y^{(1)}), (\boldsymbol{x}^{(2)}, y^{(2)}), \cdots, (\boldsymbol{x}^{(N)}, y^{(N)})\}$，其中，$\boldsymbol{x}^{(n)} \in \mathbb{R}^D, y^{(n)} \in \{1, 2, \cdots, K\}, n = 1, 2, \cdots, N$

  1. 利用公式 (7.15) 对先验概率 $P(Y = k)$ 进行极大似然估计；
  2. 条件概率 $P(x_d = a_{dl}|Y = k)$ 的极大似然估计为公式 (7.17)；
  3. 通过公式 (7.18) 确定 $\boldsymbol{x}$ 的类别；

输出：分类决策模型和 $\boldsymbol{x}$ 的类别

---

**例 7.1**　给定训练数据集 $\mathcal{D}$ 中包括正样本 $\boldsymbol{x}^{(1)} = (2,3)^{\mathrm{T}}$，$\boldsymbol{x}^{(2)} = (3,1)^{\mathrm{T}}$ 和负样本 $\boldsymbol{x}^{(3)} = (1,1)^{\mathrm{T}}$。用算法 7.1 构建贝叶斯模型。

**解**　设数据集 $\mathcal{D}$ 中的正样本的标签 $y = 1$，负样本的标签 $y = 0$，修正参数 $\lambda = 1$，利用式 (7.15) 对先验概率 $P(Y = y_j)$ 进行极大似然估计：

$$P(Y = 1) = \frac{2+1}{3+2} = \frac{3}{5}$$
$$P(Y = 0) = \frac{1+1}{3+2} = \frac{2}{5}$$

然后利用式 (7.17) 对条件概率 $P(x_i = a_{il}|Y = y_j)$ 进行极大似然估计：

$$P(x_1 = 1|Y = 1) = \frac{0+1}{2+3} = \frac{1}{5}$$
$$P(x_1 = 2|Y = 1) = \frac{1+1}{2+3} = \frac{2}{5}$$
$$P(x_1 = 3|Y = 1) = \frac{1+1}{2+3} = \frac{2}{5}$$
$$P(x_1 = 1|Y = 0) = \frac{1+1}{1+3} = \frac{1}{2}$$
$$P(x_1 = 2|Y = 0) = \frac{0+1}{1+3} = \frac{1}{4}$$

$$P(x_1 = 3|Y = 0) = \frac{0+1}{1+3} = \frac{1}{4}$$

$$P(x_2 = 1|Y = 1) = \frac{1+1}{2+2} = \frac{1}{2}$$

$$P(x_2 = 3|Y = 1) = \frac{1+1}{2+2} = \frac{1}{2}$$

$$P(x_2 = 1|Y = 0) = \frac{1+1}{1+2} = \frac{2}{3}$$

$$P(x_2 = 3|Y = 0) = \frac{0+1}{1+2} = \frac{1}{3}$$

最后可以通过式 (7.18) 确定测试样本的类别, 例如计算测试样本 $\boldsymbol{x} = (2,3)^{\mathrm{T}}$ 的标签:

$$P(Y = 1|X = \boldsymbol{x}) = P(Y = 1)P(x_1 = 2|Y = 1)P(x_2 = 3|Y = 1) = \frac{3}{25}$$

$$P(Y = 0|X = \boldsymbol{x}) = P(Y = 0)P(x_1 = 2|Y = 0)P(x_2 = 3|Y = 0) = \frac{1}{30}$$

可知 $P(Y = 1|X = \boldsymbol{x}) > P(Y = 0|X = \boldsymbol{x})$, 样本 $\boldsymbol{x}$ 的标签 $y = 1$。

朴素贝叶斯算法具有一定的健壮性, 主要体现在算法的逻辑性比较强, 即使数据呈现不同的特点, 其分类性能也不会有很大的变化。尤其数据集属性之间的关系相对比较独立时, 朴素贝叶斯算法的效果会更好。但是在很多情况下, 数据集属性之间往往都存在着相互关联, 而这并不满足朴素贝叶斯算法的属性独立性假设。这种属性之间的相关性, 会导致分类的效果大大降低。

## 7.4　贝叶斯信念网络

从理论上出发, 朴素贝叶斯方法具有更小的误差率, 更好的效果, 但是因为其特征条件独立的假设很难满足, 在实际中的效果并不理想。特征之间通常存在依存关系, 以表 7.1 中数据为例, $P(x_4 = 窄 \,|x_3 = 较长\,) = 0.9$, 这表明当一个鸢尾花样本花瓣长度这一特征是较长时, 它的花瓣宽度很有可能是窄。如果假设特征之间存在概率依存关系, 那么模型就变成了贝叶斯网络。

贝叶斯信念网络 (Bayesian belief network)[3], 又称贝叶斯网络 (Bayesian network) 或信念网络 (belief network), 是一种概率图模型。一个贝叶斯网络是一个有向无环图 (directed acyclic graph, DAG), 如图 7.4(a) 所示, 由代表变量的结点及连接这些结点的有向边构成。结点代表随机变量, 结点间的有向边代表了结点间的互相关系 (由父

154

结点指向其子结点), 用条件概率表达关系强度, 没有父结点的用先验概率进行信息表达。结点变量可以是任何问题的抽象, 如: 测试值、观测现象、意见征询等。贝叶斯信念网络适用于表达和分析具有不确定性和概率性的事件, 可以有条件地依赖多种控制因素进行决策, 可以从不完全、不精确或不确定的知识或信息中做出推理。

### 7.4.1 基本概念与定义

贝叶斯网络的有向无环图中的结点表示随机变量, 它们可以是可观察到的变量、隐变量或未知参数等。认为有因果关系 (或非条件独立) 的变量或命题则用箭头来连接 (换言之, 连接两个结点的箭头代表此两个随机变量是具有因果关系, 或非条件独立)。若两个结点间以一个单箭头连接在一起, 表示其中一个结点是 "因", 另一个是 "果", 两结点就会产生一个条件概率值。

例如, 假设结点 $E$ 直接影响到结点 $H$, 即 $E \to H$, 则用从 $E$ 指向 $H$ 的箭头建立结点 $E$ 到结点 $H$ 的有向弧 $(E, H)$, 权值 (即连接强度) 用条件概率 $P(H|E)$ 来表示, 如图

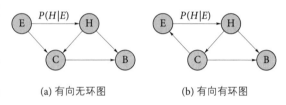

(a) 有向无环图　　　　(b) 有向有环图

图 7.4　有向无环图和有向有环图

7.4(a) 所示。有环图与无环图的区别在于, 有环图中可以找到一个顶点, 从此顶点出发经过有向边回到出发顶点, 如图 7.4(b) 所示, 从 $E$ 出发可以经过 $E \to H \to C \to E$ 最终返回 $E$ 顶点。

把涉及的随机变量, 根据条件独立性绘制在一个有向图中, 形成了贝叶斯网络。其主要用来描述随机变量之间的条件依赖, 用圈表示随机变量 (random variable), 用箭头表示条件依赖 (conditional dependency)。

令 $G = (\mathcal{I}, \mathcal{E})$ 表示一个有向无环图 (DAG), 其中 $\mathcal{I}$ 代表图形中所有的结点的集合, 而 $\mathcal{E}$ 代表有向连接线段的集合, 且令 $X = (X_i)i \in \mathcal{I}$ 为其有向无环图中的某一结点 $i$ 所代表的随机变量, 若结点 $X$ 的联合概率可以表示为

$$p(X) = \prod_{i \in I} p(X_i | X_{pa(i)}) \tag{7.19}$$

则称 $X$ 为相对于一有向无环图 $G$ 的贝叶斯网络, 其中, $pa(i)$ 表示结点 $i$ 之 "因", 或称 $pa(i)$ 是 $i$ 的父母 (parents)。

此外, 对于任意的随机变量, 其联合概率可由各自的局部条件概率分布相乘而得出

$$p(X_1, \cdots, X_K) = p(X_K | X_1, \cdots, X_{K-1}) \cdots p(X_2 | X_1) p(X_1) \tag{7.20}$$

**例 7.2**　如图 7.5 所示, 是表 7.1 中可能存在的一个贝叶斯网络, 其中 $x_1, x_3$ 分别代表花萼长度和花瓣宽度。

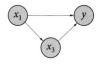

**图 7.5**　一个贝叶斯网络示例

其中, 特征花萼长度 $x_1$ 和花瓣长度 $x_3$ 分别有两种取值: 短或长, 其中 $x_1$ 的取值概率如表 7.2 所示, $x_1$ 导致 $x_3$, $x_3$ 的取值概率如表 7.3 所示, $x_1$ 和 $x_3$ 导致 $y$, 标签 $y$ 的取值概率如表 7.4 所示。

表 7.2　花萼长度 $x_1$ 的两种取值概率

| 短 | 长 |
| --- | --- |
| 0.8 | 0.2 |

表 7.3　花瓣长度 $x_3$ 的两种取值概率

| $x_1$ | 短 | 长 |
| --- | --- | --- |
| 短 | 0.5 | 0.3 |
| 长 | 0 | 0.2 |

表 7.4　标签 $y$ 的两种取值概率

| $x_1$ | $x_3$ | 杂色鸢尾 | 维吉尼亚鸢尾 |
| --- | --- | --- | --- |
| 短 | 短 | 0.45 | 0.05 |
| 短 | 长 | 0.05 | 0.25 |
| 长 | 短 | 0 | 0 |
| 长 | 长 | 0 | 0.2 |

假设因为 $x_1$ 导致 $x_3$, $x_1$ 和 $x_3$ 导致 $y$, 则有

$$p(x_1, x_3, y) = p(y|x_1, x_3)p(x_3|x_1)p(x_1) \tag{7.21}$$

假设已知一朵鸢尾花有短的花萼和长的花瓣, 求它属于维吉尼亚鸢尾的概率。设 $x_1 = 短$, $x_3 = 长$, $y = 维吉尼亚$。

$$
\begin{aligned}
p(y|x_1, x_3) &= \frac{p(x_1, x_3, y)}{p(x_1, x_3)} \\
&= \frac{5}{6}
\end{aligned}
\tag{7.22}
$$

### 7.4.2　求解方法

以上例子是一个很简单的贝叶斯网络模型, 但是如果模型很复杂, 使用枚举法来求解概率就会变得非常复杂且难以计算, 因此这时必须使用其他的替代方法。一般来说, 贝叶斯概率包括精确推理和随机推理 (蒙特卡罗方法) 两种求解方法。其中精确推理包括: 枚举推理法 (enumeration reasoning) 和变量消元法 (variable elimination)。随机推理包括直接取样算法、拒绝取样算法、概似加权方法和马尔可夫链蒙特卡罗方法 (Markov chain Monte Carlo algorithm, MCMC)。

以马尔可夫链蒙特卡罗方法为例。马尔可夫链蒙特卡罗方法的类型很多, 故在这

里只说明其中一种吉布斯采样的操作步骤, 如算法 7.2 所示。

---

**算法 7.2　马尔可夫链蒙特卡罗方法**

输入:　变量 $\{X_1, X_2, \cdots, X_n\}$
  1. 将已给定数值的变量固定, 然后将未给定数值的其他变量随意给定一个初始值;
  2. **repeat**
  3. 　随意挑选其中一个最初未给定数值的变量;
  4. 　从条件分布 $P(X_i|Markovblanket(X_i))$ 抽样出新的 $X_i$ 的值, 接着重新计算
     $P(X_i \mid Markovblanket(X_i)) = \alpha P(X_i \mid parents(X_i)) \times \prod_{Y_i \in children(X_i)} parent(Y_i);$
  5. **until** 达到收敛条件;
  6. 删除前面尚未稳定的数值;
输出:　近似条件概率分布

---

马尔可夫链蒙特卡罗方法的优点是在所需计算量很大的网络上效率很好, 但缺点是所抽取出的样本并不具独立性。

当贝叶斯网络上的结构跟参数皆已知时, 可以通过以上方法求得特定情况的概率, 如果当网络的结构或参数未知时, 必须借由所观测到的数据去推估网络的结构或参数。一般而言, 推估网络的结构会比推估结点上的参数来的困难。依照对贝叶斯网络结构的了解和观测值的完整与否, 可以分成四种情形, 如表 7.5 所示:

表 7.5　四种贝叶斯网络

| 结构 | 观测值 | 方法 |
| --- | --- | --- |
| 已知 | 完整 | 极大似然估计 |
| | | EM 算法 |
| 已知 | 部分 | 爬山算法 |
| 未知 | 完整 | 搜索整个模型空间 |
| | | 结构算法 |
| 未知 | 部分 | EM 算法 |
| | | bound contraction |

在此只针对表 7.5 中结构已知的部分, 做进一步的说明。

**1. 结构已知, 观测值完整**

此时可以用极大似然估计法来求得参数。其对数概似函数为

$$L = \frac{1}{N} \sum_{i=1}^{n} \sum_{i=1}^{s} \log(P(X_i|pa(X_i), D_i)) \tag{7.23}$$

其中, $pa(X_i)$ 代表 $X_i$ 的因变量, $D_i$ 代表第 $i$ 个观测值, $N$ 代表观测值数据的总数。

以图 7.5 为例, 可以求出结点 $U$ 的极大似然估计式为

$$P(U = u|S_1 = s_1, S_2 = s_2) = \frac{n(U = u, S_1 = s_1, S_2 = s_2)}{n(S_1 = s_1, S_2 = s_2)} \tag{7.24}$$

由上式就可以借由观测值来估计出结点 $U$ 的条件分布。当模型很复杂时, 可能就要利用数值分析或其他最优化技巧来求出参数。

**2. 结构已知, 观测值不完整 (有遗漏数据)**

如果有些结点观测不到的话, 可以使用 EM 算法来决定出参数的区域最佳概似估计式。而 EM 算法的主要思想在于如果所有结点的值都已知, 在 M 阶段就会很简单, 如同极大似然估计法。而 EM 算法的步骤如下:

(1) 首先给定欲估计的参数一个起始值, 然后利用此起始值和其他的观测值, 求出其他未观测到结点的条件期望值, 接着将所估计出的值视为观测值, 将此完整的观测值代入此模型的极大似然估计式中, 如下所示:

$$P(U = u|S_1 = s_1, S_2 = s_2) = \frac{EN(U = u, S_1 = s_1, S_2 = s_2)}{EN(S_1 = s_1, S_2 = s_2)} \tag{7.25}$$

其中, $EN(X)$ 代表在目前的估计参数下, 事件 $X$ 的条件概率期望值为

$$EN(X) = E\sum_k I(X|D(k)) = \sum_k P(X|D(k)) \tag{7.26}$$

(2) 最大化此极大似然估计式, 求出此参数之最有可能值, 如此重复步骤 (1) 与 (2), 直到参数收敛为止, 即可得到最佳的参数估计值。

## 7.5　贝叶斯神经网络

基于人工神经网络的人工智能模型往往精于 "感知" 的任务, 然而只有感知是不够的, "推理" 是更高阶人工智能的重要任务。例如说医生诊断, 模型除了需要通过图像等感知病人的症状, 还应该能够推理出症状与表征的关系, 推断各种病症的概率, 也就是需要有思考的能力, 具体而言就是识别条件依赖关系、因果推断、逻辑推理、处理不确定性等。贝叶斯网络能够很好处理概率性推理问题, 然而弱点在于难以应付大规模高维数据, 例如图像、文本等。人工神经网络擅长从大规模高维数据中提取特征, 因此研究人员尝试将两者结合, 诞生出贝叶斯神经网络, 可以理解为神经网络的权重是一个分布, 相当于集成某权重分布上的无穷多组神经网络进行预测。

贝叶斯神经网络跟通常的神经网络的不同之处在于, 其权重参数是随机变量, 而非确定的值。贝叶斯网络是通过概率建模和神经网络结合起来, 并能够给出预测结果的置信度。其先验用来描述关键参数, 并作为神经网络的输入。神经网络的输出用来描述特定的概率分布的似然, 通过采样法 (sampling method) 或者变分推断 (variational inference) 来计算后验分布。由于贝叶斯神经网络具有不确定性量化能力, 所以具有非常强的鲁棒性, 这个特性对很多问题都非常有帮助。

贝叶斯神经网络的目标是为神经网络的预测引入不确定性, 求出网络权重 $\boldsymbol{W}$ 的后验分布, 即 $P(\boldsymbol{W} \mid \mathcal{D})$。精确推断 (exact inference) 算法是指可以计算出条件概率 $P(\boldsymbol{W} \mid \mathcal{D})$ 精确解的算法, 常用的精确推断算法包括变量消除法 (variable elimination algorithm) 和信念传播 (belief propagation) 算法。但在实际应用中, 精确推断一般用于结构比较简单的推断问题, 当图模型比较复杂时, 精确推断的计算开销会比较大。因此在很多情况下也常常采用近似推断 (approximate inference)。近似推断包括循环信念传播, 变分推断和采样法等方法, 在贝叶斯神经网络中, 通常采用变分推断以及采样法来近似推断。变分推断是指, 使用一个由参数 $\theta$ 控制的分布 $q(\boldsymbol{W} \mid \theta)$ 去逼近真正的后验。例如, 若用高斯分布来近似的话, $\theta$ 就是 $(\boldsymbol{\mu}, \boldsymbol{\sigma})$, 这样就把求后验分布的问题转化成了求最好的 $\theta$ 这样的优化问题, 这个过程可以通过最小化两个分布的 KL 散度 (Kullback-Leibler divergence) 实现。

$$
\begin{aligned}
\boldsymbol{\theta}^* &= \arg \min_{\boldsymbol{\theta}} D_{\mathrm{KL}}[q(\boldsymbol{W} \mid \theta) \| P(\boldsymbol{W} \mid \mathcal{D})] \\
&= \arg \min_{\boldsymbol{\theta}} \int q(\boldsymbol{W} \mid \theta) \log \frac{q(\boldsymbol{W} \mid \theta)}{P(\boldsymbol{W}) P(\mathcal{D} \mid \boldsymbol{W})} \mathrm{d}\boldsymbol{W} \\
&= \arg \min_{\boldsymbol{\theta}} D_{\mathrm{KL}}[q(\boldsymbol{W} \mid \theta) \| P(\boldsymbol{W})] - \mathbb{E}_{q(\boldsymbol{W}|\theta)}[\log P(\mathcal{D} \mid \boldsymbol{W})]
\end{aligned} \tag{7.27}
$$

目标函数可以写成:

$$
\begin{aligned}
\mathcal{L}(\mathcal{D}, \theta) &= D_{\mathrm{KL}}[q(\boldsymbol{W} \mid \theta) \| P(\boldsymbol{W})] - \mathbb{E}_{q(\boldsymbol{W}|\theta)}[\log P(\mathcal{D} \mid \boldsymbol{W})] \\
&= \mathbb{E}_{q(\boldsymbol{W}|\theta)}[\log q(\boldsymbol{W} \mid \theta) - \log P(\boldsymbol{W})] - \mathbb{E}_{q(\boldsymbol{W}|\theta)}[\log(P(\mathcal{D} \mid \boldsymbol{W}))]
\end{aligned} \tag{7.28}
$$

变分推断通常采用路径导数估计值法进行梯度估计, 这项工作建立在 "重新参数化技巧" 的基础上, 其中一个随机变量被表示为一个确定性和可微的表达式, 具体形式如下所示:

$$
\begin{aligned}
\boldsymbol{W} &\sim \mathcal{N}\left(\boldsymbol{\mu}, \boldsymbol{\sigma}^2\right) \\
\boldsymbol{W} &= g(\theta, \boldsymbol{\epsilon}) = \boldsymbol{\mu} + \boldsymbol{\sigma} \odot \boldsymbol{\epsilon}
\end{aligned} \tag{7.29}
$$

其中 $\epsilon \sim \mathcal{N}(\mathbf{0}, \mathbf{1})$, $\odot$ 表示的是哈达玛积 (Hadamard product)。使用这种方法可以有效地对期望值进行蒙特卡罗估计, 具体的计算公式如下所示:

$$
\begin{aligned}
\mathrm{E}_{q(\boldsymbol{W}|\theta)}[f(\boldsymbol{W},\theta)] &= \int q(\boldsymbol{W} \mid \theta)f(\boldsymbol{W},\theta)\mathrm{d}\boldsymbol{W} \\
&= \int P(\boldsymbol{\epsilon})f(\boldsymbol{W},\theta)\mathrm{d}\boldsymbol{\epsilon} \\
&= \int P(\boldsymbol{\epsilon})f(g(\theta,\boldsymbol{\epsilon}))\mathrm{d}\boldsymbol{\epsilon} \\
&\approx \frac{1}{n}\sum_{i=1}^{n} f\left(g\left(\theta,\boldsymbol{\epsilon}_i\right)\right) \\
&= \frac{1}{n}\sum_{i=1}^{n} f\left(\boldsymbol{\mu} + \boldsymbol{\sigma} \odot \boldsymbol{\epsilon}_i\right)
\end{aligned}
\tag{7.30}
$$

其中 $n$ 是蒙特卡罗采样次数。由于上式是可微的, 所以可以使用梯度下降法来优化这种期望近似, 期望导数的具体形式如下所示:

$$
\begin{aligned}
\frac{\partial}{\partial\theta}\mathrm{E}_{q(\boldsymbol{W}|\theta)}[f(\boldsymbol{W},\theta)] &= \frac{\partial}{\partial\theta}\int q(\boldsymbol{W} \mid \theta)f(\boldsymbol{W},\theta)\mathrm{d}\boldsymbol{W} \\
&= \frac{\partial}{\partial\theta}\int P(\boldsymbol{\epsilon})f(\boldsymbol{W},\theta)\mathrm{d}\boldsymbol{\epsilon} \\
&= \mathrm{E}_{P(\epsilon)}\left[\frac{\partial f(\boldsymbol{W},\theta)}{\partial\boldsymbol{W}}\frac{\partial\boldsymbol{W}}{\partial\theta} + \frac{\partial f(\boldsymbol{W},\theta)}{\partial\theta}\right]
\end{aligned}
\tag{7.31}
$$

在贝叶斯的反向传播的算法中, 函数 $f(\boldsymbol{W},\theta)$ 设为

$$
f(\boldsymbol{W},\theta) = \log\frac{q(\boldsymbol{W} \mid \theta)}{P(\boldsymbol{W})} - \log P(\mathcal{D} \mid \boldsymbol{W})
\tag{7.32}
$$

由此可得到式 (7.28) 的蒙特卡罗近似:

$$
\mathcal{L}(\mathcal{D},\theta) \approx \sum_{i=1}^{n} \log q\left(\boldsymbol{W}^{(i)} \mid \theta\right) - \log P\left(\boldsymbol{W}^{(i)}\right) - \log P\left(\mathcal{D} \mid \boldsymbol{W}^{(i)}\right)
\tag{7.33}
$$

其中 $\boldsymbol{W}^{(i)}$ 是处理第 $i$ 个数据点时的权重采样。实践中通常采用的是小批次梯度下降 (mini-batch gradient descent), 假设整个数据集被分为 $M$ 批, 最简单的形式就是对每个小批进行平均:

$$
\mathcal{L}_j\left(\mathcal{D}_j,\theta\right) = \frac{1}{M}\mathrm{KL}[q(\boldsymbol{W} \mid \theta)\|P(\boldsymbol{W})] - \mathrm{E}_{q(\boldsymbol{W}|\theta)}\left[\log P\left(\mathcal{D}_j \mid \boldsymbol{W}\right)\right]
\tag{7.34}
$$

其中, $\sum_j \mathcal{L}_j\left(\mathcal{D}_j,\theta\right) = \mathcal{L}(\mathcal{D},\theta)$。贝叶斯神经网络反向传播算法如算法 7.3 所示。

**算法 7.3　贝叶斯神经网络反向传播算法**

输入：　样本集 $\mathcal{D}$; 步长 $\eta(0 < \eta \leqslant 1)$; 参数 $\boldsymbol{\theta} = (\boldsymbol{\mu}, \boldsymbol{\sigma})$

1.　repeat
2.　　$\mathcal{L}_j \leftarrow 0$;
3.　　for $i$ in $[1, \cdots, n]$ do
4.　　　采样 $\boldsymbol{\epsilon}_i \sim \mathcal{N}(\boldsymbol{0}, \boldsymbol{1})$;
5.　　　$\boldsymbol{W} \leftarrow \boldsymbol{\mu} + \boldsymbol{\sigma} \odot \boldsymbol{\epsilon}_i$;
6.　　　$\mathcal{L}_j += \dfrac{1}{M} q(\boldsymbol{W} \mid \boldsymbol{\theta}) - \log P(\boldsymbol{W}) - \log P(\mathcal{D}_j \mid \boldsymbol{W})$
7.　　end for
8.　　$\boldsymbol{\theta} \leftarrow \boldsymbol{\theta} - \eta \nabla_{\boldsymbol{\theta}} \mathcal{L}_j$

输出：　**until** 满足收敛条件;

　　深度学习模型具有强大的拟合能力, 而贝叶斯理论具有很好的可解释能力, 将两者结合, 通过设置网络权重为分布、引入隐空间分布等, 可以对分布进行采样前向传播, 由此引入了不确定性, 因此, 增强了模型的鲁棒性和可解释性。简单来说, 是在深度学习网络中加入了分布和采样等概率特性, 引入了不确定性, 即可以给出预测结果的置信度。这种能力是目前深度学习网络欠缺的。

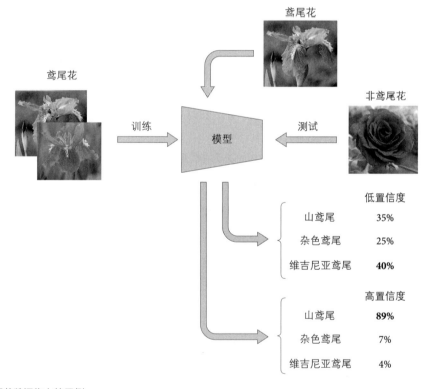

**图 7.6**　深度概率模型在鸢尾花数据集上的示例

　　如图 7.6 所示, 假设我们利用一组鸢尾花的图像数据训练出了一个可以分类鸢尾花的模型, 通常模型会将输入图像判定为三种鸢尾花 (山鸢尾、杂色鸢尾、维吉尼亚鸢尾) 中的一种。例如测试一张鸢尾花的图片, 属于山鸢尾的置信度为 89%, 则判定图为山鸢尾。然而实际应用中模型很有可能被输入不属于训练数据集中类别的图片, 如图中玫瑰花 (非鸢尾花)。在这种情况下, 传统的深度学习模型会将该非鸢尾花分到维吉尼亚鸢尾的类别中。深度概率模型则会对预测结果给出置信度, 如果置信度较低, 则说明模型对预测结果很不确定, 那么可以初步推断当前的数据样本可能属于一个非鸢尾花。

## 7.6 本章概要

朴素贝叶斯方法由训练数据学习联合概率分布 $P(X,Y)$, 然后求得后验概率 $P(Y|X)$。利用贝叶斯定理与学到的联合概率进行分类预测, 常用方法是离散化训练样本的极大似然估计。朴素贝叶斯的基本假设是条件独立性, 但数据集属性的独立性在很多情况下是很难满足的, 因为数据集的属性之间往往都存在着相互关联。如果在分类过程中数据集间存在关联性, 会导致分类的效果大大降低。

如果假设特征之间存在概率依存关系, 那么模型就变成了贝叶斯网络。贝叶斯概率包括精确推理和随机推理两种求解方法。其中精确推理包括: 枚举法和变量消元法。随机推理 (蒙特卡罗方法) 包括直接取样算法、拒绝取样算法、概似加权算法和马尔可夫链蒙特卡罗算法。

贝叶斯网络能够很好处理概率性推理问题, 然而弊端在于难以应付大规模高维数据, 比如图像、文本等。而神经网络擅长从大规模高维数据中提取特征。贝叶斯神经网络, 也叫深度概率学习, 结合了贝叶斯和神经网络方法的优点, 简单来说可以理解为通过为神经网络的权重引入不确定性进行正则化, 也相当于集成某权重分布上的无穷多组神经网络进行预测。

## 7.7 扩展阅读

朴素贝叶斯法的介绍可见文献 [11, 12]。朴素贝叶斯法中假设输入变量都是条件独立的, 如果假设它们之间存在概率依存关系, 模型就变成了贝叶斯网络, 参见文献 [13]。

随着大数据时代的到来, 贝叶斯模型也被运用在许多数据挖掘的应用中, 但是传统的贝叶斯模型在计算上通常较慢, 特别是在大数据时代背景下很难适应新的模型的要求。因此, 许多学者研究大规模贝叶斯学习方法, 并取得了一系列的进展。目前的方法主要分为三种: 随机梯度及在线学习方法[14,15]、分布式推理算法[16,17]、基于硬件的加速[18]。随机梯度及在线学习方法通过对大规模数据集的多次随机采样, 可以在较短时间内收敛到较好的结果。分布式推理算法基于分布式计算, 即部署在分布式系统上的贝叶斯推理算法, 这类算法需要仔细考虑算法的实际应用场景, 综合考量算法计算和通信的开销, 设计适合于不同分布式系统的推理算法。最后, 基于硬件的加速则是使用图形处理器 (graphics processing unit, GPU) 等硬件资源对贝叶斯学习方法进行加速, 也是最近兴起的研究热点。

## 7.8 习题

1. 用极大似然估计法推出朴素贝叶斯法中的概率估计公式。
2. 用贝叶斯估计法推出朴素贝叶斯法中的概率估计公式。
3. 仿照例题 7.1, 构建从训练数据集求解朴素贝叶斯模型的例子。
4. 编程实现例 7.1。

## 7.9 实践: 利用 scikit-learn 建立一个贝叶斯概率模型

### 1. 提取数据集

sklearn 中自带了一些数据集, 比如 iris 数据集。iris 数据集中 data 存储花瓣长宽和花萼长宽, target 存储花的分类, 山鸢尾 (setosa)、杂色鸢尾 (versicolor) 以及维吉尼亚鸢尾 (virginica) 分别存储为数字 0、1、2。这里使用鸢尾花的全部特征作为分类标准。

```
from sklearn import datasets
import numpy as np

iris = datasets.load_iris()
X = iris.data
y = iris.target
```

### 2. 数据集划分

train_test_split 将数据集分为训练集和测试集, test_size 参数决定测试集的比例。random_state 参数是随机数生成种子, 在分类前将数据打乱, 保证数据的可重复利用。stratify 保证训练集和测试集中花的三大类的比例与输入比例相同。其中 X_train, X_test, y_train, y_test 分别表示训练集的分类特征, 测试集的分类特征, 训练集的类别标签和测试集的类别标签。

```
from sklearn.model_selection import train_test_split

X_train, X_test, y_train, y_test = train_test_split(X, y, test_size=0.3,
    random_state=4, stratify=y)
```

### 3. 特征标准化

运用 sklearn preprocessing 模块的 StandardScaler 类对特征值进行标准化。fit 函数计算平均值和标准差, transform 函数运用 fit 函数计算得出的均值和标准差进行数据的标准化。

```
from sklearn.preprocessing import StandardScaler

sc = StandardScaler()
sc.fit(X_train)
X_train_std = sc.transform(X_train)
X_test_std = sc.transform(X_test)
```

### 4. 训练模型

```
from sklearn.naive_bayes import GaussianNB

model = GaussianNB()
model.fit(X_train_std, y_train)
y_pred = model.predict(X_test_std)
```

### 5. 计算模型准确率

```
from sklearn.metrics import accuracy_score

miss_classified = (y_pred != y_test).sum()
print("MissClassified: ", miss_classified)
print("Accuracy : % .2f" % accuracy_score(y_pred, y_test))
```

得到结果:

```
MissClassified: 2
Accuracy : 0.96
```

通常, sklearn 在训练集和测试集的划分以及模型的训练中都会使用随机种子来保证最终的结果的稳定性。所以按照上述代码运行, 得到不一样的结果只要差异不大也是正常现象。

## 参考文献

[1] T BAYES. An essay towards solving a problem in the doctrine of chances. *Biometrika*, 45:296–315, 1765.

[2] D D Lewis. Naive (bayes) at forty: The independence assumption in information retrieval. In *European conference on machine learning*, pages 4–15. Springer, 1998.

[3] P J F. Propagation and structuring in belief networks. *Artificial Intelligence*, 29(3):241–288, 1986.

[4] L S L and S D J. Local computations with probabilities on graphical structure and their application to expert systems (with discussion). *Journal of the Royal Statistical Society Series B*, 50(2):157–224, 1988.

[5] F J Diez, J Mira, E Iturralde, and S Zubillaga. Diaval, a bayesian expert system for echocardiography. *Artificial Intelligence in Medicine*, 10(1):59–73, 1997.

[6] M Yazdi and S Kabir. A fuzzy bayesian network approach for risk analysis in process industries. *Process Safety and Environmental Protection*, 111:507–519, 2017.

[7] E J Horvitz, D E Heckerman, K -C Ng, and B N Nathwani. Heuristic abstraction in the decision-theoretic pathfinder system. In *Proceedings of the Annual Symposium on Computer Application in Medical Care*, page 178. American Medical Informatics Association, 1989.

[8] S Andreassen, M Woldbye, B Falck, and S K Andersen. Munin: A causal probabilistic network for interpretation of electromyographic findings. In *Proceedings of the 10th international joint conference on Artificial intelligence-Volume 1*, pages 366–372, 1987.

[9] R L Scheiterer, D Obradovic, and V Tresp. Tailored-to-fit bayesian network modeling of expert diagnostic knowledge. *The Journal of VLSI Signal Processing Systems for Signal, Image, and Video Technology*, 49(2):301–316, 2007.

[10] M Neil, N Fenton, S Forey, and R Harris. Using bayesian belief networks to predict the reliability of military vehicles. *Computing & Control Engineering Journal*, 12(1):11–20, 2001.

[11] T Mitchell. Generative and discriminative classifiers: naive bayes and logistic regression, 2005. *Manuscript available at http://www. cs. cm. edu/~ tom/NewChapters. html*, 2005.

[12] T Hastie, R Tibshirani, and J Friedman. *The elements of statistical learning: data mining, inference, and prediction*. Springer Science & Business Media, 2009.

[13] C M Bishop. *Pattern recognition and machine learning*. springer, 2006.

[14] J Harold, G Kushner, and Y George. Stochastic approximation algorithms and applications, 1997.

[15] M D Hoffman, D M Blei, C Wang, and J Paisley. Stochastic variational inference. *Journal of Machine Learning Research*, 14(5), 2013.

[16] T Broderick, N Boyd, A Wibisono, A C Wilson, and M I Jordan. Streaming variational bayes. *arXiv preprint arXiv:1307.6769*, 2013.

[17] S Minsker, S Srivastava, L Lin, and D B Dunson. Robust and scalable bayes via a median of subset posterior measures. *The Journal of Machine Learning Research*, 18(1):4488–4527, 2017.

[18] T C Chau, J S Targett, M Wijeyasinghe, W Luk, P Y Cheung, B Cope, A Eele, and J Maciejowski. Accelerating sequential monte carlo method for real-time air traffic management. *ACM SIGARCH Computer Architecture News*, 41(5):35–40, 2014.

# 第8章 聚类

8

对没有标记信息的训练样本进行学习, 被称为无监督学习 (unsupervised learning)。其任务是通过学习无标记训练样本来揭示数据的内在性质及规律, 为进一步的数据分析提供基础。此类学习任务中应用最广的是 "聚类" (clustering)。聚类算法尝试将数据集里的样本划分成多个不相交的子集, 这些子集也可以被称作 "簇" (cluster)。实际上, 虽然训练样本的标记信息是不可知的, 但是划分好的每个簇可能对应于一些潜在的概念 (类别)。聚类算法和分类算法一个很大的不同在于, 聚类过程仅能自动形成簇结构, 而簇对应的概念 (类别) 需由使用者来把握和命名。

聚类算法不仅能够直接寻找数据内在的分布结构, 也可以作为分类等其他学习任务的前驱过程。例如, 在一些商业应用中需对新用户的类型进行判别, 但定义用户类型对商家来说却可能不太容易, 此时往往可先对用户数据进行聚类, 根据聚类结果将每个簇定义为一个类, 然后再基于这些类训练分类模型, 用于判别新用户的类型。

本章将分别介绍聚类方法的发展历史、聚类的度量方式, 以及常用的聚类方法 k-均值、谱聚类、层次聚类和子空间聚类方法。

## 8.1 聚类方法的发展历史

聚类方法与其他的有监督学习方法一样也具有悠久的历史。k 均值聚类 (k-means clustering, k-means) 是经典的聚类算法, 其思想能够追溯到 1957 年发表的论文[1], 1967 年作为标准的术语被首次使用[2], 此后出现了大量的改进算法, 例如, $k$-中心点算法 (k-medoids clustering, k-medoids)[3], 也有大量成功的应用。谱聚类 (spectral clustering) 最早于 1973 年被提出, 其思想来源于谱图划分理论[4], 经常用在计算机视觉等领域中[5], 它将聚类问题转化为图切割问题, 这一思想提出之后, 出现了大量的改进算法。层次聚类 (hierarchical clustering) 是一种非常符合人的直观思想的算法, 其最早的法语文献可以追溯至 1951 年[6], 英文文献可追溯至 1957 年[7], 该算法对给定的数据样本空间进行层次的分解, 直到收敛条件被满足为止。

为了解决一般的聚类算法在面对高维数据时遇到的困难, 阿格拉瓦尔 (Agrawal)[8]

首次提出了子空间聚类 (subspace clustering) 的概念。子空间聚类算法的目的是在不同的子空间上对相同的数据集进行特征选择并聚类。子空间聚类涉及特征选择和大量的空间搜索策略, 如自底向上子空间搜索策略、投影子空间搜索策略等, 随着子空间聚类算法的进一步发展, 目前成熟的算法有快速投影聚类算法 (fast algorithms for projected clustering, PROCLUS)[9]、使用维度投票的快速智能子空间聚类算法 (Fast and Intelligent Subspace Clustering Algorithm Using Dimension Voting, FINDIT)[10]、基于决策树的聚类 (Clustering Based on Decision Trees, CLTREE)[11]。

## 8.2 k 均值聚类

k 均值聚类源于信号处理中的一种向量量化方法, 现在则更多地作为一种聚类分析方法流行于数据挖掘领域。k 均值聚类的目的是: 把 $N$ 个点 (可以是样本的一次观察或一个实例) 划分到 $k$ 个聚类中, 使得每个点都属于离它最近的均值 (此即聚类中心) 对应的聚类, 以之作为聚类的标准。这个问题将归结为一个把数据空间划分为 Voronoi cells 的问题。

这个问题在计算上是 NP 困难的, 不过存在高效的启发式算法。一般情况下, 我们都使用效率比较高的启发式算法, 它们能够快速收敛于一个局部最优解。这些算法通常类似于通过迭代优化方法处理高斯混合分布的最大期望算法 (EM 算法)[12]。而且, 它们都使用聚类中心来为数据建模; 然而 k 均值聚类倾向于在可比较的空间范围内寻找聚类, 期望-最大化技术却允许聚类有不同的形状。

k 均值聚类将样本集合划分为 $k$ 个 "簇", 构成 $k$ 个类, 因此, $N$ 个样本分到 $k$ 个类中, 每个样本到其所属类的中心的距离小于到其他类中心的距离。这是一种基于样本集合划分的聚类算法, 并且每个样本只能属于一个类, 所以 k 均值聚类是硬聚类, 下面分别介绍 k 均值的模型、策略、算法, 讨论算法的特性及相关问题。

### 8.2.1 k 均值模型

给定 $N$ 个样本的集合 $\mathcal{X} = \left\{ \boldsymbol{x}^{(1)}, \boldsymbol{x}^{(2)}, \cdots, \boldsymbol{x}^{(N)} \right\}$, 每个样本由一个特征向量表示, 特征向量的维数是 $D$。k 均值的目标是将 $N$ 个样本分到 $k$ 个不同的类或簇中, 这里假设 $k \leqslant N$。$k$ 个类 $\mathcal{C}_1, \mathcal{C}_2, \cdots, \mathcal{C}_k$ 形成对样本集合 $\mathcal{X}$ 的划分, 其中 $\mathcal{C}_i \cap \mathcal{C}_j = \varnothing, \cup_{i=1}^{k} \mathcal{C}_i = \mathcal{X}$。用 $\mathcal{C}$ 表示划分, 一个划分对应着一个聚类结果。

划分 $\mathcal{C}$ 是一个多对一的函数。事实上, 如果把每个样本用一个整数 $i \in \{1, 2, \cdots,$

$N$} 表示, 每个类也用一个整数 $l \in \{1, 2, \cdots, k\}$ 表示, 那么划分或者聚类可以用函数 $l = \mathcal{C}(i)$ 表示, 其中 $i \in \{1, 2, \cdots, N\}$, $l \in \{1, 2, \cdots, k\}$。所以 k 均值的模型是一种从样本到类的函数。

### 8.2.2　k 均值策略

k 均值归结为样本集合 $\mathcal{X}$ 的划分, 或者从样本到类的函数的选择问题。k 均值的策略是通过损失函数的最小化选取最优的划分或函数 $\mathcal{C}^*$。

首先, 采用欧氏距离 (Euclidean distance) 的平方作为样本之间的距离

$$
\begin{aligned}
d\left(\boldsymbol{x}^{(i)}, \boldsymbol{x}^{(j)}\right) &= \sum_{d=1}^{D}\left(x_d^{(i)} - x_d^{j}\right)^2 \\
&= \left\|\boldsymbol{x}^{(i)} - \boldsymbol{x}^{(j)}\right\|^2
\end{aligned}
\tag{8.1}
$$

然后, 定义样本与其所属类的中心之间的距离的总和为损失函数, 即

$$
\mathcal{L}(\mathcal{C}) = \sum_{l=1}^{k} \sum_{\mathcal{C}(i)=l} \left\|\boldsymbol{x}^{(i)} - \overline{\boldsymbol{x}}^{(l)}\right\|^2
\tag{8.2}
$$

式中 $\overline{\boldsymbol{x}}^{(l)} = \left[\overline{x}_1^{(l)}, \overline{x}_2^{(l)}, \cdots, \overline{x}_D^{(l)}\right]^{\mathrm{T}}$ 是第 $l$ 个类的均值或中心, $N_l = \sum_{i=1}^{N} I(\mathcal{C}(i) = l)$, $I(\mathcal{C}(i) = l)$ 是指示函数, 取值为 1 或 0。函数 $\mathcal{L}(\mathcal{C})$ 表示相同类中样本相似的程度。k 均值聚类就是求解最优化问题:

$$
\begin{aligned}
\mathcal{C}^* &= \arg\min_{\mathcal{C}} \mathcal{L}(\mathcal{C}) \\
&= \arg\min_{\mathcal{C}} \sum_{l=1}^{k} \sum_{\mathcal{C}(i)=l} \left\|\boldsymbol{x}^{(i)} - \overline{\boldsymbol{x}}^{(l)}\right\|^2
\end{aligned}
\tag{8.3}
$$

相似的样本被聚到同一类时, 损失函数值最小。这个目标函数的最优化能达到聚类的目的。但是, 这是一个组合优化问题, $N$ 个样本分到 $k$ 类, 所有可能分法的数目是:

$$
S(N, k) = \frac{1}{k!} \sum_{l=1}^{k} (-1)^{k-l} \binom{k}{l} k^N
\tag{8.4}
$$

这个数字是会随着 $k$ 的增长指数级增长的。事实上, k 均值的最优解求解问题是 NP 困难问题, 现实中采用迭代的方法求一个局部最优解。

### 8.2.3　k 均值算法

k 均值算法是一个迭代的过程, 每次迭代包括两个步骤。首先选择 $k$ 个簇的中心, 将样本逐个划归到与其距离最近的中心所在的簇中, 得到一个聚类结果; 然后更新每

个簇内所有样本的重心, 作为该簇的新的中心; 重复以上步骤, 直到满足收敛条件为止。具体迭代过程如下。

首先, 对于给定的中心值 $\left(\overline{\boldsymbol{x}}^{(1)}, \overline{\boldsymbol{x}}^{(2)}, \cdots, \overline{\boldsymbol{x}}^{(k)}\right)$, 求一个划分 $\mathcal{C}$, 使得目标函数极小化:

$$\min_{\mathcal{C}} \sum_{l=1}^{k} \sum_{\mathcal{C}(i)=l} \left\| \boldsymbol{x}^{(i)} - \overline{\boldsymbol{x}}^{(l)} \right\|^2 \tag{8.5}$$

在簇中心确定的情况下, 将每个样本分到一个簇中, 使样本和其所属簇的中心之间的距离总和最小。求解结果, 将每个样本划分到与其最近的中心 $\boldsymbol{x}^{(l)}$ 所在的簇 $\mathcal{C}_l$ 中。然后, 对给定的划分 $\mathcal{C}$, 再求各个簇的中心 $\left(\overline{\boldsymbol{x}}^{(1)}, \overline{\boldsymbol{x}}^{(2)}, \cdots, \overline{\boldsymbol{x}}^{(k)}\right)$, 使得目标函数极小化:

$$\min_{\overline{\boldsymbol{x}}^{(1)}, \overline{\boldsymbol{x}}^{(2)}, \cdots, \overline{\boldsymbol{x}}^{(k)}} \sum_{l=1}^{k} \sum_{\mathcal{C}(i)=l} \left\| \boldsymbol{x}^{(l)} - \overline{\boldsymbol{x}}^{(l)} \right\|^2 \tag{8.6}$$

在划分确定的情况下, 使样本和其所属簇的中心之间的距离总和最小。求解结果, 对于每个包含 $N_l$ 个样本的簇 $\mathcal{C}_l$, 更新其均值 $\overline{\boldsymbol{x}}^{(l)}$:

$$\overline{\boldsymbol{x}}^{(l)} = \frac{1}{N_l} \sum_{\mathcal{C}(i)=l} \boldsymbol{x}^{(i)}, \quad l = 1, 2, \cdots, k \tag{8.7}$$

重复以上两个步骤, 直到划分不再改变, 得到聚类结果。现将 k 均值算法叙述如下。

---

**算法 8.1  k 均值算法**

输入:  样本集 $\mathcal{X} = \left\{ \boldsymbol{x}^{(1)}, \boldsymbol{x}^{(2)}, \boldsymbol{x}^{(3)}, \cdots, \boldsymbol{x}^{(N)} \right\}$

1. 初始化: 令 $t=0$, 随机选择 $k$ 个样本点作为初始聚类中心
$$\overline{\boldsymbol{x}}^{(0)} = \left( (\overline{\boldsymbol{x}}^{(1)})^{(0)}, \cdots, (\overline{\boldsymbol{x}}^{(l)})^{(0)}, \cdots, (\overline{\boldsymbol{x}}^{(k)})^{(0)} \right);$$

2. **report**

3. 对样本进行聚类:
计算每个样本到类中心 $\overline{\boldsymbol{x}}^{(t)} = \left( (\overline{\boldsymbol{x}}^{(1)})^{(t)}, (\overline{\boldsymbol{x}}^{(2)})^{(t)}, \cdots, (\overline{\boldsymbol{x}}^{(l)})^{(t)}, \cdots, (\overline{\boldsymbol{x}}^{(k)})^{(t)} \right)$ 的距离, 将每个样本划分到与其最近的中心的类中, 构成聚类结果 $\mathcal{C}^{(t)}$;

4. 计算新的类中心:
对聚类结果 $\mathcal{C}^{(t)}$, 计算当前各个类中的样本的均值, 作为新的类中心
$$\overline{\boldsymbol{x}}^{(t+1)} = \left( (\overline{\boldsymbol{x}}^{(1)})^{(t+1)}, (\overline{\boldsymbol{x}}^{(2)})^{(t+1)}, \cdots, (\overline{\boldsymbol{x}}^{(l)})^{(t+1)}, \cdots, (\overline{\boldsymbol{x}}^{(k)})^{(t+1)} \right);$$

5. $t = t+1$, $\mathcal{C}^* = \mathcal{C}^{(t)}$;

6. **until** 迭代收敛或符合停止条件

输出:  样本集合的聚类 $\mathcal{C}^*$

---

k 均值算法的复杂度是 $O(DNk)$, 其中 $D$ 是样本维数, $N$ 是样本个数, $k$ 是类别个数。

图 8.1 给出了鸢尾花数据集利用 k 均值算法聚类的结果, $x_1$ 表示花萼长度, $x_2$ 表示花瓣长度, 图中 × 表示对应的聚类中心, 不同颜色的区域表示模型的不同分类结果。

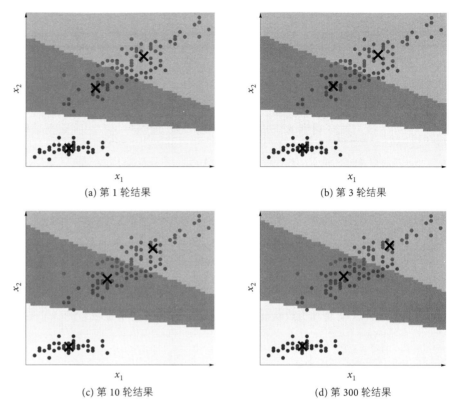

(a) 第 1 轮结果　　　　　　　　　　　　　　(b) 第 3 轮结果

(c) 第 10 轮结果　　　　　　　　　　　　　　(d) 第 300 轮结果

**图 8.1**　鸢尾花数据集的 k 均值聚类结果

为便于理解, 给出如下示例:

**例 8.1**　给定含有 5 个样本的集合

$$X = \begin{bmatrix} 0 & 0 & 1 & 5 & 5 \\ 2 & 0 & 0 & 0 & 2 \end{bmatrix}$$

试用 k 均值聚类算法将样本聚到 2 个类中。

(1) 选择两个样本点作为类的中心。假设选择 $(\overline{\boldsymbol{x}}^{(1)})^{(0)} = \boldsymbol{x}^{(1)} = (0,2)^{\mathrm{T}}$ 为类 $\mathcal{C}_1^{(0)}$ 的中心, 选择 $(\overline{\boldsymbol{x}}^{(2)})^{(0)} = \boldsymbol{x}^{(2)} = (0,0)^{\mathrm{T}}$ 为类 $\mathcal{C}_2^{(0)}$ 的中心。

(2) 以 $(\overline{\boldsymbol{x}}^{(1)})^{(0)}, (\overline{\boldsymbol{x}}^{(2)})^{(0)}$ 为类 $\mathcal{C}_1^{(0)}, \mathcal{C}_2^{(0)}$ 的中心, 计算 $\boldsymbol{x}^{(3)} = (1,0)^{\mathrm{T}}, \boldsymbol{x}^{(4)} = (5,0)^{\mathrm{T}}, \boldsymbol{x}^{(5)} = (5,2)^{\mathrm{T}}$ 与 $(\overline{\boldsymbol{x}}^{(1)})^{(0)} = (0,2)^{\mathrm{T}}, (\overline{\boldsymbol{x}}^{(2)})^{(0)} = (0,0)^{\mathrm{T}}$ 的欧氏距离平方。

对 $\boldsymbol{x}^{(3)} = (1,0)^{\mathrm{T}}, d(\boldsymbol{x}^{(3)}, (\overline{\boldsymbol{x}}^{(1)})^{(0)}) = 5, d(\boldsymbol{x}^{(3)}, (\overline{\boldsymbol{x}}^{(2)})^{(0)}) = 1$, 将 $\boldsymbol{x}^{(3)}$ 分到类 $\mathcal{C}_2^{(0)}$。

对 $\boldsymbol{x}^{(4)} = (5,0)^{\mathrm{T}}, d(\boldsymbol{x}^{(4)}, (\overline{\boldsymbol{x}}^{(1)})^{(0)}) = 29, d(\boldsymbol{x}^{(4)}, (\overline{\boldsymbol{x}}^{(2)})^{(0)}) = 25$, 将 $\boldsymbol{x}^{(4)}$ 分到类 $\mathcal{C}_2^{(0)}$。

对 $\boldsymbol{x}^{(5)} = (5,2)^{\mathrm{T}}, d(\boldsymbol{x}^{(5)}, (\overline{\boldsymbol{x}}^{(1)})^{(0)}) = 25, d(\boldsymbol{x}^{(5)}, (\overline{\boldsymbol{x}}^{(2)})^{(0)}) = 29$, 将 $\boldsymbol{x}^{(5)}$ 分到类 $\mathcal{C}_1^{(0)}$。

(3) 得到新的类 $\mathcal{C}_1^{(1)} = \{\boldsymbol{x}^{(1)}, \boldsymbol{x}^{(5)}\}, \mathcal{C}_2^{(1)} = \{\boldsymbol{x}^{(2)}, \boldsymbol{x}^{(3)}, \boldsymbol{x}^{(4)}\}$, 计算类的中心

172

$$\left(\overline{\boldsymbol{x}}^{(1)}\right)^{(1)} = (2.5, 2.0)^{\mathrm{T}}, \left(\overline{\boldsymbol{x}}^{(2)}\right)^{(1)} = (2, 0)^{\mathrm{T}}$$

(4) 重复步骤 (2) 和步骤 (3)。

将 $\boldsymbol{x}^{(1)}$ 分到类 $\mathcal{C}_1^{(1)}$，将 $\boldsymbol{x}^{(2)}$ 分到类 $\mathcal{C}_2^{(1)}$，将 $\boldsymbol{x}^{(3)}$ 分到类 $\mathcal{C}_2^{(1)}$，将 $\boldsymbol{x}^{(4)}$ 分到类 $\mathcal{C}_2^{(1)}$，将 $\boldsymbol{x}^{(5)}$ 分到类 $\mathcal{C}_1^{(1)}$。得到新的类 $\mathcal{C}_1^{(2)} = \left\{\boldsymbol{x}^{(1)}, \boldsymbol{x}^{(5)}\right\}, \mathcal{C}_2^{(2)} = \left\{\boldsymbol{x}^{(2)}, \boldsymbol{x}^{(3)}, \boldsymbol{x}^{(4)}\right\}$。

由于得到的新的类和上一轮一致，聚类停止。得到聚类结果:

$$\mathcal{C}_1^* = \left\{\boldsymbol{x}^{(1)}, \boldsymbol{x}^{(5)}\right\}, \mathcal{C}_2^* = \left\{\boldsymbol{x}^{(2)}, \boldsymbol{x}^{(3)}, \boldsymbol{x}^{(4)}\right\}。$$

### 8.2.4 算法特性

#### 1. 总体特点

k 均值有以下特点: 基于划分的聚类方法; 类别数 $k$ 事先指定; 以欧氏距离平方表示样本之间的距离, 以中心或样本的均值表示类别; 以样本和其所属类的中心之间的距离的总和为最优化的目标函数; 得到的类别是平坦的、非层次化的; 算法是迭代算法, 不能保证得到全局最优。

#### 2. 收敛性

k 均值属于启发式方法, 不能保证收敛到全局最优, 初始中心的选择会直接影响聚类结果。注意, 类中心在聚类的过程中会发生移动, 但是往往不会移动太远, 因为在每一次迭代中, 样本都会被分到离其最近的中心的类中。

#### 3. 初始类的选择

选择不同的初始中心, 会得到不同的聚类结果。针对上面的例子, 如果改变两个类的初始中心, 比如选择 $\left(\overline{\boldsymbol{x}}^{(1)}\right)^{(0)} = \boldsymbol{x}^{(1)}$ 和 $\left(\overline{\boldsymbol{x}}^{(2)}\right)^{(0)} = \boldsymbol{x}^{(5)}$, 那么 $\boldsymbol{x}^{(2)}, \boldsymbol{x}^{(3)}$ 会分到 $\mathcal{C}_1^{(0)}$, $\boldsymbol{x}^{(4)}$ 会分到 $\mathcal{C}_2^{(0)}$, 形成聚类结果 $\mathcal{C}_1^{(1)} = \left\{\boldsymbol{x}^{(1)}, \boldsymbol{x}^{(2)}, \boldsymbol{x}^{(3)}\right\}, \mathcal{C}_2^{(1)} = \left\{\boldsymbol{x}^{(4)}, \boldsymbol{x}^{(5)}\right\}$。中心是 $\left(\overline{\boldsymbol{x}}^{(1)}\right)^{(1)} = (0.33, 0.67)^{\mathrm{T}}, \left(\overline{\boldsymbol{x}}^{(2)}\right)^{(1)} = (5, 1)^{\mathrm{T}}$。继续迭代, 聚类结果仍然是 $\mathcal{C}_1^{(2)} = \left\{\boldsymbol{x}^{(1)}, \boldsymbol{x}^{(2)}, \boldsymbol{x}^{(3)}\right\}, \mathcal{C}_2^{(2)} = \left\{\boldsymbol{x}^{(4)}, \boldsymbol{x}^{(5)}\right\}$, 聚类停止。

对于初始中心的选择, 我们可以用层次聚类将样本聚为 $k$ 个类。然后从每个类中选取一个与中心距离最近的点作为初始中心。

#### 4. 类别数 $k$ 值的选择

k 均值中的类别数 $k$ 值需要预先指定, 而在实际应用中最优的 $k$ 值通常是不知道的。解决这个问题的一个方法是尝试用不同的 k 均值聚类, 检验各自得到聚类结果的质量, 推测最优的 $k$ 值。聚

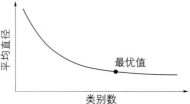

图 8.2 类别数与平均直径的关系

类结果的质量可以用类的平均直径来衡量。一般地, 类别数变小时, 类的平均直径会增加; 类别数变大超过某个值以后, 类的平均直径不再变小; 而这个值正是最优的 $k$ 值。

图 8.2 说明类别数与平均直径的关系。实验时, 可以采用二分查找, 快速找到最优的 $k$ 值。

## 8.3 谱聚类

谱聚类是一种基于图论的聚类方法, 通过对样本数据的拉普拉斯矩阵的特征向量进行聚类, 从而达到对样本数据聚类的目的。谱聚类可以理解为将高维空间的数据映射到低维, 然后在低维空间用其他聚类算法 (如 k 均值) 进行聚类。

### 8.3.1　谱聚类模型

给定 $N$ 个样本的集合 $\mathcal{X} = \{\boldsymbol{x}^{(1)}, \boldsymbol{x}^{(2)}, \cdots, \boldsymbol{x}^{(N)}\}$, 首先将这些数据点映射到无向图 $G = \langle \mathcal{V}, \mathcal{E} \rangle$, 其中, 每个数据点 $\boldsymbol{x}^{(i)}$ 对应图 $G$ 的一个结点 $v_i$, $\mathcal{E}$ 代表图中边的集合, 之后, 可以使用一个非负的矩阵 $\boldsymbol{W}$ 表示整个无向图, 其中元素 $w_{ij}$ 表示无向图中两个结点 $v_i$ 和

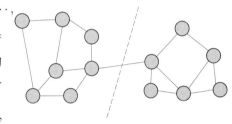

**图 8.3**　谱聚类示意图

$v_j$ 之间的权重, 并且 $w_{ij} = w_{ji}$。如图 8.3 所示, 谱聚类的目标是将无向图划分为两个或多个子图, 使得子图内部结点相似而子图间结点相异。

### 8.3.2　谱聚类图构造

谱聚类根据数据点之间的相似性将数据划分到不同的簇。使用谱聚类之前, 首先应该根据数据的分布构造相似度图, 从而得到数据点之间的相似性。一个良好的相似度图应该能够反映真实的簇结构。谱图理论和流形学理论说明相似度图应该描述数据集的局部几何结构。

几种常用的相似度图构造方法为: $\varepsilon$-邻居法、k 最近邻法和完全连通法。

对于第一种构图 $\varepsilon$-邻居法, 是取 $S_{i,j} = [s]_{i,j}$ 的点, 则相似矩阵 $S$ 可以进一步重构为邻接矩阵 $\boldsymbol{W}$。

$$w_{i,j} = \begin{cases} 0, & s_{i,j} > \varepsilon \\ \varepsilon, & s_{i,j} \leqslant \varepsilon \end{cases} \tag{8.8}$$

第二种构图 k 最近邻法, 其利用 k 最近邻法算法, 遍历所有的样本点, 取每个样本最近的 $k$ 个点作为近邻, 但是这种方法会造成单构之后的邻接矩阵 $\boldsymbol{W}$ 非对称, 为克服这种非对称问题, 一般采取下面两种方法之一。

一是只要点 $\boldsymbol{x}^{(i)}$ 在 $\boldsymbol{x}^{(j)}$ 的 $k$ 个近邻中或者 $\boldsymbol{x}^{(j)}$ 在 $\boldsymbol{x}^{(i)}$ 的 $k$ 个近邻中，则保留 $s_{i,j}$，并对其做进一步处理 $\boldsymbol{W}$，此时 $\boldsymbol{W}$ 为

$$w_{i,j} = w_{j,i} = \begin{cases} 0, & \text{if} \quad \boldsymbol{x}^{(i)} \notin knn\left(\boldsymbol{x}^{(j)}\right) \text{ and } \boldsymbol{x}^{(j)} \notin knn\left(\boldsymbol{x}^{(i)}\right) \\ e^{\frac{-\left|\boldsymbol{x}^{(i)} - \boldsymbol{x}^{(j)}\right|^2}{2\sigma^2}}, & \text{if} \quad \boldsymbol{x}^{(i)} \in knn\left(\boldsymbol{x}^{(j)}\right) \quad \text{or} \quad \boldsymbol{x}^{(j)} \in knn\left(\boldsymbol{x}^{(i)}\right) \end{cases} \tag{8.9}$$

二是必须满足点 $\boldsymbol{x}^{(i)}$ 在 $\boldsymbol{x}^{(j)}$ 的 $k$ 个近邻中且 $\boldsymbol{x}^{(j)}$ 在 $\boldsymbol{x}^{(i)}$ 的 $k$ 个近邻中，则保留 $s_{i,j}$，并对其做进一步处理 $\boldsymbol{W}$，此时 $\boldsymbol{W}$ 为

$$w_{i,j} = w_{j,i} = \begin{cases} 0, & \text{if} \quad \boldsymbol{x}^{(i)} \notin knn\left(\boldsymbol{x}^{(j)}\right) \text{ or } \boldsymbol{x}^{(j)} \notin knn\left(\boldsymbol{x}^{(i)}\right) \\ e^{\frac{-\left|\boldsymbol{x}^{(i)} - \boldsymbol{x}^{(j)}\right|^2}{2\sigma^2}}, & \text{if} \quad \boldsymbol{x}^{(i)} \in knn\left(\boldsymbol{x}^{(j)}\right) \quad \text{and} \quad \boldsymbol{x}^{(j)} \in knn\left(\boldsymbol{x}^{(i)}\right) \end{cases} \tag{8.10}$$

对于第三种构图方法完全连通法，一般使用高斯距离 $s_{i,j} = e^{\frac{-\left|\boldsymbol{x}^{(i)} - \boldsymbol{x}^{(j)}\right|^2}{2\sigma^2}}$，则重构之后的矩阵 $\boldsymbol{W}$ 与之前的相似矩阵 $\boldsymbol{S}$ 相同，为 $w_{i,j} = S_{i,j} = [s]_{i,j}$。

得到邻接矩阵 $\boldsymbol{W}$ 后，需要做进一步的处理，计算出阶距 $D$

$$D_{i,j} = \begin{cases} 0, & i \neq j \\ \sum\limits_{j} w_{i,j}, & i = j \end{cases} \tag{8.11}$$

如此得到谱聚类中的图矩阵。

### 8.3.3 谱聚类策略

拉普拉斯矩阵在谱聚类中有着相当重要的作用，谱聚类算法正是依托于拉普拉斯矩阵的相关性质得出聚类结果的。首先介绍一下非正则化的拉普拉斯矩阵和正则化的拉普拉斯矩阵及这些矩阵的性质。

#### 1. 非正则化的拉普拉斯矩阵

非正则化的拉普拉斯矩阵的定义如下式：

$$\boldsymbol{L} = \boldsymbol{D} - \boldsymbol{W} \tag{8.12}$$

式中，$\boldsymbol{D}$ 是一个对角矩阵，且对角元素 $d_i = \sum\limits_{j=1}^{N} w_{ij}$。

非正则化矩阵有如下性质。

(1) 对于任意向量 $\boldsymbol{f} = (f_1, f_2, \cdots, f_N)^{\mathrm{T}} \in \mathbf{R}^N$，有

$$\boldsymbol{f}^{\mathrm{T}}\boldsymbol{L}\boldsymbol{f} = \frac{1}{2}\sum_{i,j=1}^{N} w_{ij}\left(f_i - f_j\right)^2 \tag{8.13}$$

(2) $\boldsymbol{L}$ 是对称的半正定矩阵。

(3) $\boldsymbol{L}$ 的最小特征值是 0, 且对应的特征向量为 $\boldsymbol{1}$。

(4) 有 $N$ 个非负的实特征值, 并且 $0 = \lambda_1 \leqslant \lambda_2 \leqslant \cdots \leqslant \lambda_N$。

非正则化的谱聚类以非正则化的拉普拉斯矩阵为基础。假设矩阵 $\boldsymbol{F} \in \mathbf{R}^{N \times k}$ 包含 $k$ 个正交向量, 非正则化的谱聚类的目标函数如下所示:

$$\begin{aligned} \min_{\boldsymbol{F}} \quad & \mathrm{tr}\left(\boldsymbol{F}^{\mathrm{T}}\boldsymbol{L}\boldsymbol{F}\right) \\ \mathrm{s.t.} \quad & \boldsymbol{F}^{\mathrm{T}}\boldsymbol{F} = \boldsymbol{I} \end{aligned} \tag{8.14}$$

其中, $\mathrm{tr}(\cdot)$ 为矩阵的迹, 式 (8.14) 的解由 $\boldsymbol{L}$ 的 $k$ 个最小的特征值对应的特征向量组成。$\boldsymbol{F}$ 可以被看作原始数据在低维空间的映射, 之后, 可以使用传统的聚类算法 (如 k 均值) 对 $\boldsymbol{F}$ 进行聚类, 从而得到每个数据点的簇标签。

### 2. 正则化的拉普拉斯矩阵

下面定义两种正则化的拉普拉斯矩阵, 对称正则化的拉普拉斯矩阵 $\boldsymbol{L}_{\mathrm{sym}}$ 和非对称正则化的拉普拉斯矩阵 $\boldsymbol{L}_{\mathrm{rm}}$。

$$\begin{cases} \boldsymbol{L}_{\mathrm{sym}} = \boldsymbol{D}^{-1/2}\boldsymbol{L}\boldsymbol{D}^{-1/2} = \boldsymbol{I} - \boldsymbol{D}^{-1/2}\boldsymbol{W}\boldsymbol{D}^{-1/2} \\ \boldsymbol{L}_{\mathrm{rm}} = \boldsymbol{D}^{-1}\boldsymbol{L} = \boldsymbol{I} - \boldsymbol{D}^{-1}\boldsymbol{W} \end{cases} \tag{8.15}$$

式中, $\boldsymbol{D}$ 是一个对角矩阵, 且对角元素 $d_i = \sum\limits_{j=1}^{N} w_{ij}$。这两种拉普拉斯矩阵的性质如下。

(1) 对于任意向量 $\boldsymbol{f} = (f_1, f_2, \cdots, f_N)^{\mathrm{T}} \in R^N$, 有

$$\boldsymbol{f}^{\mathrm{T}}\boldsymbol{L}_{\mathrm{sym}}\boldsymbol{f} = \frac{1}{2}\sum_{i,j=1}^{N} w_{ij}\left(\frac{f_i}{\sqrt{d_i}} - \frac{f_j}{\sqrt{d_j}}\right)^2 \tag{8.16}$$

(2) 当且仅当 $\boldsymbol{L}_{\mathrm{rm}}$ 的特征值 $\lambda$ 与其对应的特征向量 $\boldsymbol{\gamma}$ 满足 $\boldsymbol{\mu} = \boldsymbol{D}^{\frac{1}{2}}\boldsymbol{\gamma}$ 时, $\lambda$ 是 $\boldsymbol{L}_{\mathrm{sym}}$ 的特征值且对应的特征向量为 $\boldsymbol{\mu}$。

(3) 当且仅当 $\lambda$ 和 $\boldsymbol{\gamma}$ 满足广义的特征问题 $\boldsymbol{L}\boldsymbol{\gamma} = \lambda\boldsymbol{D}\boldsymbol{\gamma}$ 时, $\lambda$ 是 $\boldsymbol{L}_{\mathrm{rm}}$ 的特征值且对应的特征向量为 $\boldsymbol{\gamma}$。

(4) $\boldsymbol{L}_{\mathrm{sym}}$ 和 $\boldsymbol{L}_{\mathrm{rm}}$ 是对称的半正定矩阵。

(5) $\boldsymbol{L}_{\mathrm{sym}}$ 和 $\boldsymbol{L}_{\mathrm{rm}}$ 的最小特征值为 0, 且 $\boldsymbol{L}_{\mathrm{sym}}$ 对应的特征向量为 $\boldsymbol{D}^{\frac{1}{2}}\boldsymbol{1}$, $\boldsymbol{L}_{\mathrm{rm}}$ 对应的特征向量为 $\boldsymbol{1}$。

(6) $\boldsymbol{L}_{\text{sym}}$ 和 $\boldsymbol{L}_{\text{rm}}$ 有 $N$ 个非负的实特征值, 并且 $0 = \lambda_1 \leqslant \lambda_2 \leqslant \cdots \leqslant \lambda_N$。

对称正则化的谱聚类以对称的拉普拉斯矩阵为基础。同样假设存在矩阵 $\boldsymbol{F} \in \mathbf{R}^{N \times k}$ 包含 $k$ 个正交向量 $\boldsymbol{f}_1, \boldsymbol{f}_2, \cdots, \boldsymbol{f}_k \in \mathbf{R}^N$, 对称正则化的谱聚类的目标函数如下所示:

$$\begin{aligned} \min_{\boldsymbol{F}} \quad & \text{tr}\left(\boldsymbol{F}^{\text{T}} \boldsymbol{L} \boldsymbol{F}\right) \\ \text{s.t.} \quad & \boldsymbol{F}^{\text{T}} \boldsymbol{F} = \boldsymbol{I} \end{aligned} \tag{8.17}$$

基于非对称正则化的拉普拉斯矩阵的谱聚类算法求解 $\boldsymbol{L}$ 的广义特征向量, 根据正则化拉普拉斯矩阵的性质 (3), $\boldsymbol{L}$ 的广义特征向量对应于 $\boldsymbol{L}_{\text{rm}}$ 的特征向量, 因此, 该算法实际上求解 $\boldsymbol{L}_{\text{rm}}$ 的特征向量。由于 $\boldsymbol{L}_{\text{rm}}$ 的特征值 0 对应的特征向量为 $\boldsymbol{1}$, 在聚类前不需要进行正则化的步骤。

### 8.3.4 谱聚类算法

---

**算法 8.2    非正则化的谱聚类**

输入:    相似度矩阵 $\boldsymbol{W}$
1. 构造非正则化的拉普拉斯矩阵 $\boldsymbol{L}$, 其中 $\boldsymbol{L} = \boldsymbol{D} - \boldsymbol{W}$;
2. 计算 $\boldsymbol{L}$ 的 $k$ 个最小的特征值对应的特征向量 $\boldsymbol{f}_1, \boldsymbol{f}_2, \cdots, \boldsymbol{f}_k$;
3. 根据特征向量 $\boldsymbol{f}_1, \boldsymbol{f}_2, \cdots, \boldsymbol{f}_k$ 构造矩阵 $\boldsymbol{F} \in \mathbf{R}^{N \times k}$;
4. 将矩阵 $\boldsymbol{F}$ 的每一行看作一个数据点, 使用 k 均值算法对 $\boldsymbol{F}$ 进行聚类。

输出:    数据点的簇标签

---

**算法 8.3    基于 $\boldsymbol{L}_{\text{sym}}$ 的对称正则化的谱聚类**

输入:    相似度矩阵 $\boldsymbol{W}$
1. 构造正则化的拉普拉斯矩阵 $\boldsymbol{L}_{\text{sym}}$, 其中 $\boldsymbol{L}_{\text{sym}} = \boldsymbol{D}^{-1/2} \boldsymbol{L} \boldsymbol{D}^{-1/2}$
2. 计算 $\boldsymbol{L}_{\text{sym}}$ 的 $k$ 个最小的特征值对应的特征向量 $\boldsymbol{f}_1, \boldsymbol{f}_2, \cdots, \boldsymbol{f}_k$;
3. 根据特征向量 $\boldsymbol{f}_1, \boldsymbol{f}_2, \cdots, \boldsymbol{f}_k$ 构造矩阵 $\boldsymbol{F} \in \mathbf{R}^{N \times k}$;
4. 正则化矩阵 $\boldsymbol{F}$ 的每一行, 使每一行元素的平方和为 1;
5. 将矩阵 $\boldsymbol{F}$ 的每一行看作一个数据点, 使用 k 均值算法对 $\boldsymbol{F}$ 进行聚类。

输出:    数据点的簇标签

---

**算法 8.4    基于 $\boldsymbol{L}_{\text{rm}}$ 的非对称正则化的谱聚类**

输入:    相似度矩阵 $\boldsymbol{W}$
1. 构造非正则化的拉普拉斯矩阵 $\boldsymbol{L}$, 其中 $\boldsymbol{L} = \boldsymbol{D} - \boldsymbol{W}$;
2. 求解广义的特征问题 $\boldsymbol{L} \boldsymbol{f} = \lambda \boldsymbol{D} \boldsymbol{f}$, 获得向量 $\boldsymbol{f}_1, \boldsymbol{f}_2, \cdots, \boldsymbol{f}_k$;
3. 根据特征向量 $\boldsymbol{f}_1, \boldsymbol{f}_2, \cdots, \boldsymbol{f}_k$ 构造矩阵 $\boldsymbol{F} \in \mathbf{R}^{N \times k}$;
4. 将矩阵 $\boldsymbol{F}$ 的每一行看作一个数据点, 使用 k 均值算法对 $\boldsymbol{F}$ 进行聚类。

输出:    数据点的簇标签

---

除了使用三种不同的拉普拉斯矩阵, 前面介绍的三种谱聚类算法看上去非常类似。在实际应用中, 首先应该观察相似度矩阵的度分布, 确定使用哪种谱聚类算法。

如果相似度矩阵中的结点的度几乎相同, 根据拉普拉斯矩阵的定义, 三种拉普拉斯矩阵非常相似, 此时, 三种谱聚类算法的表现也几乎相同; 如果相似度矩阵中结点的度差异很大, 三种拉普拉斯矩阵有很大的不同, 从图的划分的角度分析, 正则化的谱聚类算法会优于非正则化的谱聚类算法。

### 8.3.5　谱聚类算法特性

谱聚类算法根据数据点之间的相似度将数据点划分到不同的簇, 将数据点映射到无向图之后, 谱聚类可以转化为图的划分问题。对于无向图 $G$, 划分的目标是将图 $G = \langle \mathcal{V}, \mathcal{E} \rangle$ 切成互相没有连接的子图, 每个子图点的集合为 $\mathcal{A}_1, \mathcal{A}_2, \cdots, \mathcal{A}_k$, 其中 $\mathcal{A}_i \cap \mathcal{A}_j = \varnothing$ 且 $\mathcal{A}_1 \cup \mathcal{A}_2 \cup \cdots \cup \mathcal{A}_k = \mathcal{V}$。

对于任意两个子图点的集合 $\mathcal{A}, \mathcal{B} \subset \mathcal{V}, \mathcal{A} \cap \mathcal{B} = \varnothing$, 定义 $\mathcal{A}$ 和 $\mathcal{B}$ 之间的权重切图为:

$$W(\mathcal{A}, \mathcal{B}) = \sum_{i \in \mathcal{A}, j \in \mathcal{B}} w_{ij} \tag{8.18}$$

对于 $k$ 个子图集合, 定义切图 cut 为:

$$\mathrm{cut}(\mathcal{A}_1, \mathcal{A}_2, \cdots, \mathcal{A}_k) = \frac{1}{2} \sum_{i=1}^{k} W(\mathcal{A}_i, \overline{\mathcal{A}}_i) \tag{8.19}$$

其中, $\overline{\mathcal{A}}$ 为 $\mathcal{A}$ 的补集。

#### 1. RatioCut 切图

在 RatioCut 切图中, 不仅要考虑使不同组之间的权重最小化, 也考虑了使每个组中的样本点尽量多。定义如下:

$$\mathrm{RatioCut}(\mathcal{A}_1, \mathcal{A}_2, \cdots, \mathcal{A}_k) = \sum_{i=1}^{k} \frac{\mathrm{cut}(\mathcal{A}_i, \overline{\mathcal{A}}_i)}{|\mathcal{A}_i|} \tag{8.20}$$

假设存在 $k$ 个簇指示向量 $\{\boldsymbol{f}_i\}_{i=1}^{k}$, $\boldsymbol{f}_i = (\boldsymbol{f}_{i1}, \boldsymbol{f}_{i2}, \cdots, \boldsymbol{f}_{iN})^{\mathrm{T}}$, 其定义如下所示:

$$\boldsymbol{f}_{ij} = \begin{cases} \dfrac{1}{\sqrt{|\mathcal{A}_i|}} & , v_j \in \mathcal{A}_i \\ 0 & , v_j \notin A_i \end{cases} \tag{8.21}$$

对于 $\boldsymbol{f}_i$, 可以重写为如下形式:

$$\boldsymbol{f}_i^{\mathrm{T}} \boldsymbol{L} \boldsymbol{f}_i = \frac{1}{2} \sum_{j,l=1}^{N} w_{jl} (f_{ij} - f_{il})^2$$

178

$$= \frac{1}{2}\left(\sum_{v_j\in\mathcal{A}_i,v_l\notin\mathcal{A}_i} w_{jl}\left(\frac{1}{\sqrt{|\mathcal{A}_i|}}-0\right)^2 + \sum_{v_j\notin\mathcal{A}_i,v_l\in\mathcal{A}_i} w_{jl}\left(0-\frac{1}{\sqrt{|\mathcal{A}_i|}}\right)^2\right)$$

$$= \frac{1}{2}\left(\frac{\mathrm{cut}\left(\mathcal{A}_i,\overline{\mathcal{A}_i}\right)}{|\mathcal{A}_i|}\right) + \frac{1}{2}\left(\frac{\mathrm{cut}\left(\overline{\mathcal{A}_i},\mathcal{A}_i\right)}{|\mathcal{A}_i|}\right)$$

$$= \frac{\mathrm{cut}\left(\mathcal{A}_i,\overline{\mathcal{A}_i}\right)}{|\mathcal{A}_i|} \tag{8.22}$$

对于向量 $\{\boldsymbol{f}_i\}_{i=1}^k$, 可以得到如下公式:

$$\sum_{i=1}^k \boldsymbol{f}_i^{\mathrm{T}}\boldsymbol{L}\boldsymbol{f}_i = \mathrm{tr}\left(\boldsymbol{F}^{\mathrm{T}}\boldsymbol{L}\boldsymbol{F}\right) = \sum_{i=1}^k \frac{\mathrm{cut}\left(\mathcal{A}_i,\overline{\mathcal{A}_i}\right)}{|\mathcal{A}_i|} = \mathrm{RatioCut}\left(\mathcal{A}_1,\cdots,\mathcal{A}_k\right) \tag{8.23}$$

式中, 矩阵 $\boldsymbol{F}\in\mathbf{R}^{N\times k}$ 由向量 $\{\boldsymbol{f}_i\}_{i=1}^k$ 组成。此时的目标函数成为

$$\begin{aligned}\min_{\mathcal{A}_1,\cdots,\mathcal{A}_k}\quad & \mathrm{tr}\left(\boldsymbol{F}^{\mathrm{T}}\boldsymbol{L}\boldsymbol{F}\right)\\ \mathrm{s.~t.}\quad & \boldsymbol{F}^{\mathrm{T}}\boldsymbol{F}=\boldsymbol{I}\end{aligned} \tag{8.24}$$

根据瑞利原理 (Rayleigh-Ritz), 此问题的最优解为 $\boldsymbol{L}$ 的前 $k$ 个特征向量。之后, 可以使用 k 均值方法将实值矩阵 $\boldsymbol{F}$ 转化为离散的簇指示矩阵。

### 2. Ncut 切图

Ncut 切图定义如下:

$$\mathrm{NCut}\left(\mathcal{A}_1,\mathcal{A}_2,\cdots,\mathcal{A}_k\right) = \sum_{i=1}^k \frac{\mathrm{cut}\left(\mathcal{A}_i,\overline{\mathcal{A}_i}\right)}{\mathrm{assoc}\left(\mathcal{A}_i,V\right)} \tag{8.25}$$

$\mathrm{assoc}\left(\mathcal{A}_i,V\right) = \sum_{v_i\in\mathcal{A}_i} d_j$, 其中, $d_j = \sum_{i=1}^N w_{ji}$。

假设存在 $k$ 个簇指示向量 $\{\boldsymbol{f}_i\}_{i=1}^k$, $\boldsymbol{f}_i = (\boldsymbol{f}_{i1},\boldsymbol{f}_{i2},\cdots,\boldsymbol{f}_{iN})^{\mathrm{T}}$, 其定义如下所示:

$$f_{ij} = \begin{cases} \dfrac{1}{\sqrt{\mathrm{assoc}\left(\mathcal{A}_i,V\right)}}, & v_j\in\mathcal{A}_i \\ 0, & 否则 \end{cases} \tag{8.26}$$

对于 $\boldsymbol{f}_i$, 可以重写为如下形式:

$$\begin{aligned}\boldsymbol{f}_i^{\mathrm{T}}\boldsymbol{L}\boldsymbol{f}_i &= \frac{1}{2}\sum_{j,l=1}^N w_{jl}\left(f_{ij}-f_{il}\right)^2\\ &= \frac{1}{2}\left(\sum_{v_j\in\mathcal{A}_i,v_l\notin\mathcal{A}_i} w_{jl}\frac{1}{\mathrm{assoc}\left(\mathcal{A}_i,V\right)} + \sum_{v_j\notin\mathcal{A}_i,v_l\in\mathcal{A}_i} w_{jl}\frac{1}{\mathrm{assoc}\left(\mathcal{A}_i,V\right)}\right)\\ &= \frac{1}{2}\left(\frac{\mathrm{cut}\left(\mathcal{A}_i,\overline{\mathcal{A}_i}\right)}{\mathrm{assoc}\left(\mathcal{A}_i,V\right)}\right) + \frac{1}{2}\left(\frac{\mathrm{cut}\left(\overline{\mathcal{A}_i},\mathcal{A}_i\right)}{\mathrm{assoc}\left(\mathcal{A}_i,V\right)}\right)\end{aligned}$$

$$= \frac{\mathrm{cut}\left(\mathcal{A}_i, \overline{\mathcal{A}_i}\right)}{\mathrm{assoc}\left(\mathcal{A}_i, V\right)} \tag{8.27}$$

对于多个向量 $\{\boldsymbol{f}_i\}_{i=1}^k$，可以得到如下公式：

$$\sum_{i=1}^k \boldsymbol{f}_i^{\mathrm{T}} \boldsymbol{L} \boldsymbol{f}_i = \mathrm{tr}\left(\boldsymbol{F}^{\mathrm{T}} \boldsymbol{L} \boldsymbol{F}\right) = \sum_{i=1}^k \frac{\mathrm{cut}\left(\mathcal{A}_i, \overline{\mathcal{A}_i}\right)}{\mathrm{assoc}\left(\mathcal{A}_i, V\right)} = \mathrm{RatioCut}\left(\mathcal{A}_1, \mathcal{A}_2, \cdots, \mathcal{A}_k\right) \tag{8.28}$$

式中，矩阵 $\boldsymbol{F} \in \mathbf{R}^{N \times k}$ 由向量 $\{\boldsymbol{f}_i\}_{i=1}^k$ 组成。此时的目标函数为

$$\begin{aligned} \min_{\mathcal{A}_1, \cdots, \mathcal{A}_k} \quad & \mathrm{tr}\left(\boldsymbol{F}^{\mathrm{T}} \boldsymbol{L} \boldsymbol{F}\right) \\ \text{s. t.} \quad & \boldsymbol{F}^{\mathrm{T}} \boldsymbol{D} \boldsymbol{F} = \boldsymbol{I} \end{aligned} \tag{8.29}$$

此定义中 $\boldsymbol{F}$ 只能取值 $1/\sqrt{\mathrm{assoc}\left(\mathcal{A}_i, V\right)}$。通过令 $f_{ij}$ 取任意实数值，可转化为下面的函数：

$$\begin{aligned} \min_{\boldsymbol{F} \in \mathbf{R}^{N \times k}} \quad & \mathrm{tr}\left(\boldsymbol{F}^{\mathrm{T}} \boldsymbol{L} \boldsymbol{F}\right) \\ \text{s. t.} \quad & \boldsymbol{F}^{\mathrm{T}} \boldsymbol{D} \boldsymbol{F} = \boldsymbol{I} \end{aligned} \tag{8.30}$$

可以发现，该目标函数与非对称正则化的谱聚类的目标函数相同，可以通过计算 $\boldsymbol{L}_{\mathrm{rm}} = \boldsymbol{D}^{-1} \boldsymbol{L}$ 的前 $k$ 个特征向量求解。之后，用 k 均值方法将实值矩阵 $\boldsymbol{F}$ 转化为离散的簇指示矩阵。

## 8.4　层次聚类

直到现在，所讨论的聚类方法形成的类与类之间没有任何联系。但是在现实世界中存在很多这样的情况：一个大类包含很多子类，子类又包含很多更小的子类。比如，在生物分类学中，整个生物界被分成各种门，门包含很多纲，纲包含很多目，目由很多科组成等等。于是可以有：生物界 = 植物界，门 = 被子植物门，纲 = 单子叶植物纲，目 = 百合目，科 = 鸢尾科，等等，直到最后的个体种类 = 鸢尾花。事实上，这种层次聚类的思想在科学活动中扮演着很重要的作用。

层次聚类算法有两种思路，分别是自下而上和自上而下，对应凝聚层次聚类算法 (agglomerative hierarchical clustering, AHC) 和分裂层次聚类算法 (divisive hierarchical clustering, DHC)。凝聚层次聚类先将每个数据视为单独的类，然后按照某种距离度量选择距离最近的两个或多个类进行合并，重复合并的过程，直到满足预设的聚类簇个数要求。分裂层次聚类则是凝聚层次聚类的逆过程，先将所有的数据视为一个类，

然后基于某种准则在已有类中选择一个类将其分割成两类，重复分割的过程达到聚类的目的。图 8.4 和图 8.5 形象描述了两者的过程。

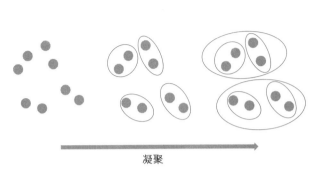

图 8.4　凝聚层次聚类示意图

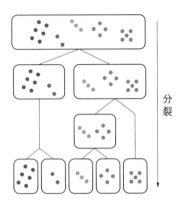

图 8.5　分裂层次聚类示意图

### 8.4.1　凝聚层次聚类

对于凝聚方法，重点问题是如何计算聚类簇之间的距离，实际上，每个簇是一个样本集合，因此只需要采用关于集合的某种距离即可，算法 8.5 中展示了凝聚层次聚类的算法流程。例如，给定聚类簇 $\mathcal{C}_i$ 和 $\mathcal{C}_j$，可通过下面的式子来计算距离：

$$\text{最小距离：} d_{\min}\left(\mathcal{C}_i, \mathcal{C}_j\right) = \min_{\boldsymbol{x} \in \mathcal{C}_i, \boldsymbol{z} \in \mathcal{C}_j} \text{dist}(\boldsymbol{x}, \boldsymbol{z}) \tag{8.31}$$

$$\text{最大距离：} d_{\max}\left(\mathcal{C}_i, \mathcal{C}_j\right) = \max_{\boldsymbol{x} \in \mathcal{C}_i, \boldsymbol{z} \in \mathcal{C}_j} \text{dist}(\boldsymbol{x}, \boldsymbol{z}) \tag{8.32}$$

$$\text{平均距离：} d_{\text{avg}}\left(\mathcal{C}_i, \mathcal{C}_j\right) = \frac{1}{|\mathcal{C}_i||\mathcal{C}_j|} \sum_{\boldsymbol{x} \in \mathcal{C}_i} \sum_{\boldsymbol{z} \in \mathcal{C}_j} \text{dist}(\boldsymbol{x}, \boldsymbol{z}) \tag{8.33}$$

显然，最小距离由两个簇的最近样本决定，最大距离由两个簇的最远样本决定，而

---

**算法 8.5　凝聚层次聚类算法典型流程**

输入：　样本集 $\mathcal{X} = \left\{\boldsymbol{x}^{(1)}, \boldsymbol{x}^{(2)}, \boldsymbol{x}^{(3)}, \cdots, \boldsymbol{x}^{(N)}\right\}$，聚类簇距离度量函数 $d$，聚类簇数 $k$

1. 初始化类中心，$\mathcal{C}_j = \left\{\boldsymbol{x}^{(j)}\right\}$；
2. 计算类中心之间的距离 $M(i, j) = d\left(\mathcal{C}_i, \mathcal{C}_j\right), M(j, i) = M(i, j)$；
3. 设置当前聚类簇个数：$q = N$；
4. **while** $q > k$ **do**
5. 找出距离最近的两个聚类簇 $\mathcal{C}_{i^*}$ 和 $\mathcal{C}_{j^*}$；
6. 合并 $\mathcal{C}_{i^*}$ 和 $\mathcal{C}_{j^*}$：$\mathcal{C}_{i^*} = \mathcal{C}_{i^*} \cup \mathcal{C}_{j^*}$；
7. 合并将聚类簇 $\mathcal{C}_j$ 重编号为 $\mathcal{C}_{j-1}$；
8. 删除距离矩阵 $M$ 的第 $j^*$ 行和第 $j^*$ 列；
9. 重新计算类中心的距离 $M(i^*, j) = d\left(\mathcal{C}_{i^*}, \mathcal{C}_j\right), M(j, i^*) = M(i^*, j)$；
10. $q = q - 1$；
11. **end while**

输出：　簇划分 $\mathcal{C} = \{\mathcal{C}_1, \mathcal{C}_2, \cdots, \mathcal{C}_k\}$

平均距离则由两个簇的所有样本共同决定。当聚类簇距离由 $d_{\min}$、$d_{\max}$ 或 $d_{\mathrm{avg}}$ 计算时，凝聚层次聚类算法分别相应地被称为单链接 (single-linkage)、全链接 (complete-linkage) 或均链接 (average-linkage) 算法。

### 1. 常用的层次聚类方法

图 8.6 列出了一些常用的层次聚类方法，其中展示了四种属于图方法范畴的聚合方法和三种属于集合方法范畴的聚合方法，两者的区别在于图方法中一个类可以通过子图或者数据点来表达，而几何方法中一个类是通过一个原本不存在的中心来表达。

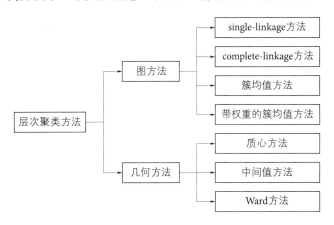

**图 8.6**　一些常用的层次聚类方法

下面以单链接 (single-linkage) 方法为例展示聚合方法的合并过程。

### 2. single-linkage 方法

single-linkage 方法是层次聚类方法中较简单的方法。该方法同时也被称为 "最近邻方法" "最小值方法" 等。它使用两个簇中距离最近的样本对之间的距离作为两簇之间的距离。设 $\mathcal{C}_i, \mathcal{C}_j, \mathcal{C}_k$ 表示三组数据，即三个簇，那么 $\mathcal{C}_k$ 和 $\mathcal{C}_i \cup \mathcal{C}_j$ 之间的距离可以表示为

$$D\left(\mathcal{C}_k, \mathcal{C}_i \cup \mathcal{C}_j\right) = \min\left\{D\left(\mathcal{C}_k, \mathcal{C}_i\right), D\left(\mathcal{C}_k, \mathcal{C}_j\right)\right\} \tag{8.34}$$

式中，$D(\cdot, \cdot)$ 表示两个簇之间的距离。对于式 (8.34)，不难验证

$$D\left(\mathcal{C}, \mathcal{C}'\right) = \min_{\boldsymbol{x} \in \mathcal{C}, \boldsymbol{y} \in \mathcal{C}'} d(\boldsymbol{x}, \boldsymbol{y}) \tag{8.35}$$

式中，$\mathcal{C}, \mathcal{C}'$ 表示非空且不相交的两个簇；$d(\cdot, \cdot)$ 表示算法所采用的距离函数。

下面用例 8.2 来阐述 single-linkage 方法。

**例 8.2**　给定部分鸢尾花数据，如表 8.1 和图 8.7 所示，用 single-1inkage 算法对其进行层次聚类。

表 8.1　鸢尾花部分样本数据表

| ID | 花萼长度 | 花瓣长度 | 类别 |
|---|---|---|---|
| 1 | 5.6 | 4.2 | 杂色鸢尾 |
| 2 | 5.9 | 4.2 | 杂色鸢尾 |
| 3 | 6.0 | 4.0 | 杂色鸢尾 |
| 4 | 6.4 | 5.6 | 维吉尼亚鸢尾 |
| 5 | 6.7 | 5.6 | 维吉尼亚鸢尾 |
| 6 | 6.3 | 6.0 | 维吉尼亚鸢尾 |

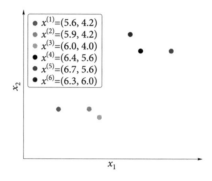

图 8.7　部分鸢尾花数据

在表 8.1 所示的数据集中, 采用欧几里得距离计算得到的距离矩阵如表 8.2 所示。

表 8.2　鸢尾花部分数据的欧几里得矩阵

| | $x^{(1)}$ | $x^{(2)}$ | $x^{(3)}$ | $x^{(4)}$ | $x^{(5)}$ | $x^{(6)}$ |
|---|---|---|---|---|---|---|
| $x^{(1)}$ | 0 | 0.30 | 0.45 | 1.61 | 1.78 | 1.93 |
| $x^{(2)}$ | 0.30 | 0 | 0.22 | 1.49 | 1.61 | 1.84 |
| $x^{(3)}$ | 0.45 | 0.22 | 0 | 1.65 | 1.75 | 2.02 |
| $x^{(4)}$ | 1.61 | 1.49 | 1.65 | 0 | 0.30 | 0.41 |
| $x^{(5)}$ | 1.78 | 1.61 | 1.75 | 0.30 | 0 | 0.57 |
| $x^{(6)}$ | 1.93 | 1.84 | 2.02 | 0.41 | 0.57 | 0 |

在这个数据集上运行 single-1inkage 层次聚类算法, 易知 $x^{(2)}$ 和 $x^{(3)}$ 会首先聚合, 然后计算 $\{x^{(2)}, x^{(3)}\}$ 与 $x^{(1)}, x^{(4)}, x^{(5)}, x^{(6)}$ 之间的距离。

$$\begin{aligned}
D\left(\left\{x^{(2)}, x^{(3)}\right\}, x^{(1)}\right) &= \min\left\{d\left(x^{(1)}, x^{(2)}\right), d\left(x^{(1)}, x^{(3)}\right)\right\} = 0.3 \\
D\left(\left\{x^{(2)}, x^{(3)}\right\}, x^{(4)}\right) &= \min\left\{d\left(x^{(2)}, x^{(4)}\right), d\left(x^{(3)}, x^{(4)}\right)\right\} = 1.49 \\
D\left(\left\{x^{(2)}, x^{(3)}\right\}, x^{(5)}\right) &= \min\left\{d\left(x^{(2)}, x^{(5)}\right), d\left(x^{(3)}, x^{(5)}\right)\right\} = 1.61 \\
D\left(\left\{x^{(2)}, x^{(3)}\right\}, x^{(6)}\right) &= \min\left\{d\left(x^{(2)}, x^{(6)}\right), d\left(x^{(3)}, x^{(6)}\right)\right\} = 1.84
\end{aligned} \quad (8.36)$$

则新的距离矩阵变为

|  | $\boldsymbol{x}^{(1)}$ | $\left\{\boldsymbol{x}^{(2)}, \boldsymbol{x}^{(3)}\right\}$ | $\boldsymbol{x}^{(4)}$ | $\boldsymbol{x}^{(5)}$ | $\boldsymbol{x}^{(6)}$ |
|---|---|---|---|---|---|
| $\boldsymbol{x}^{(1)}$ | 0.00 | 0.30 | 1.61 | 1.78 | 1.93 |
| $\left\{\boldsymbol{x}^{(2)}, \boldsymbol{x}^{(3)}\right\}$ | 0.30 | 0.00 | 1.49 | 1.61 | 1.84 |
| $\boldsymbol{x}^{(4)}$ | 1.61 | 1.49 | 0.00 | 0.30 | 0.41 |
| $\boldsymbol{x}^{(5)}$ | 1.78 | 1.61 | 0.30 | 0.00 | 0.57 |
| $\boldsymbol{x}^{(6)}$ | 1.93 | 1.84 | 0.41 | 0.57 | 0.00 |

重复上述步骤, 直到所有的数据都属于同一个簇, 聚类过程结束。图 8.8 用层次图展示了聚类结果。

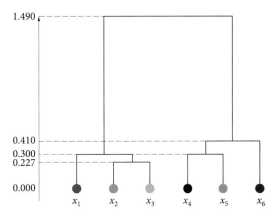

**图 8.8**　使用 single-linkage 层次聚类对图 8.7 的数据进行聚类的结果

### 8.4.2　分裂层次聚类

分裂方法是一种自上而下的过程。分裂方法首先将所有的数据标记为一个类, 然后依据某种准则每次将一个已有的类分割成两个类, 算法 8.6 展示了分裂层次聚类算法的经典步骤。分裂的层次聚类算法可以分为两种: 单元的和多元的。前者在分割时候考虑某一单一的属性, 而后者考虑了数据所有的属性。

---

**算法 8.6　分裂层次聚类算法典型流程**

输入:　样本集 $\mathcal{X} = \left\{\boldsymbol{x}^{(1)}, \boldsymbol{x}^{(2)}, \boldsymbol{x}^{(3)}, \cdots, \boldsymbol{x}^{(N)}\right\}$, 聚类簇数 $k$

　1.　将所有的数据作为一个簇, 视为层次树根结点;
　2.　设置当前聚类簇个数: $q = 1$;
　3.　**while** $q < k$ **do**
　4.　　选择一个簇 $\mathcal{C}_i$, 将其分割为两部分 $\mathcal{C}_a$ 和 $\mathcal{C}_b$, 使得 $\mathcal{C}_i = \mathcal{C}_a \cup \mathcal{C}_b$;
　5.　　从簇集合中删除簇 $\mathcal{C}_i$, 同时加入簇 $\mathcal{C}_a$ 和 $\mathcal{C}_b$;
　6.　**end while**

输出:　簇划分 $\mathcal{C} = \{\mathcal{C}_1, \mathcal{C}_2, \cdots, \mathcal{C}_{\boldsymbol{k}}\}$

---

在很多著作中, 分裂算法经常是被忽略的, 甚至很多时候人们在谈论层次聚类时, 实际上指的是凝聚层次聚类。这种问题的出现主要是由于计算复杂度的不同, 在大小为 $N$ 的数据集上, 聚合方法在第一步寻找两个数据点进行合并的时候, 所有可能的合

并组合一共有 $C_N^2 = \dfrac{N(N-1)}{2}$ 种。这是 $N$ 平方级别的增长，因此，即使数据集很大，计算复杂度也还是可以接受的。但是同样的情况下，分裂层次聚类需要将一个大小为 $n$ 的集合分割成两个不为空的子集，所有可能的分割方式共 $2^{n-1} - 1$ 种，而这是指数级别的增长。所以即使对于中等大小的数据集，这个计算复杂度也是很难接受的。

鉴于现有计算机的计算能力不能消除这些问题，因此人们设计了不同的启发式方法来避免上述的问题。常见的分裂层次聚类算法有 DIANA[13] 算法和 DISMEA[14] 算法等。

## 8.5 子空间聚类

在很多实际应用领域，获得的数据变得越来越复杂、维度越来越高。例如，情感检测、推荐系统、基因表达分析、网络监测等领域的文本文档数据、在线交易数据、基因表达数据、网络通信数据等。这些数据可以达到几十、几百甚至上万维。高维数据对传统的聚类算法提出了新的挑战。因为传统的距离度量、密度度量、相似度度量在高维数据中有局限性，所以均需要针对高维数据的特点对它们做出优化。

图 8.9 直观地解释了维度灾难，即同样大小的数据集，随着数据维度的增多，数据点在单位空间中数据的分布会越来越稀疏。

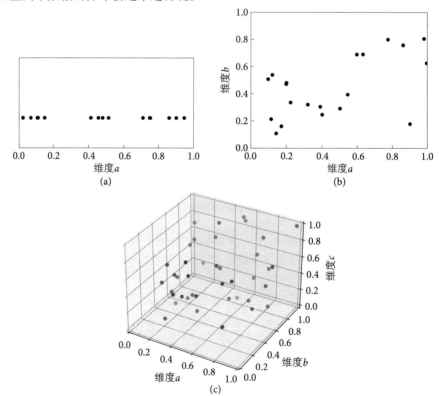

图 8.9　维度灾难

### 8.5.1 高维数据分析方法

当数据点在不同维度组成的子空间中以某种方式关联在一起时, 维度灾难问题将加剧。因此, 高维数据聚类算法要求能够在大量高维数据集中发现不同子空间中的簇, 并且能够简单地、有意义地解释发现的簇。

下面针对在高维数据聚类中常见的问题场景进行叙述。

(1) 簇有效性问题: 更高的维度带来的问题是无法直观地表示数据。由于数据表和图依赖于承载媒体, 对三维以上的数据描述显得无力。就聚类问题来说, 寻找隐含在数据中的簇这一过程假定数据在全部维度或者某些维度中满足映射关系。如生成模型方法假设数据集是由几个概率分布函数混合生成。在理想情况下, 一个聚类算法能够使用户找出隐含在数据集中的依赖关系, 进而通过样本数据得出自然科学或者人文科学的规律。随着数据维度越来越多, 模型的参数也变得越来越多, 其相互影响也难以描述。

(2) 差距趋零问题: 随着维度的增长, 数据点在高维空间中的分布变得稀疏。当维数达到一定规模时, 若使用一些常用的距离测度, 如欧几里得距离, 数据点之间的距离将趋向于相等, 这是所谓的 "差距趋零" 现象。这个现象还使得基于 k 近邻查询算法的准确性降低。高维空间数据点稀疏性同时影响数据点的 "邻域密度", 基于密度阈值的聚类算法在高维空间中无效。通常, 解决这个问题需要扩展聚类问题的局部性假设, 即数据只在降维后的空间中与近邻点具体有相似的簇标签。

(3) 有效维度问题: 在针对某一个事物采集数据样本时, 通常要从不同的角度选择实体属性。然而随着数据越来越多, 样本属性的有效与否也变得越来越难以判别。有效维度问题指的是某维度与数据是否相关。有可能在同一个数据集中, 不同的簇中有不同的维相关性。虽然整体上某一维度与数据有相关性, 但是在特定簇中可能无关。

(4) 维度相关性问题: 这个问题也可认为是维度之间的正交性问题, 如果两个维度存在显著的相关性, 那么基于假设维度正交性算法的聚类结果是不可信的。维度相关性问题随着数据维度的增加影响聚类结果可靠性的概率也变大。同样地, 不同的簇也可能有不同的维度之间相关性。如果维度之间存在相关性, 高维数据聚类算法可以采取一定的策略选取有代表性的维度。

高维数据聚类要解决有效维问题和维相关问题。现有的方案从三个角度解决这些问题。

① 假设数据集中的所有簇共享相同的子空间, 即所有的簇都存在于同一个低维流形上, 这类算法通常先将整个数据集降维以剔除数据集中的相关维和无效维度, 再对得到的低维空间进行聚类。

② 假设不同的簇有不同的子空间, 即不同的簇存在于原始数据的不同的低维流形表示中, 这类算法通常要同时得出簇和簇对应的子空间。

③ 假设每个样本都有自己的子空间, 簇通过合并有相似的样本子空间的样本形成。这类算法通常也要同时得出簇和对应的子空间。

从解决问题的策略上看, 现有算法主要可分为两类: 降维算法和子空间聚类算法。

降维算法认为高维数据存在一个或者多个本征低维流形, 故其学习目标是能通过维度选择或者维度变换方法找到这样的流形, 也就是簇所在的子空间。一些算法要进行后续的聚类过程, 另一些算法本身就是非监督学习, 即在降维的同时能得出簇分配结果。在传统的全局降维算法的基础上, 近年来发展出了一些局部降维或非线性的降维方法。

子空间聚类算法关注样本的簇属性, 其目标是找出高维空间的子空间中的簇。如果在高维空间的子空间中存在簇, 那么如同经典的聚类算法, 这些簇仍满足聚类假设, 即簇内点距离小于簇间点距离, 簇之间由点分布稀疏的空间分隔。子空间聚类算法中的簇存在于全局维度中的子空间中, 因此, 通常寻找子空间与寻找子空间中的簇同时进行。子空间聚类、协同聚类、投影聚类等属于这类算法, 它们的共同特点是, 对不同的簇来说不同特征的重要性是有差异的, 或者说簇只与特定的不同的特征子集相关联。

### 8.5.2　子空间聚类

子空间聚类算法不是寻找全局存在的低维流形, 而是针对每个簇寻找其有效维度和相关维度。所以子空间聚类把维度分析集成进聚类迭代的过程中。图 8.10 给出了子空间聚类的主要任务: 在聚类算法的流程中, 既要寻找簇所在的子空间, 又要寻找合适的簇分配。在典型场景中, 这两个任务是相互依赖的。引入其他的信息有助于打破这个循环依赖。

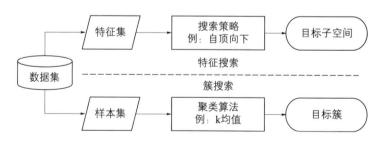

**图 8.10**　子空间聚类要解决的问题

传统的全局降维方法在一些情况下的应用受限。在一些数据集的全局空间中找不到一个低维流形空间, 从而无法在低维空间中进行聚类。图 8.11 描述了一个二维数据集中的子空间聚类问题, 数据集出四个聚类构成, 其中簇 1、簇 2、簇 3 都存在于一维空间中, 簇 4 存在于二维空间中。在对图 8.11 中数据集进行聚类时, 若采用传统的全局降维算法如 PCA[15], 在降维后的结果中进行聚类如采用 DBSCAN 算法[16], 所有的簇都不能明显分开。这是由于不存在四个类同时存在的一维流形, 所以这个例子中传统的全局降维算法不能准确地得出结果。

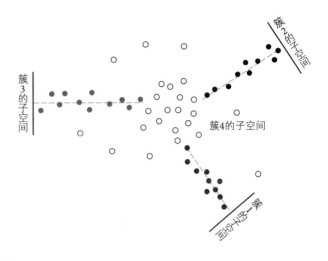

**图 8.11** 子空间聚类要解决的问题

为此引入两个概念: 局部维有效性和局部维相关性。局部维有效性指在某一个簇中, 原始数据空间中的度也存在于这个簇中。局部维相关性指在某一个簇中, 两个维度之间的相关性。如在图 8.11 中的数据集中, 维 $x$、维 $y$ 都是簇 1、簇 2、簇 4 的局部有效维度, 在簇 1、簇 2 中这两维度是局部线性相关的。而对于簇 3, 只有维 $y$ 是局部有效维。

子空间聚类试图在原数据集中找到很多聚类, 各个聚类是在不同维度构成的空间中形成的, 一般不是全维, 因此叫子空间。朴素的寻找子空间的方法是遍历每个子空间及它们的线性组合, 这个想法显然是 NP 困难的。因此, 寻找合适的假设以及方法来减少寻找子空间的复杂度是这类算法的主要目标之一。另一个问题是如何确定子空间中的簇分配。这要引入子空间相似度查询、子空间近邻查询、子空间距离测度等概念。这是此类算法寻求解决的另一个主要问题。

在高维数据集中, 存在的子空间数目是巨大的, 需要有效的空间搜索算法。目前主要有两种子空间聚类算法, 分别是自底向上子空间搜索方法和自顶向下子空间搜索方法。图 8.12 展示了常见子空间聚类算法的分类。

根据对簇子空间的假设以及对子空间簇的定义不同, 子空间聚类算法可以分成轴平行子空间聚类算法、基于模式的子空间聚类算法和任意方向子空间聚类算法。如

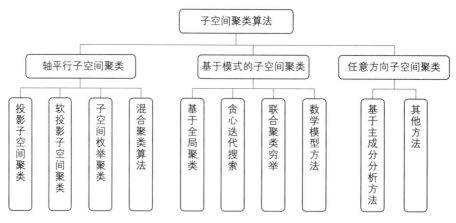

**图 8.12** 子空间聚类算法分类

图 8.11 中所示, 虽然子空间簇可能存在于任意方向, 但是在一些应用中, 簇存在于轴平行子空间中。采用簇只存在于轴平行子空间中这个假设可以降低寻找子空间的复杂度。此外, 另一种基于模式的子空间聚类方法介于以上两种方法之间, 其假设簇存在于子空间的一个子集中。下面一节详细介绍了轴平行子空间聚类中的投影子空间聚类。

### 8.5.3 轴平行子空间聚类

在全维空间中, 簇中的点形成的超平面与不相关维形成的坐标轴平行。由于此种几何外观, 形成这种类型的簇算法被称为轴平行子空间聚类算法。

#### 1. 子空间搜索策略

到目前为止, 这一领域的大多数研究主要集中在将不同的全维聚类技术的全维簇模型转化为子空间聚类数据模型。平行轴子空间聚类的首次统计模型的提出基于如下假设: 在全维空间中的子空间聚类中包括属性的值分布不会是空值或者均匀分布。这一假设满足统计测试。

使用 $\mathcal{X}$ 表示由 $N$ 个 $D$ 维数据点构成的数据集, 这 $D$ 个维度构成的属性空间为 $F$, 第 $i$ 数据点 $\boldsymbol{x}^{(i)}$ 的 $D$ 维属性向量可以表示成 $\left[x_1^{(i)}, x_2^{(i)}, \cdots, x_D^{(i)}\right]^{\mathrm{T}}$。一个子空间聚簇可以表示为 $P = \{\widetilde{\boldsymbol{X}}, \widetilde{F}\}$, 其中, 数据点子集和属性子集满足 $\widetilde{\boldsymbol{X}} \subseteq \boldsymbol{X}, \widetilde{F} \subseteq F$, 一个子空间聚簇可以定义为当数据点投影在属性子集 $\widetilde{F}$ 上时有部分数据点子集分布很紧密。

在全维数据空间中寻找可能存在簇的轴平行子空间维数的复杂度是指数级的。因此, 该领域研究的主要任务是发展适当的子空间搜索方法。依照搜索子空间的策略不同, 子空间聚类可分为自顶向下搜索和自底向上搜索。

自底向上子空间搜索: 遍历数据空间的所有可能的子空间需要指数级的时间复杂度。如搜索事务数据库中的频繁项集问题, 项集包含项目 $A$、$B$、$C$。Apriori 算法[17]的核心思想是从大小为 1 的项集 (称为 "事务") 开始, 不断去除包含较小非频繁项集的过程。例如, 如果一个 1 项集包含 $A$ 不是频繁项集, 项集小于给定的最小支持度间值, 所有 2 项集、3 项集等, 如果包含 $A$, 例如 $\{A, B\}, \{A, C\}, \{A, B, C\}$, 肯定也是非频繁项集, 否则项集包含 $A$ 本来频繁。不需要再对这些非频繁项集进行最小支持度间值测试。从理论上讲, 这种方法搜索空间仍然是指数级的, 但是实际上通常能极大地加速搜索过程。

将项集问题转移到子空间聚类, 每个属性表示一个项目, 每一个子空间聚类表示包含相应的子空间属性的项目的事务。对于所有的频繁 1 项集, 所有由其组合构成的子空间至少包含一个簇, 这是许多早期的自底向上子空间聚类方法的基本原理。寻找包含簇的子空间从确定所有的 1 维子空间开始, 用类似于频繁项集挖掘算法的搜索策略搜索至少容纳一个簇的子空间。若要应用任何有效的频繁项集挖掘算法, 聚类算法必须假设数据具有向下闭包属性, 也称为单调性属性: 如果子空间 $S$ 包含一个簇, 那么任何子空间 $T \subseteq S$ 也必须包含簇。在行搜索空间剪枝时, 即排除特定的子空间, 可以用其逆反命题: 如果 $T$ 的一个子空间中不包含簇, 任何包含 $T$ 的超集 $S \supseteq T$ 也不能包含簇。

### 2. 投影子空间搜索策略

投影子空间聚类寻找平行于轴的子空间, 在这样的子空间中将数据点进行聚类, 类似于将数据点简单地投影进某个子空间中, 因此, 称其为平行于轴的 “投影”。这种聚类使用自顶向下的搜索方法, 首先以同等权重的维度在全维空间中寻找一个初始逼近的集群。每个聚类中的维度都被分配了权重。更新后的权重用于下一次迭代生成新的簇。

这类算法创建出的子空间为硬划分空间, 也就是说一个维度要么属于一个簇, 要么不属于一个簇。这类算法能够得出较好的结果, 但非常依赖参数设定。最关键的参数是簇的数量和子空间的大小, 然而通常情况下, 提前确定这些参数比较困难。此外, 因为子空间大小是一个参数, 自顶向下算法容易找到簇中的相同或类似大小的子空间。使用采样的技术, 样本的大小是另一个关键参数, 对最终结果的质量影响很大。

### (1) PROCLUS 算法

PROCLUS[9] 是最初也是最典型的基于投影的子空间聚类算法。算法使用中心点技术, 能够通过局部分析找到中心点所在的子空间。算法采用曼哈顿距离作为两个点距离的衡量标准, 可以有效地衡量在不同簇中的点之间的距离。

算法主要有三个阶段, 分别是初始化阶段、迭代阶段和聚类修正阶段。

在初始化阶段, 算法的目的是选取中心点集的超集, 首先随机选取 $A \cdot k$ ($A$ 是常数) 样本点 $\mathrm{MC}'$, 然后使用贪婪算法最终获取一个大小为 $B \cdot k$ 的中心点集 ($B$ 是常数

190

且 $B < A$), 记为 MC。这个贪婪算法的主要过程如下: ①从 MC' 中选择 1 个随机的点加入中心点集 MC; ②计算出样本点集 MC' 中其他点与中心点集 MC 中所有点距离最大的样本点; ③将样本点 $m$ 加入到中心点集 MC 中; ④重复步骤②、③直到 MC 中点的数量达到 $B \cdot k$。

在迭代阶段, 首先要确定 MC 中每一个中心点 $m_i$ 对应的维度。在确定中心点集之后, 为每一个中心点 $m_i$, 选择其相关的维度集。

使用 $L_i$ 表示中心点 $m_i$ 的局部近邻点, 通过下面的方式来定义:

$$L_i = \left\{ \boldsymbol{x}^{(i)} \mid \text{dist}\left(\boldsymbol{x}^{(i)} - \boldsymbol{m}_i\right) < \min_{i \neq j} \text{dist}\left(\boldsymbol{m}_i, \boldsymbol{m}_j\right) \right\} \tag{8.37}$$

式中, $L_i$ 就是到中心点 $m_i$ 的距离比任意两个中心点之间的距离都要小的点的集合。在特殊情况下, $L_i$ 可以为空, 即没有属于这个中心点 $m_i$ 的相关维度, 也就是说这个 $m_i$ 在之后替换过程中将会被新的中心点代替。计算中心点与其近邻在各个维度上的平均距离 $X_{ij}$, 再计算 $Y_i$, $Y_i$ 代表的是 $X_{ij}$ 在所有维度中距离的均值, 其中 $i$ 代表的是第 $i$ 个中心点。可以简单认为, 当 $X_{ij} - Y_i$ 为负数时, 维度 $j$ 与中心点 $m_i$ 有关, 否则无关。在给定平均簇维度参数 $l$ 的条件下, 定义这个维度上的 $X_{ij}$ 相对于均值的偏差。对 $X_{ij}$ 的标准差进行如下定义:

$$\sigma_i = \frac{\sum_j \left(X_{ij} - Y_i\right)^2}{D - 1} \tag{8.38}$$

接下来计算 $Z_{ij} = (X_{ij} - Y_i) / \sigma_i$, 标准差越小对应的 $Z$ 值越大。对 $Z$ 进行排序, 选取最大的 $k \cdot l$ 个 $Z$ 值, 将对应的维度分配给对应的中心点。

在之后的迭代阶段, 从 MC 中随机选取 $k$ 个中心点作为初始中心点集 $M$, 将数据集的点分配给离它们最近的中心点 $m$。之后在 $M$ 中选择被分配到的点最少的中心点 $m_{bad}$, 随机从 MC 中选择一个点替换 $m_{bad}$, 重复上述步骤直到类内距离之和不再变小。

在优化阶段, 算法通过对数据进行多次扫描改进聚类质量, 计算相关维集合的方法和迭代步骤类似, 只不过这里用簇中点的分布代替了中心点的半径, 此外, 算法在这个阶段还对离群点进行了处理。最后, 根据计算得出的子空间数据, 将数据集中的所有点分配到离它们最近的中心点所代表的簇中。

PROCLUS 算法的流程伪代码如算法 8.7 所示。

---

**算法 8.7　PROCLUS 算法伪代码**

输入：样本集 $\mathcal{X} = \{\boldsymbol{x}^{(1)}, \boldsymbol{x}^{(2)}, \boldsymbol{x}^{(3)}, \cdots, \boldsymbol{x}^{(N)}\}$，聚类个数 $k$，最大迭代次数 max，平均簇维度 $l$，样本大小 $N$

1. 确定初始的中心点集;
2. **repeat**
3. 确定每个中心点对应的维度;
4. 把数据分配到最近的中心点集;
5. 替换最坏的中心点;
6. 重新计算中心点集;
7. **until** 中心点集没有改变;
8. 将数据分配给最新的中心点集;

输出：聚类结果 $L$

---

由于采用了半径的概念，PROCLUS 算法对球形簇的聚类效果比较好，但是对参数比较敏感，需要用户指定簇的个数 $k$ 和簇的平均维度 $l$，而这两个参数在实际中都是很难提前确定的。通过中心点表示每个聚类，中心点带有子空间属性，还可能有一个噪声类。另外，因为 PROCLUS 算法运行时，$M$ 个中心点是随机生成的，所以，即使使用相同的参数，多次运行 PROCLUS 算法的结果也有可能是不同的。

**(2) 其他投影子空间聚类算法**

FINDIT 算法[10] 是对 PROCLUS 算法的改进，FINDIT 应用启发式的算法增加了算法的效率和结果的准确性。FINDIT 在结构上类似于 PROCLUS 和其他自顶向下聚类算法，但是使用了一个独特的距离度量公式——面向维度距离 (dimension oriented distance, DOD) 公式。由于用的是 DOD 公式计算得出的中心点 $m$ 的前 $V$ 个近邻点，根据 DOD 公式的特点，与 $m$ 没有任何关系的数据点成为 $m$ 的近邻点的概率非常小，根据集合 $S$ 的产生规则，每个聚类至少有 $\xi$ 个数据点在 $S$ 中。为了对一个给定的连续的间值范围进行启发搜索，需要有一个评价公式评价哪个参数 $\varepsilon$ 构成的子空间更好。FINDIT 算法给出的评价公式如下：

$$\text{soundness }(MC_\varepsilon) = \sum_{mc \in MC_\varepsilon} (|mc| \times |KD_{mc}|) \tag{8.39}$$

式中，$mc$ 表示簇中心点；$|KD_{mc}|$ 表示相关维度的个数。由式 (8.39) 确定选择哪个 $\varepsilon$ 后，数据集的子空间和中心点也就确定了。最后只需要将数据集的所有点一次分配给中心点即可。

PROCLUS 算法的另一个改进算法是半监督投影聚类 (semi-supervised projected clustering, SSPC)[18]。SSPC 使用了已经分类的标签数据和标记属性等领域知识，该改进显示了此类算法的潜力。

子空间偏好加权密度连接聚类 (subspace preference weighted density connected clustering, PreDeCon) [19] 算法中应用了基于密度的空间聚类算法 DBSCAN, 使用了改进的距离获取聚类的子空间。这个子空间距离度量基于子空间优先级的理念。每个数据点 $p$ 都有自己的子空间优先级, 表示 $p$ 所代表的最大子空间。具体来说, 如果该维上点 $p$ 按照欧几里得距离计算的 $\varepsilon$-近邻的标准差小于给定的参数 $\delta$, 就将该维度设为该点的相关维度。点在子空间中的距离是通过带权重的欧几里得空间计算所得。如果一个维度是该点的相关维度, 将其权重设为值 $K \gg 1$, 否则将其设为 1。PreDeCon 可以自动确定聚类的个数, 也可以自动处理噪声点。其结果是确定的, 在给定的子空间中, 可以产生任意形状大小的聚类。然而, PreDeCon 要求用户输入指定的参数是很难确定的。

CLTREE[11] 的思想与众不同。这种算法的基本思想如下: 首先, 将所有点设为相同标签; 然后, 增加其他在数据空间上呈现正态分布的点之后将其设为另一个类; 按照这种方式训练生成一个决策树来区别两个类, 最终, 数据的属性会被逐渐分开。但是, 选择一个划分需要知识的获取, 而这个代价非常高。可以预料, 人造的叠加数据的密度会对产生结果的质量有很大影响, 由于事先对所存在的分布并不清楚, 寻找到一个合适的参数是相当困难的。另外一个问题是邻近区域的合并问题, 如果两个相应的 "桶" 并不 "接触", 那么它们很容易被分到两个簇中。

## 8.6 扩展阅读

随着数据量的不断增加, 数据类型也变得更加复杂, 越来越多的学者将聚类算法的研究重点转移到大数据上。从分布式、并行、高维三个角度出发, 对聚类算法进行探究。基于高维的方法, 在前面子空间聚类方法中已经介绍。在分布式的角度上主要结合 MapReduce 框架和 SPARK 框架进行算法的设计, 提出了基于 MapReduce 的并行 k 均值 (parallel k-means based on MapReduce, PK-Means)[20] 聚类、基于 MapReduce 的 DBSCAN(DBSCAN based on MapReduce, MR-DBSCAN)[21] 聚类等算法。并行聚类算法中, 目前比较流行的是基于图形处理器 (graphic processing unit, GPU) 的算法, 例如, 图形 DBSCAN (graphic DBSCAN, G-DBSCAN) 算法[22] 与图形 OPTICS (graphic OPTICS, G-OPTICS) 算法[23]。

## 8.7 习题

1. 试设计一个聚类性能度量指标, 并与本章的指标进行比较。

2. 试证明: $p \geqslant 1$ 时, 闵可夫斯基距离满足距离度量的四条基本性质; $0 \leqslant p < 1$ 时, 闵可夫斯基距离不满足直递性, 但满足非负性、同一性、对称性; $p$ 趋向无穷大时, 闵可夫斯基距离等于对应分量的最大绝对距离, 即

$$\lim_{p \mapsto +\infty} \left( \sum_{u=1}^{D} \left| x_u^{(i)} - x_u^{(j)} \right|^p \right)^{\frac{1}{p}} = \max_u \left| x_u^{(i)} - x_u^{(j)} \right|$$

## 8.8 实践: 利用 scikit-learn 建立一个聚类模型

### 1. 提取数据集

sklearn 中自带了一些数据集, 比如 iris 数据集, iris 数据中 data 存储花瓣长宽和花萼长宽, target 存储花的分类, 山鸢尾 (setosa)、杂色鸢尾 (versicolor) 以及维吉尼亚鸢尾 (virginica) 分别存储为数字 0, 1, 2。这里使用鸢尾花的全部特征作为分类标准。

```
from sklearn import datasets
import numpy as np

iris = datasets.load_iris()
X = iris.data
y = iris.target
```

### 2. 数据集划分

train_test_split 将数据集分为训练集和测试集, test_size 参数决定测试集的比例。random_state 参数是随机数生成种子, 在分类前将数据打乱, 保证数据的可重复利用。stratify 保证训练集和测试集中花的三大类的比例与输入比例相同。其中 X_train, X_test, y_train, y_test 分别表示训练集的分类特征, 测试集的分类特征, 训练集的类别标签和测试集的类别标签。

```
from sklearn.model_selection import train_test_split

X_train, X_test, y_train, y_test = train_test_split(X, y, test_size=0.3,
    random_state=4, stratify=y)
```

## 3. 特征标准化

运用 sklearn preprocessing 模块的 StandardScaler 类对特征值进行标准化。fit 函数计算平均值和标准差, 而 transform 函数运用 fit 函数计算的均值和标准差进行数据的标准化。

```
from sklearn.preprocessing import StandardScaler

sc = StandardScaler()
sc.fit(X_train)
X_train_std = sc.transform(X_train)
X_test_std = sc.transform(X_test)
```

### 4. 训练模型

```
from sklearn.cluster import KMeans

model = KMeans(n_clusters=3)
model.fit(X_train_std, y_train)
y_pred = model.predict(X_test_std)
```

### 5. 计算模型准确率

```
from sklearn.metrics import accuracy_score

miss_classified = (y_pred != y_test).sum()
print("MissClassified: ", miss_classified)
print('Accuracy: % .2f' % accuracy_score(y_pred, y_test))
```

得到结果:

```
MissClassified: 34
Accuracy: 0.24
```

通常, sklearn 在训练集和测试集的划分以及模型的训练中都使用了随机种子来保证最终的结果不会是一种偶然结果。所以按照上述代码得到不一样的结果只要差异不大也是正常现象。

## 参考文献

[1] H Steinhaus et al. Sur la division des corps matériels en parties. *Bull. Acad. Polon. Sci*, 1(804): 801, 1957.

[2] J MacQueen et al. Some methods for classification and analysis of multivariate obser-
vations. In *Proceedings of the fifth Berkeley symposium on mathematical statistics and probability*, volume 1, pages 281–297. Oakland, CA, USA, 1967.

[3] L Kaufman and P Rousseeuw. Finding groups in data; an introduction to cluster analysis. Technical report, J. Wiley, 1990.

[4] M Fiedler. Algebraic connectivity of graphs. *Czechoslovak mathematical journal*, 23(2): 298–305, 1973.

[5] J Malik, S Belongie, T Leung, and J Shi. Contour and texture analysis for image segmentation. *International journal of computer vision*, 43(1): 7–27, 2001.

[6] K Florek, J Łukaszewicz, J Perkal, H Steinhaus, and S Zubrzycki. Sur la liaison et la division des points d'un ensemble fini. In *Colloquium mathematicum*, volume 2, pages 282–285, 1951.

[7] P H Sneath. The application of computers to taxonomy. *Microbiology*, 17(1): 201–226, 1957.

[8] R Agrawal, J Gehrke, D Gunopulos, and P Raghavan. Automatic subspace clustering of high dimensional data for data mining applications. In *Proceedings of the 1998 ACM SIGMOD international conference on Management of data*, pages 94–105, 1998.

[9] C C Agarwal, J L Wolf, P S Yu, C Procopiuc, and J S Park. Fast algorithms for projected clustering. *ACM SIGMoD Record*, 28(2): 61–72, 1999.

[10] K-G Woo, J-H. Lee, M-H. Kim, and Y-J Lee. Findit: a fast and intelligent subspace clustering algorithm using dimension voting. *Information and Software Technology*, 46(4): 255–271, 2004.

[11] B Liu, Y Xia, and P S. Yu. Clustering through decision tree construction. In *Proceedings of the ninth international conference on Information and knowledge management*, pages 20–29, 2000.

[12] A P Dempster, N M Laird, and D B Rubin. Maximum likelihood from incomplete data via the EM algorithm. *Journal of the Royal Statistical Society: Series B (Methodological)*, 39(1): 1–22, 1977.

[13] L Kaufman and P J. Rousseeuw. *Finding groups in data: an introduction to cluster analysis*, volume 344. John Wiley & Sons, 2009.

[14] G Gan, C Ma, and J Wu. *Data clustering: theory, algorithms, and applications*. SIAM, 2020.

[15] K Pearson. Liii. on lines and planes of closest fit to systems of points in space. *The London, Edinburgh, and Dublin Philosophical Magazine and Journal of Science*, 2(11): 559–572, 1901.

[16] K Khan, S U. Rehman, K Aziz, S Fong, and S Sarasvady. DBSCAN: Past, present and future. In *The fifth international conference on the applications of digital information and web technologies (ICADIWT 2014)*, pages 232–238. IEEE, 2014.

[17] R Agrawal, T Imieliński, and A Swami. Mining association rules between sets of items in large databases. In *Proceedings of the 1993 ACM SIGMOD international conference on Management of data*, pages 207–216, 1993.

[18] K Yip, D W Cheung, and M K Ng. On discovery of extremely low-dimensional clusters using semi-supervised projected clustering. In *21st International Conference on Data Engineering (ICDE'05)*, pages 329–340. IEEE, 2005.

[19] C Bohm, K Railing, H-P Kriegel, and P Kroger. Density connected clustering with local subspace preferences. In *Fourth IEEE International Conference on Data Mining (ICDM'04)*, pages 27–34. IEEE, 2004.

[20] C Deng, Y Liu, L Xu, J Yang, J Liu, S Li, and M Li. A mapreduce-based parallel k-means clustering for large-scale cim data verification. *Concurrency and Computation: Practice and Experience*, 28(11): 3096–3114, 2016.

[21] Y He, H Tan, W Luo, S Feng, and J Fan. Mr-dbscan: a scalable mapreduce-based DBSCAN algorithm for heavily skewed data. *Frontiers of Computer Science*, 8(1): 83–99, 2014.

[22] G Andrade, G Ramos, D Madeira, R Sachetto, R Ferreira, and L Rocha. G-DBSCAN: A GPU accelerated algorithm for density-based clustering. *Procedia Computer Science*, 18: 369–378, 2013.

[23] D Melo, S Toledo, F Mourão, R Sachetto, G Andrade, R Ferreira, S Parthasarathy, and L Rocha. Hierarchical density-based clustering based on GPU accelerated data indexing strategy. *Procedia computer science*, 80: 951–961, 2016.

[24] M Roux. A comparative study of divisive and agglomerative hierarchical clustering algorithms. *Journal of Classification*, 35(2): 345–366, 2018.

# 第9章 特征降维

9

在实际应用领域中, 数据正在变得越来越复杂、维度越来越高, 可以达到几十、几百甚至上万维。不仅在机器学习领域, 在包括抽样、组合、数据挖掘和数据库等诸多领域中, 都会面临高维空间中数据变得稀疏的问题, 这被大多数学者称为 "维数灾难" (curse of dimensionality)。维数灾难指随着空间维度增加, 分析和组织高维空间因体积指数级增加所带来的各种问题, 现在一般指高维数据空间的 "空空间" 现象, 即高维数据空间的本征稀疏性, 即同样大小的数据集, 随着数据维度的增多, 在单位空间中数据的分布会越来越稀疏, 这种现象使得数理统计中的多元密度估计问题变得十分困难。与人们的直觉相反, 高维分布的尾概率分布要比相应的低维情形重要得多。解决维数灾难的方法就是特征降维 (dimensionality reduction)。

对于一个特定的机器学习任务而言, 有些属性是有用的, 被称为 "相关特征", 有些特征则是无用的, 被称为 "无关特征"。而特征选择, 就意味着从物体对象的特征集合中选择出对当前学习任务有用的 "相关特征", 将不需要的 "无关特征" 舍弃掉。一种直接的特征选择 (feature selection) 方法是子集搜索 (subset search), 将子集搜索与子集评价相结合就得到了特征选择方法。常见的特征选择方法有过滤式、包裹式和嵌入式。除此之外, 缓解维数灾难的另一个重要途径就是 "特征变换" (feature transformation), 也称为特征重构, 即通过一系列的数学变换, 将原始高维度的属性空间转换到低维度的属性空间, 进而使得低维度中的样本密度增加, 也使得其距离计算变得更加容易, 最终达到降维的目的。

本章将首先介绍特征降维的发展历史, 然后介绍特征选择及特征变换两类方法。

## 9.1 特征降维的发展历史

特征降维随着各行各业的数据处理的需求的变化而不断变化着, 为了适应不断更新的数据, 特征降维技术也在发生着变化, 逐渐变得强大, 方便各行各业的使用。过滤式选择方法 relief(relevant features)[1] 的选择机制是, 首先对数据集进行特征选择, 选择完成后再进行学习器的训练过程。包裹式特征选择方法有递归特征消除法 (recursive feature elimination, REF)[2] 和拉斯维加斯包裹法 (Las Vegas wrapper, LVW)[3]。特征选择算法由基于阈值的单一的特征选择算法逐渐发展到多种特征选择算法结合寻找最优的特征子集。基于阈值的单一的特征选择计算简单、复杂度低、效率高。组合式的特征选择指多种特征选择算法一起使用来选出最优的特征子集。由于每一个特征选择的算法具有不同的优缺点，在单独使用的时候无法克服自身的缺陷，因而不同的算法正好优势互补。

对于特征变换的方法，是通过线性或非线性的方式将原来高维空间变换到一个新的空间。常用的特征变换方法是主成分分析 (principal component analysis, PCA)，由皮尔逊 (Pearson) 在 1901 年提出[4]，后由霍特林 (Hotelling) 在 1933 年改进的一种多变量统计方法[5]。经过 PCA 之后，有些数据是线性不可分的。核主成分分析 (Kernel PCA, KPCA)[6] 则是 PCA 非线性的扩展，可以挖掘到数据集中的非线性信息。“多维缩放” (multiple dimensional scaling)[7] 希望样本在变换后的低维空间中的相似性 (或者距离关系) 与在高维空间中的相似性 (或者距离关系) 保持一致。流形学习 (manifold learning) 是一类借鉴了拓扑流形概念的降维方法。流形是在局部与欧氏空间同胚的空间，即它在局部具有欧氏空间的性质并能用欧氏距离来计算距离。其中等度量映射 (isometric mapping, isomap)[8] 试图在降维前后保持邻域内样本之间的距离，而局部线性嵌入 (locally linear embedding, LLE)[9] 则是保持邻域内样本之间的线性关系。t-SNE 算法[10]，即 t 分布随机邻域嵌入。它是 2008 年由马坦 (Maaten) 和辛顿 (Hinton) 提出来的非线性降维算法，属于流形学习的一种，常用于将高维数据嵌入到更适合人类观察的二维或三维空间，进而实现对高维数据的可视化，直观地将数据表示出来。

随着互联网的飞速发展，数据的种类也日益增多，特征降维方法的应用场景越来越多。并且，近几年出现了一些新的研究方向，比如基于特征选择的集成学习，结合克隆选择和免疫网络的多目标免疫优化的特征选择，增强式学习与特征选择的结合等。随着互联网数据的增多，特征降维方法会得到更多的研究和拓展，其应用方向也会变得越来越丰富。

## 9.2 特征选择

在机器学习中，往往需要利用物体的特征来训练学习器，在此过程中，如果特征较多，伴随而来的就是学习任务中特征维数的几何级增长，不可避免地就会带来特征维数灾难问题，导致机器学习的任务量很难完成。如果能从特征集合中，选择出与当前任务相关的特征, 就意味着机器仅需要在一部分相关特征上构建学习模型, 从而大大减轻特征维数灾难问题, 在减少特征的同时, 也会降低机器学习的任务难度、留下关键信息, 使学习过程变得更加简单有效, 大大提升学习效率和模型准确性。

在特征选择过程中, 如果因为处理不当在特征选择中丢失了一些重要特征, 就意味着在后续机器学习的过程中, 将会因为这些重要信息的缺失而无法达到一个好的训练效果, 模型性能将存在缺陷。例如, "花瓣的长" 这一重要特征就是用来区别鸢尾花的种类的, 如果丢失了这一特征, 就很难识别出鸢尾花的种类; 相反, 如果没能筛选出不需要的特征并将其舍弃掉就会给后续的机器学习任务带来很多冗余, 增加学习负担, 甚至也会影响模型最终的性能。那么, 如何才能选择出当前任务的 "相关特征", 则是特征选择的关键所在。

### 9.2.1　子集搜索与评价

在没有其他先验知识作为前提的情况下, 如果要从一个特征集合中选出所需要的 "特征子集", 就需要遍历或者穷举出所有的子集, 很明显这条路是行不通的。因此, 可行的做法是: 先给出一个评价准则, 再从整个的特征集合中选出一个 "候选子集", 根据评价准则评价这个候选子集的好坏, 然后基于评价结果产生下一个 "候选子集", 再进行评价⋯⋯以此类推, 将这个过程持续进行下去, 直至无法找到更好的 "候选子集" 为止。

对于 "子集搜索" 问题, 目前有 "前向搜索" "后向搜索" "双向搜索" 这三种子集搜索策略。前向搜索, 如图 9.1 所示, 顾名思义就是从少到多, 先确定一个最简单的单特征子集, 在此基础上依次增加特征, 构成候选子集; 后向搜索, 如图 9.2 所示, 就是从所有完整的特征集合中, 每次去除掉一些无关特征, 最后保留下与任务有关的 "相关特征",

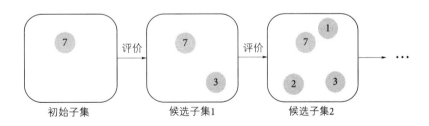

**图 9.1**　前向搜索

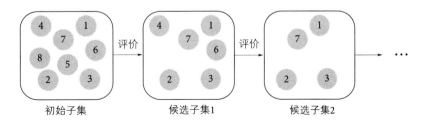

**图 9.2**　后向搜索

这样的从多到少的特征选择策略称为 "后向搜索" 策略; 第三种策略是双向搜索, 如图 9.3 所示就是把前向搜索和后向搜索结合起来, 每次既增加与任务有关的相关特征, 又去除掉与任务无关的无关特征, 如此循环进行下去, 得到最终的搜索结果, 这样的搜索策略即为 "双向搜索"。无论是前向搜索、后向搜索还是双向搜索, 它们都是贪心策略的一种, 因为它们的目标仅仅是本轮的结果最优化, 而无法在本轮确定最终结果是否是全局最优的, 所以, 这三种搜索策略都无法避免出现策略失误的情况, 容易导致最终的结果并不是全局最优的策略。

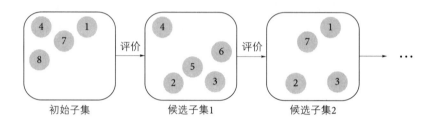

图 9.3 双向搜索

对于 "子集评价" 问题, 假设目前有鸢尾花数据集 $\mathcal{D}$, 第 $i$ 类样本所占的比例为 $P_i$, 那么根据 "花瓣的长" 这一属性, 将 $\mathcal{D}$ 分为 $V$ 个子集, 并且使得每个子集在 "花瓣的长" 这一特征上的取值是相同的, 以此来计算 "花瓣的长" 这一属性子集的信息增益为

$$信息增益 = \mathcal{D}_{信息熵} - \sum_{v=1}^{V} \frac{|\mathcal{D}^v|}{|\mathcal{D}|} \mathcal{D}^v_{信息熵} \tag{9.1}$$

其中 $\mathcal{D}_{信息熵} = -\sum_{i=1}^{|k|} P_i \log_2 P_i$。

信息增益越大就意味着, "花瓣的长" 这一属性包含了越多有助于分类的信息, 以此类推, 可以用这种计算规则, 计算每一个候选的特征子集的信息增益来计算出它对于分类是否有作用, 从而根据评价结果产生一轮候选子集。

"子集搜索" 与 "子集评价" 的结合, 就构造出了一种特征选择方法, 由于子集搜索和子集评价都不止一种, 所以, 可以结合出许多不同的特征选择方法, 目前常见的特征选择方法主要有: 过滤式选择、包裹式选择、嵌入式选择。

### 9.2.2 过滤式选择

过滤式选择的选择机制是: 首先对数据集进行特征选择, 选择完成后再进行学习器的训练过程。这一机制就像是先对特征进行了一次过滤, 使用过滤后的特征进行学习器的训练, 下面以著名的过滤式选择方法 relief (relevant features) 进行举例说明。

最早提出的 relief 算法主要针对二分类问题, 该算法设计了一个 "相关统计量" 来度量特征的重要性, 这个相关统计量可以视为每个特征的 "权值"。指定一个阈值 $\tau$, 只需选择比 $\tau$ 大的相关统计量对应的特征值即可判断这一特征是否 "重要"。

假设鸢尾花数据集为 $\left(\boldsymbol{x}^{(1)}, y^{(1)}\right), \left(\boldsymbol{x}^{(2)}, y^{(2)}\right), \cdots, \left(\boldsymbol{x}^{(N)}, y^{(N)}\right)$, 对每个样本 $\boldsymbol{x}^{(i)}$, 计算与 $\boldsymbol{x}^{(i)}$ 同类别的最近邻 $\boldsymbol{x}^{(i,Nh)}$, 然后计算与 $\boldsymbol{x}^{(i)}$ 非同类别的最近邻 $\boldsymbol{x}^{(i,Nm)}$, 那么属性 $j$ 对应的相关统计量为

$$\delta^j = \sum_i -\operatorname{diff}\left(x_j^{(i)}, x_j^{(i,Nh)}\right)^2 + \operatorname{diff}\left(x_j^{(i)}, x_j^{(i,Nm)}\right)^2 \tag{9.2}$$

由此可以得到, 若 $\boldsymbol{x}^{(i)}$ 与其同类别最近邻 $\boldsymbol{x}^{(i,Nh)}$ 在属性 $j$ 上的距离 $\operatorname{diff}\Big(x_j^{(i)},$ $x_j^{(i,Nh)}\Big)^2$ 小于 $\boldsymbol{x}^{(i)}$ 与其非同类别的最近邻 $\boldsymbol{x}^{(i,Nm)}$ 的距离, 则说明属性 $j$ 对区分同类与异类样本是有利的, 反之则不利, 相关统计量的值越大则说明该属性的分类能力越强, 也就意味着这一特征很 "重要"。

### 9.2.3  包裹式选择

特征选择过程一般包括以下四个部分: 产生过程 (generation procedure)、评价函数 (evaluation function)、停止准则 (stopping criterion) 和验证过程 (validation procedure)。

包裹式选择区别于其他方法之处在于选择过程的第二步——评价函数。包裹式选择特征的方法依赖于学习器, 需不断选取特征子集放置在学习器上训练, 然后根据学习器的性能来评价特征子集的优劣, 直至选出最优子集。这就意味着当学习器改变时, 最优的特征子集需要重新选择。包裹式特征选择流程如图 9.4 所示。

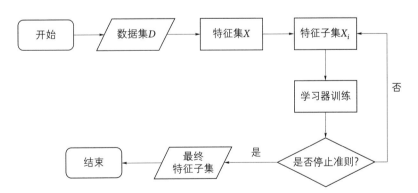

**图 9.4**  包裹式选择流程

比较有代表性的包裹式特征选择方法是递归特征消除法和拉斯维加斯包裹法。

而这两种选择方法的区别在于选择过程的第一步——产生过程。选取特征子集送至学习器训练的过程就是产生过程, 产生过程为训练搜索特征子集, 搜索方法有完全

(complete) 搜索, 随机 (random) 搜索, 启发式 (heuristic) 搜索。当随机搜索应用于拉斯维加斯方法框架时, 就形成了拉斯维加斯包裹法。当启发式搜索中的序列后向选择 (sequential backward selection, SBS) 应用于包裹式选择时, 形成了递归特征消除法。

**拉斯维加斯包裹法 (Las Vegas wrapper, LVW)**

拉斯维加斯包裹法从原始特征中随机选择特征子集, 经学习器训练后, 利用评价函数观察学习器性能, 若性能优于之前, 则保留该特征子集, 否则重复之前的步骤直至达到停止标准, 循环停止, 此时的特征子集即为所求。

**递归特征消除法 (recursive feature elimination, RFE)**

递归特征消除法的原理是利用一个模型训练全部特征, 经过一轮训练后将权值系数未达到阈值的特征从特征集中删除, 由此生成一个新的特征集, 继续对新特征集进行训练直至达到停止标准, 此时的特征集就是经过递归特征消除法筛选的特征子集。特征子集被删除的次序即为特征按优先级排序次序。

停止标准可以是特征子集的数目、$N$ 轮特征子集未更改, 学习器性能最优等条件。

由于包裹式选择要将全部特征在学习器上进行训练, 所以就计算开销而言包裹式选择相比其他选择方法要大得多, 当然包裹式选择并非没有优点, 它可以帮助特定学习器选出最能优化性能的特征子集。

### 9.2.4 嵌入式选择与 $L_1$ 正则化

在过滤式和包裹式特征选择的方法中, 过滤式方法是先对数据集进行特征选择, 然后再训练学习器。包裹式方法是从初始特征集合中不断地选择特征子集, 训练学习器, 根据学习器的特征来对子集进行评价, 直到选择出最佳的子集。在这两种方法中, 特征选择过程和学习器训练过程有明显的分别。而嵌入式特征选择是将特征选择过程与学习器训练过程融为一体, 两者在同一个优化过程中完成, 即在学习器训练过程中自动地进行特征选择。

给定数据集 $\mathcal{D} = \{(\boldsymbol{x}^{(1)}, y^{(1)}), (\boldsymbol{x}^{(2)}, y^{(2)}), \cdots, (\boldsymbol{x}^{(N)}, y^{(N)})\}$, 其中 $\boldsymbol{x} \in \mathbf{R}^d$, $y \in \mathbf{R}$。考虑最简单的线性回归模型, 以平方误差为损失函数, 则优化目标为

$$\min_{\boldsymbol{w}} \sum_{i=1}^{N} \left(y^{(i)} - \boldsymbol{w}^{\mathrm{T}} \boldsymbol{x}^{(i)}\right)^2 \tag{9.3}$$

当样本特征很多, 而样本数相对较少时, 上式很容易产生过拟合现象。如图 9.5 所示: 创建的深度学习模型没有很好地捕捉到数据特征, 不能很好地拟合数据。

为了解决过拟合问题, 嵌入式选择采用了正则化项。正则化 (regularization) 是在被优化的目标函数中添加一项与常数因子 $\lambda$ 相乘 (有时候也使用 $\alpha$) 的参数, 这一项

就叫作正则项。很容易知道, 由于目标函数总是向最小化方向发展, 那么被加进来的这一项会受到惩罚使之更倾向于最小。嵌入式选择最常用的是 $L_1$ 正则化和 $L_2$ 正则化。以下是线性回归带正则化的目标函数表达式:

带 $L_1$ 正则化的线性回归的目标函数, 也称为套索算法 (least absolute shrinkage and selection operator, LASSO):

$$\min_{\boldsymbol{w}} \sum_{i=1}^{N} \left(y^{(i)} - \boldsymbol{w}^{\mathrm{T}} \boldsymbol{x}^{(i)}\right)^2 + \lambda \|\boldsymbol{w}\|_1 \tag{9.4}$$

带 $L_2$ 正则化的线性回归的目标函数, 也称之为岭回归算法:

$$\min_{\boldsymbol{w}} \sum_{i=1}^{N} \left(y^{(i)} - \boldsymbol{w}^{\mathrm{T}} \boldsymbol{x}^{(i)}\right)^2 + \lambda \|\boldsymbol{w}\|_2^2 \tag{9.5}$$

其中, 正则化参数 $\lambda > 0$。岭回归[11] 属于经典算法之一。图 9.6 为使用 $L_2$ 正则化之后的模型拟合图, 可以看出模型能够很好地拟合。

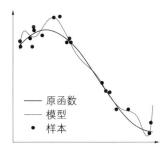

图 9.5 模型过拟合

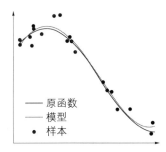

图 9.6 $L_2$ 正则化之后的模型拟合图

正则化是通过降低模型的复杂性, 缓解过拟合的问题, 那么正则化是如何解决过拟合的问题的呢? 下面从两方面进行解释。

一种比较直观和简单的理解为: 模型过于复杂是因为模型尝试去兼顾各个测试数据点, 导致模型始终处于一种动态的状态, 函数值的变化很剧烈, 如图 9.5 所示。这就意味着函数在某些小区间里的函数值波动非常大, 由于自变量值变化较小, 所以只有系数足够大, 才能保证函数值变化很大。而加入正则能抑制系数过大的问题。如岭回归的式 (9.5), 过拟合发生时, 参数 $\boldsymbol{w}$ 一般是比较大的值, 加入惩罚项之后, 只要控制 $\lambda$ 的大小, 当 $\lambda$ 很大时, $\boldsymbol{w}$ 就会逐渐变小, 即达到了同时约束数量庞大的特征的目的。

从贝叶斯的角度来分析: 正则化是为模型参数估计增加一个先验知识, 先验知识会引导损失函数最小化过程朝着约束方向迭代。$L1$ 正则是拉普拉斯先验, $L2$ 是高斯先验。整个最优化问题可以看作是一个最大后验估计, 其中正则化项对应后验估计中的先验信息, 损失函数对应后验估计中的似然函数, 两者的乘积即对应贝叶斯最大后验估计。

为了帮助理解, 来看一个直观的例子: 假定 $x$ 仅有两个属性, 所以无论岭回归还是 LASSO 接触的 $w$ 都只有两个分量, 即 $w_1$ 和 $w_2$, 将其作为两个坐标轴, 然后在图中绘制出两个式子的第一项的 "等值线", 即在 $(w_1, w_2)$ 空间中平方误差项取值相同的点的连线。再分别绘制出 $L1$ 范数和 $L2$ 范数的等值线, 即在 $(w_1, w_2)$ 空间中 $L1$ 范数取值相同的点的连线, 以及 $L2$ 范数取值相同的点的连线 (如图 9.7 所示)。

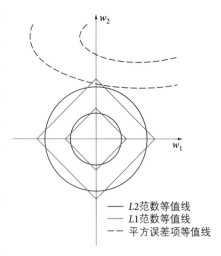

———— $L2$范数等值线
———— $L1$范数等值线
- - - - 平方误差项等值线

**图 9.7** 正则化示例

岭回归与 LASSO 的解都要在平方误差项与正则化项之间折中, 即出现在图 9.7 中平方误差项等值线与正则化项等值线相交处。而由上图可以看出, 采用 $L1$ 范数时平方误差项等值线与正则化项等值线相切时, 切点常出现在坐标轴上, 即 $w_1$ 或 $w_2$ 为 0, 而在采用 $L2$ 范数时, 两者相切时, 切点常出现在某个象限中, 即 $w_1$ 或 $w_2$ 均非 0。

这说明了岭回归的一个明显缺点: 模型的不可解释性。它将不重要的预测因子的系数缩小到趋近于 0, 但永不达到 0。也就是说, 最终的模型会包含所有的预测因子。但是, 在 LASSO 中, 如果将调整因子 $\lambda$ 调整得足够大, $L1$ 范数惩罚可以迫使一些系数估计值完全等于 0。因此, LASSO 可以进行变量选择, 产生稀疏模型。注意到 $w$ 取得稀疏解意味着初始的 $D$ 个特征中仅有对应着 $w$ 的非零分量的特征才会出现在最终模型中, 于是求解 $L1$ 范数正则化的结果时得到了仅采用一部分初始特征的模型; 换言之, 基于 $L1$ 正则化的学习方法就是一种嵌入式特征选择方法, 其特征选择过程和学习器训练过程融为一体, 同时完成。

### 9.2.5 稀疏表示与字典学习

通常, 在学习任务中给定的特征集是稠密的, 特征多样且相关性不强。相比较直接使用稠密的特征集, 当样本数据是一个稀疏的矩阵时会更有利于当前任务的学习。假设给定一个这样的稀疏样本集, 将其看作一个稀疏矩阵 $S$, 在 $S$ 中, 每一行代表一个样本, 每一列代表一种特征, 由于存在与当前任务不相关的许多特征, 所以会有大量零元素, 且不会集中于同一行或同一列。使用稀疏表示 (sparse representation) 的好处在于, 在学习的过程中, 可以使用特征选择来摒弃大量与当前任务无关的特征所在的列, 缩小数据量, 大大降低计算成本, 如图 9.8 所示。另外, 稀疏表示符合奥卡姆剃刀原理 (Occam's razor): "如无必要, 勿增实体。" 若两个模型拥有相同的解释力, 那么就选择

更加简洁的那个。稀疏表示可以使用较
少的数据进行线性组合来表示大部分或
者全部原始数据, 也使许多问题变得线性
可分。用尽可能少的资源表示尽可能多
的有用数据, 是稀疏表示的本质所在。

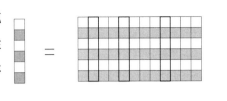

**图 9.8**　稀疏表示

　　打个比方,《新华字典》总共收字约
11 200 个, 可以形成一个具有 11 200 个
列向量的矩阵。若要用这个矩阵来表示一篇短文, 很多字都不会出现在这篇短文中, 因
此会有大量的零元素存在, 形成一个庞大的稀疏矩阵, 使得多数问题变得线性可分。然
而, 如何使得这个矩阵的稀疏化是适当的, 而不是过度的? 一种有效的办法就是使用字
典学习。

　　如果给定的样本集是稠密的, 可以通过一定的方法将稠密数据转化为稀疏的表达
形式。字典学习 (dictionary learning), 也叫作码本学习 (codebook learning) 或稀疏编
码 (sparse coding), 就是一种将稠密数据稀疏化从而提高学习效率的经典方法。从数
学形式上来看, 可以将字典学习表示为下面的优化问题:

$$\min_{\boldsymbol{D},\boldsymbol{S}} \sum_i \|\boldsymbol{S}_i\|_0$$
$$\text{s.t. } \min_{\boldsymbol{D},\boldsymbol{S}} \|\boldsymbol{X} - \boldsymbol{DS}\|_F^2 \leqslant \varepsilon \tag{9.6}$$

其中 $\boldsymbol{D} \in \mathbf{R}^{D \times k}$ 表示含有 $k$ 个原子的字典矩阵, $\boldsymbol{S}$ 代表稀疏矩阵, $\boldsymbol{S}_i \in \mathbf{R}^k$ 是样本
$\boldsymbol{x}^{(i)} \in \mathbf{R}^D$ 的稀疏表示 $\boldsymbol{X} \in \mathbf{R}^{D \times N}$ 为原始样本特征矩阵。上述目标函数是为了获取
误差尽可能小的字典矩阵, 同时使得 $\boldsymbol{S}$ 尽可能地稀疏。

　　式 (9.6) 在求解时, 可以先将这个带有约束的优化问题使用一定的方法转化为
无约束的优化问题, 例如拉格朗日乘子 (Lagrange Multiplier) 法, 转化后可以用下式
表示:

$$\min_{\boldsymbol{D},\boldsymbol{S}} \|\boldsymbol{X} - \boldsymbol{DS}\|_F^2 + \lambda \|\boldsymbol{S}_i\|_0 \tag{9.7}$$

为了便于求解, 此处将 $\|\boldsymbol{S}_i\|_0$ 用 $\|\boldsymbol{S}_i\|_1$ 替换掉, 故式 (9.7) 变为:

$$\min_{\boldsymbol{D},\boldsymbol{S}} \|\boldsymbol{X} - \boldsymbol{DS}\|_F^2 + \lambda \|\boldsymbol{S}_i\|_1 \tag{9.8}$$

　　由于目标函数需要优化 $\boldsymbol{D}$ 和 $\boldsymbol{S}$ 两个变量, 不仅要学习字典矩阵, 还要学习样本
的稀疏表示。此处可以通过交替优化两个变量的方法来求解式 (9.8), 即固定 $\boldsymbol{D}$ 优化
$\boldsymbol{S}$ 与固定 $\boldsymbol{S}$ 优化 $\boldsymbol{D}$ 交替进行。如果固定字典矩阵 $\boldsymbol{D}$, 那么通过使用 LASSO 算子来

对稀疏矩阵 $\boldsymbol{S}$ 进行求解, 得到样本 $\boldsymbol{x}^{(i)}$ 的稀疏表示:

$$\min_{\boldsymbol{S}_i} \|\boldsymbol{x}^{(i)} - \boldsymbol{D}\boldsymbol{S}_i\|_2^2 + \lambda \|\boldsymbol{S}_i\|_1 \tag{9.9}$$

接下来, 根据所得到的稀疏矩阵 $\boldsymbol{S}$ 更新字典 $\boldsymbol{D}$, 此时式 (9.8) 可以转化为

$$\min_{\boldsymbol{D}} \|\boldsymbol{X} - \boldsymbol{D}\boldsymbol{S}\|_F^2 \tag{9.10}$$

按原子逐列更新字典。记字典的第 $t$ 列向量为 $\boldsymbol{d}_t$, 稀疏矩阵的第 $t$ 行向量为 $\boldsymbol{s}^{\mathrm{T}}$, 此时式 (9.10) 可以转化为

$$
\begin{aligned}
\min_{\boldsymbol{D}} \|\boldsymbol{X} - \boldsymbol{D}\boldsymbol{S}\|_F^2 &= \min_{\boldsymbol{d}_t} \left\|\boldsymbol{X} - \sum_{j=1}^{k} \boldsymbol{d}_j \boldsymbol{s}^j\right\|_F^2 \\
&= \min_{\boldsymbol{d}_t} \left\|\left(\boldsymbol{X} - \sum_{j \neq t} \boldsymbol{d}_j \boldsymbol{s}^j\right) - \boldsymbol{d}_t \boldsymbol{s}^{\mathrm{T}}\right\|_F^2 \\
&= \min_{\boldsymbol{d}_t} \left\|\boldsymbol{E}_t - \boldsymbol{d}_t \boldsymbol{s}^{\mathrm{T}}\right\|_F^2
\end{aligned}
\tag{9.11}
$$

可以使用最小二乘法求解上式, 也可以使用奇异值分解 (singular value decomposition, SVD) 方法。需要注意的是, 如果直接对 $\boldsymbol{E}_t$ 进行奇异值分解会使求得的 $\boldsymbol{s}^{\mathrm{T}}$ 不稀疏, 所以此时需要将 $\boldsymbol{E}_t$ 中的零元素剔除, 只保留非零元素, 得到新的 $\boldsymbol{E}_t'$, 基于此再进行奇异值分解时就不会出现上述问题。通过迭代计算式 (9.7) ~ 式 (9.11) 便可得到字典 $\boldsymbol{D}$ 以及样本集的稀疏表示 $\boldsymbol{S}$。

字典学习过程可以总结如下。

---

**算法 9.1　字典学习算法**

输入: 原始样本特征矩阵 $\boldsymbol{X}$

1.　初始化字典: 从原始样本集 $\boldsymbol{X} \in \mathbf{R}^{D \times N}$ 中随机挑选 $k$ 个列向量作为初始字典的原子, 得到初始字典 $\boldsymbol{D}^0$;

　　初始化稀疏矩阵: 将零矩阵作为初始稀疏矩阵 $\boldsymbol{S}^0$;

2.　**repeat**;

3.　　固定字典, 为样本集的每个元素 $\boldsymbol{x}_i$ 求取对应的稀疏表示 $\boldsymbol{S}_i$

　　稀疏编码过程采用如下公式:

$$\boldsymbol{D}, \boldsymbol{S} = \arg\min_{\boldsymbol{D},\boldsymbol{S}} \{\|\boldsymbol{S}\|_0\}, \quad \text{s.t.} \|\boldsymbol{X} - \boldsymbol{D}\boldsymbol{S}\|^2 \leqslant \varepsilon$$

　　其中 $\varepsilon$ 为重构误差所允许的最大值;

4.　　应用公式 (9.9) 至 (9.11) 逐列更新字典 $\boldsymbol{D}^j$, 同时更新稀疏矩阵 $\boldsymbol{S}^j$;

5.　**until** 满足收敛条件或者到达指定的迭代次数。

输出: 字典 $\boldsymbol{D}$, 稀疏矩阵 $\boldsymbol{S}$

---

**例 9.1**　给定数据矩阵 $\boldsymbol{X}$, 其中矩阵的行代表样本数, 列代表特征数。试用算法

9.1 中的字典学习算法计算出 $\boldsymbol{X}$ 中数据的二维稀疏表示。

$$\boldsymbol{X} = \begin{pmatrix} 2 & 3 & 1 & 2 & 4 \\ 3 & 1 & 1 & 6 & 1 \\ 1 & 1 & 1 & 1 & 8 \end{pmatrix} \tag{9.12}$$

**解**　　构建最优化问题:

$$\min_{\boldsymbol{D},\boldsymbol{S}} \|\boldsymbol{X} - \boldsymbol{DS}\|_F^2 + \lambda \|\boldsymbol{S}_i\|_1 \tag{9.13}$$

根据算法 9.1 求解参数 $\boldsymbol{D}$, $\boldsymbol{S}$, 初始化参数:

$$\boldsymbol{D} = \begin{pmatrix} 2 & 3 \\ 3 & 1 \\ 1 & 1 \end{pmatrix} \tag{9.14}$$

$$\boldsymbol{S} = \begin{pmatrix} 0 & 0 & 0 & 0 & 0 \\ 0 & 0 & 0 & 0 & 0 \end{pmatrix} \tag{9.15}$$

接着固定字典 $\boldsymbol{D}$, 并构建稀疏表示 $\boldsymbol{S}$ 的最优化问题:

$$\min_{\boldsymbol{S}_i} \|\boldsymbol{x}^{(i)} - \boldsymbol{DS}_i\|_2^2 + \lambda \|\boldsymbol{S}_i\|_1 \tag{9.16}$$

上述优化问题的目的是求得一个稀疏矩阵 $\boldsymbol{S}$, 可以使用已有的经典算法求解, 如 LASSO, 正交匹配跟踪 (orthogonal matching pursuit, OMP) 等, 本题中重点讲述如何更新字典 $\boldsymbol{D}$, 对 $\boldsymbol{S}$ 的更新不做过多讨论, 读者可自行查阅相关资料。

假设已使用 OMP 算法得到更新后的稀疏矩阵 $\boldsymbol{S}$:

$$\boldsymbol{S} = \begin{pmatrix} 1 & 0 & 0.36 & 1.64 & 0 \\ 0 & 1 & 0 & 0 & 1.9 \end{pmatrix} \tag{9.17}$$

固定稀疏矩阵 $\boldsymbol{S}$ 后对字典 $\boldsymbol{D}$ 逐列进行更新:

$$\min_{\boldsymbol{D}} \|\boldsymbol{X} - \boldsymbol{DS}\|_F^2 = \min_{\boldsymbol{d}_t} \left\| \boldsymbol{X} - \sum_{j=1}^{k} \boldsymbol{d}_t \boldsymbol{s}^{\mathrm{T}} \right\|_F^2$$
$$= \min_{\boldsymbol{d}_t} \|\boldsymbol{E}_t - \boldsymbol{d}_t \boldsymbol{s}^{\mathrm{T}}\|_F^2 \tag{9.18}$$

因为篇幅的限制, 只演示字典 $\boldsymbol{D}$ 第一列的更新过程。

首先为避免更新后的 $\boldsymbol{S}$ 不稀疏, 需要将 $\boldsymbol{E}_1 - \boldsymbol{d}_1 \boldsymbol{s}^1$ 中对应 $\boldsymbol{S}$ 第一行位置上不为 0 的列提取出来, 得到新的 $\boldsymbol{E}_1'$

208

$$E_1 - d_1 s^1 = \begin{pmatrix} 0 & 0 & 1 & 2 & -1.73 \\ 0 & 0 & 1 & 6 & -0.91 \\ 0 & 0 & 0 & 1 & 6.09 \end{pmatrix} \tag{9.19}$$

$$E_1' - d_1 s^1 = \begin{pmatrix} 0 & 1 & 2 \\ 0 & 1 & 6 \\ 0 & 0 & 1 \end{pmatrix} \tag{9.20}$$

对 $E_1' - d_1 s^1$ 奇异值分解:

$$E_1' - d_1 s^1 = U\Sigma V^{\mathrm{T}}$$
$$= \begin{pmatrix} 0.33 & 0.91 & 0.24 \\ 0.93 & -0.28 & -0.24 \\ 0.15 & -0.3 & 0.94 \end{pmatrix} \begin{pmatrix} 6.53 & & \\ & 0.65 & \\ & & 0 \end{pmatrix} \begin{pmatrix} 0 & 0 & 1 \\ 0.19 & 0.98 & 0 \\ 0.98 & -0.19 & 0 \end{pmatrix} \tag{9.21}$$

然后取左奇异矩阵 $U$ 的第一个列向量 $(0.33\,0.91\,0.24)^{\mathrm{T}}$ 更新 $d_1$, 取右奇异矩阵的第一个行向量 $(0\,0.19\,0.98)$ 与第一个奇异值 6.53 的乘积更新 $s^1$:

$$D = \begin{pmatrix} 0.33 & 3 \\ 0.93 & 1 \\ 0.15 & 1 \end{pmatrix} \tag{9.22}$$

$$S = \begin{pmatrix} 0 & 0 & 1.26 & 6.4 & 0 \\ 0 & 1 & 0 & 0 & 1.91 \end{pmatrix} \tag{9.23}$$

以上是字典 $D$ 第一列的更新过程, 将其他列也仿照上述过程更新后就完成了字典的第一次迭代, 再经过多次迭代后就可以得到 $X$ 的二维稀疏表示。

## 9.3 特征变换

在现实生活中, 往往可以从多个方面描述一个事物, 例如在判断鸢尾花的种类的时候, 往往看它的叶子形状、根茎的形状、花的形状、气味等等, 但通常来说, 一些人通过叶子或花瓣这些主要的特征就能判断出花的种类。在机器学习领域中, 对一个学习任务来讲, 其数据集也往往具有多种属性。然而, 机器学习在现实应用的过程中, 其所面对的数据集的属性经常是成百上千维的。除此之外, 许多机器学习的方法都会涉及距离计算, 高维度的数据则会对距离计算造成很大的困难。

在上一节中, 介绍了一种高维数据的处理方法, 叫作 "特征选择" (feature selection), 它可以有效地去除不相关特征, 减少数据维度, 从而降低机器学习任务的难度。除此之外, 缓解维数灾难的另一个重要途径就是 "特征提取" (feature extraction), 也被称为特征变换, 即通过一系列的数学变换, 将原始高维度的属性空间转换到低维度的属性空间, 进而使得低维度中的样本密度增加, 也使得其距离计算变得更加容易, 最终达到降维的目的。

### 9.3.1 低维嵌入

特征选择秉承的是 "取其精华, 去其糟粕" 的思想, 只对现有特征进行选择, 挑选出能够代表整个数据特征的重要特征, 并且对特征不进行变换; 与特征选择不同, 特征提取则是对数据特征进行变换, 在合理的信息丢失的范围内, 将原来的高维数据映射到一个低维空间里面, 即高维空间的一个低维嵌入。

在从高维到低维的变换过程中, 通常是通过线性或非线性的方式将原来高维空间变换到一个新的空间。如果希望样本在变换后的低维空间中的相似性 (或者距离) 与在高维空间中的相似性保持一致, 则有一种叫作 "多维缩放" (multiple dimensional scaling, MDS)[7] 的经典降维方法。接下来对这一方法作简单介绍。

MDS 算法的基本思想是将原来的高维空间中的点映射到一个低维空间里面, 并且保持点彼此之间的 "距离" 不变。其中, 高维空间中的每一个点代表一个样本, 因此点与点之间的距离与样本之间的相似度高度相关。如图 9.9 所展示的是鸢尾花数据经过 MDS 降维后的示意图, 其中的样本数据只从其所有特征中选择 3 种特征进行展示; 图 (a) 为降维前的样本数据, 图 (b) 为使用 MDS 算法降维之后的结果。

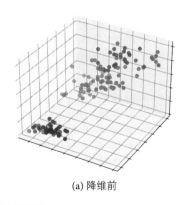
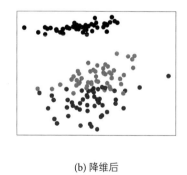

(a) 降维前　　　　　　　　　　　　　　(b) 降维后

**图 9.9**　鸢尾花数据经 MDS 降维后的示意图

假定有 $N$ 个样本, 每个样本是一个 $(1 \times D)$ 维的向量, 由此可以得出这 $N$ 个样本在原始空间中的距离矩阵 $\boldsymbol{d} \in \mathbf{R}^{N \times N}$, 其中第 $i$ 行第 $j$ 列的元素 $d_{ij}$ 表示的是第 $i$ 个样本和第 $j$ 个样本之间的距离。接下来需要做的就是求出样本在 $D'$ 维空间对应的表示, 也就是将样本降维到空间 $\boldsymbol{Z} \in \mathbf{R}^{D' \times N}$ 中, 其中用 $\boldsymbol{z}^{(i)}$ 表示在 $\boldsymbol{Z}$ 中的第 $i$ 个样本, $D' \leqslant D$, 并且要求任意两个样本在 $D'$ 维空间中的欧氏距离与在原始空间中的距离相同。

令 $\boldsymbol{B} = \boldsymbol{Z}^{\mathrm{T}} \boldsymbol{Z} \in \mathbf{R}^{N \times N}$, 其中 $\boldsymbol{B}$ 为 $\boldsymbol{Z}$ 的内积矩阵, 易知 $b_{ij} = (\boldsymbol{z}^{(i)})^{\mathrm{T}} \boldsymbol{z}^{(j)}$, 由此可以得到式 (9.24)。

$$
\begin{aligned}
d_{ij}{}^2 = \left\| \boldsymbol{z}^{(i)} - \boldsymbol{z}^{(j)} \right\|^2 &= \left\| \boldsymbol{z}^{(i)} \right\|^2 + \left\| \boldsymbol{z}^{(j)} \right\|^2 - 2(\boldsymbol{z}^{(i)})^{\mathrm{T}} \boldsymbol{z}^{(j)} \\
&= b_{ii} + b_{jj} - 2b_{ij}
\end{aligned} \tag{9.24}
$$

因为在 $D'$ 维空间中, 点可以进行平移和旋转, 因此在 $D'$ 维空间中会有多种分布满足要求, 为了不失一般性, 假设 $D'$ 维空间中的实例点是中心化的, 即 $\sum\limits_{i=1}^{N} \boldsymbol{z}^{(i)} = 0$, 而且易得 $\sum\limits_{i=1}^{N} b_{ij} = \sum\limits_{j=1}^{N} b_{ij} = 0$。

接下来对式 (9.24) 左右两边求和可得:

$$
\sum_{i=1}^{N} d_{ij}^2 = \sum_{i=1}^{N} \left\| \boldsymbol{z}^{(i)} \right\|^2 + N \left\| \boldsymbol{z}^{(j)} \right\|^2 = \mathrm{tr}(\boldsymbol{B}) + N b_{jj} \tag{9.25}
$$

$$
\sum_{j=1}^{N} d_{ij}^2 = \sum_{j=1}^{N} \left\| \boldsymbol{z}^{(j)} \right\|^2 + N \left\| \boldsymbol{z}^{(i)} \right\|^2 = \mathrm{tr}(\boldsymbol{B}) + N b_{ii} \tag{9.26}
$$

其中 $\mathrm{tr}(\cdot)$ 为矩阵的迹, $\mathrm{tr}(\boldsymbol{B}) = \sum\limits_{i=1}^{N} \left\| \boldsymbol{z}^{(i)} \right\|^2 = \sum\limits_{i=1}^{N} d_{ii}$。式 (9.26) 左右两边分别求和得:

$$
\sum_{i}^{N} \sum_{j}^{N} d_{ij}^2 = \sum_{i}^{N} \sum_{j}^{N} \left\| \boldsymbol{z}^{(j)} \right\|^2 + N \sum_{i=1}^{N} \left\| \boldsymbol{z}^{(i)} \right\|^2 = 2N \sum_{i=1}^{N} \left\| \boldsymbol{z}^{(i)} \right\|^2 = 2N tr(\boldsymbol{B}) \tag{9.27}
$$

将式 (9.25) 至式 (9.27) 代入式 (9.24) 中可得:

$$
b_{ij} = -\frac{1}{2} \left( \frac{1}{N^2} \sum_{i}^{N} \sum_{j}^{N} d_{ij}^2 - \frac{1}{N} \sum_{j=1}^{N} d_{ij}^2 - \frac{1}{N} \sum_{i=1}^{N} d_{ij}^2 + d_{ij}^2 \right) \tag{9.28}
$$

由式 (9.28) 可知, 可以使用数学变换对距离矩阵 $\boldsymbol{D}$ 进行变换求出 $D'$ 维空间对应的内积矩阵 $\boldsymbol{B}$。

易知矩阵 $\boldsymbol{B}$ 为对称矩阵, 因此可对矩阵 $\boldsymbol{B}$ 进行特征分解, 即 $\boldsymbol{B} = \boldsymbol{V} \Lambda \boldsymbol{V}^{\mathrm{T}}$, 其中 $\Lambda$ 是特征值矩阵, $\boldsymbol{V}$ 是特征向量矩阵。由于需要对原始数据进行降维, 在实际应用中往往只需要降维后的距离与原始距离相接近即可, 并不一定要相等, 因此可以选择前 $D'$ 个最大的特征值构成特征值矩阵 $\Lambda_{D'}$, 而非采用所有的非零特征值, $\boldsymbol{V}_{D'}$ 为其对应的

特征向量矩阵。由此降维后的数据点可表示为

$$Z = V_{D'}\Lambda_{D'}^{1/2} \tag{9.29}$$

---
**算法 9.2　MDS 算法**

---
输入：　原始空间距离矩阵 $d \in \mathbf{R}^{N \times N}$, 目标低维度空间维数 $D'$

1. 根据式 (9.24) 至式 (9.28) 计算出内积矩阵 $B$;
2. 对矩阵 $B$ 进行特征值分解;
3. 获得前 $D'$ 个最大的特征值, 并构成特征值矩阵 $\Lambda_{D'}$, 以及 $\Lambda_{D'}$ 对应的特征向量矩阵 $V_{D'}$;

输出：　降维后的矩阵 $Z = V_{D'}\Lambda_{D'}^{1/2}$

---

算法 9.2 给出了完整的 MDS 算法描述。MDS 算法在对高维数据进行降维时, 具有不需要先验知识、计算简单、保留了数据在原始空间的相对关系、可视化效果比较好的优点, 但同时也有以下缺点: 用户即使对观测对象有一定的先验知识或掌握了数据的一些特征, 也无法通过参数化等方法对处理过程进行干预, 最终得不到预期的结果; 此算法认为各个维度对目标的贡献相同, 然而事实上有一些维度对目标的影响很小, 有一些对目标影响比较大。

正如上述对 MDS 算法描述的那样, 它是一种非线性的特征变换算法。一般来讲, 想要通过特征变换实现对数据的降维, 最简单的是对原始空间进行线性变换。即

$$Z = W^{\mathrm{T}}X \tag{9.30}$$

其中 $X = (x^{(1)}, x^{(2)}, \cdots, x^{(N)}) \in \mathbf{R}^{D \times N}$, $W \in \mathbf{R}^{D \times D'}$ 为变换矩阵, $Z \in \mathbf{R}^{D' \times N}$ 为样本在新维度下的特征。在下一小节中, 将介绍一种对 $W$ 施加了约束的线性降维方法。

降维效果的好坏, 一般是通过对降维前后机器学习模型的性能进行对比来进行判断。在之后的章节中也会做介绍。

### 9.3.2　主成分分析

在多元统计分析中, 主成分分析 (PCA) 是由皮尔逊在 1901 年提出, 后由霍特林在 1933 年加以改进的一种多变量统计方法。

高维情形下会出现数据样本稀疏、距离难以计算等问题, 解决维数灾难中一种常用的方法是主成分分析——分析、简化数据集, 通过少数几个主成分来表达原始多个变量间的内部关系。这些主成分通常表示为原始变量的某个线性组合且彼此之间互不相关, 它们能够反映原始变量的绝大部分信息, 并且所包含的信息不重叠。

若要用一个超平面对所有样本进行恰当的表示, 这个超平面应该具有最近重构性

和最大可分性两种性质, 也就是说样本点到这个超平面的距离都足够近, 且样本点到超平面的投影能尽可能分开, 即方差最大化。基于这两种性质可以得到主成分分析的两种推导。

首先, 从最近重构性出发, 寻找一个低维平面, 使得各个数据点到平面的投影距离最小, 即寻找 $D'$ 个向量作为子空间, 将数据的维度转换为 $D'$, 将数据 $\boldsymbol{x}_i$ 映射到这个子空间上得到投影 $\boldsymbol{x}^{(i)'}$, 使得所有原样本点 $\boldsymbol{x}^{(i)}$ 与样本点 $\boldsymbol{x}^{(i)'}$ 距离之和最小。从最大可分性出发, 如果使所有样本点在新空间中超平面的投影尽可能地分开, 则应该找一些相互正交的投影方向, 使得数据在这些投影方向上投影后的样本点方差最大化。原始数据协方差矩阵的特征值越大, 则对应的方差越大, 那么在对应的特征向量上投影的信息量就越大。反之, 如果特征值较小, 则说明数据在这些特征向量上投影的信息量很小, 可以将小特征值对应方向的数据删除, 从而达到降维的目的。

由以上推导过程, 可以将 PCA 算法总结如下。

---

**算法 9.3　PCA 算法**

输入: 样本集, 低维空间维数 $D'$

1. 原始数据的标准化: 采集 $D$ 维随机向量 $\boldsymbol{x} = (x_1, x_2, \cdots, x_D)^{\mathrm{T}}$ 的 $N$ 个样品 $\boldsymbol{x}^{(i)} = \left(x_1^{(i)}, x_2^{(i)}, \cdots, x_D^{(i)}\right)^{\mathrm{T}}$, $i = 1, 2, \cdots, N, N > D$ 构造样本矩阵 $\boldsymbol{Z}$ 做如下标准化变换:

$$z_j^{(i)} = \frac{x_j^{(i)} - \bar{x}_j}{s_j}, \quad i = 1, 2, \cdots, N; \quad j = 1, 2, \cdots, D$$

其中 $\bar{x}_j = \dfrac{\sum\limits_{i=1}^{N} x_j^{(i)}}{N}$, 得到标准化阵 $\boldsymbol{Z}$;

2. 对标准化阵 $\boldsymbol{Z}$ 求协方差矩阵 $\boldsymbol{R}$ æ $\boldsymbol{R} = [r_{ij}]_{D \times D} = \boldsymbol{Z}^{\mathrm{T}} \boldsymbol{Z}$;

3. 解矩阵 $\boldsymbol{R}$ 的特征方程 $|\boldsymbol{R} - \lambda \boldsymbol{I}_D| = 0$ 得到特征值与特征向量;

4. 对特征值从大到小排序, 取最大的 $D'$ 个特征值对应的特征向量 $\boldsymbol{w}_1, \boldsymbol{w}_2, \cdots, \boldsymbol{w}_{D'}$;

输出: 投影矩阵 $\boldsymbol{W} = (\boldsymbol{w}_1, \boldsymbol{w}_2, \cdots, \boldsymbol{w}_{D'})$

---

以鸢尾花数据集为例, 数据集共有 150 条数据, 每条数据中前 4 列分别代表花萼长度, 花萼宽度, 花瓣长度, 花瓣宽度, 最后一列为类别标签。对此数据集利用 PCA 算法降维, 可以得到四维数据降至三维和二维的结果, 如图 9.10 和图 9.11 所示。

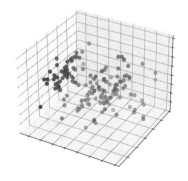

图 9.10　鸢尾花数据集降维至三维效果图

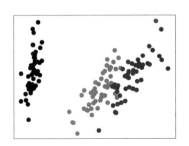

图 9.11　鸢尾花数据集降维至二维效果图

那么, 低维空间的维度 $D'$ 该如何选取? 可以找到满足下式的最小的 $D'$

$$\frac{\frac{1}{N}\sum_{i=1}^{N}\left\|\boldsymbol{x}^{(i)}-\boldsymbol{x}_{\mathrm{approx}}^{(i)}\right\|^2}{\frac{1}{N}\sum_{i=1}^{N}\left\|\boldsymbol{x}^{(i)}\right\|^2}\leqslant 0.01 \tag{9.31}$$

其中 $\boldsymbol{x}_{\mathrm{approx}}$ 是数据点从高维空间映射到低维平面上的近似点, 小于等于号右侧的数字可根据实际需求调整, 0.01 表示所选取的 $D'$ 保证了 99% 的方差。也可以从重构的角度设定一个重构阈值 $\gamma$, 选取满足下式的最小的 $D'$:

$$\frac{\sum_{i=1}^{D'}\lambda_i}{\sum_{i=1}^{D}\lambda_i}\geqslant \gamma \tag{9.32}$$

PCA 可以使样本的采样密度增大, 从冗余特征中提取主要成分, 使得数据集更易使用, 结果更易理解; 在不太损失模型质量的情况下, 降低了算法的计算开销, 提升了模型训练速度, 同时在一定程度上起到去噪的效果。但是用户即使对观测对象有一定的先验知识或掌握了数据的一些特征, 也无法通过参数化等方法对处理过程进行干预, 可能会得不到预期的结果, 也浪费了先验知识; 此外, 在非高斯分布情况下, PCA 方法得出的主元可能并不是最优的。

PCA 算法已经被广泛地应用于高维数据集的探索与可视化, 还可以用于数据压缩、数据预处理等领域, 在机器学习当中应用很广, 比如图像、语音、通信的分析处理。PCA 算法最主要的用途在于 "降维", 去除掉数据的一些冗余信息和噪声, 使数据变得更加简单高效, 提高其他机器学习任务的计算效率。

### 9.3.3　核化线性降维

线性降维方法假设从高维空间到低维空间的函数映射是线性的, 然而, 在很多现实任务中, 可能需要非线性映射才能找到恰当的低维嵌入。PCA 的使用是有局限性的, 如果遇到了一个像图 9.12 这样的线性不可分的数据集, 就比较麻烦了。

不妨用 PCA 先尝试一下:

从图 9.13 中可以看出, 经过 PCA 之后, 数据仍旧是线性不可分的。PCA 是简单的线性降维方法, 核主成分分析 (KPCA) 则是其非线性的扩展, 可以挖掘到数据集中的非线性信息。

KPCA 的主要过程是: 首先将原始数据非线性映射到高维空间; 再把得到的数据从高维空间投影降维到需要的维数 $D'$。

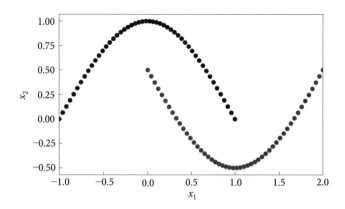

**图 9.12** 线性不可分的数据集示例

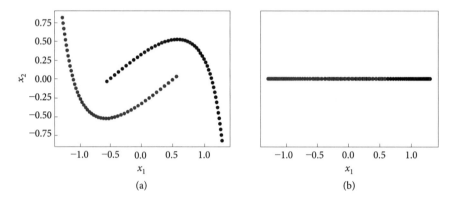

**图 9.13** PCA 降维

可以看出, KPCA 只是比 PCA 多了一步映射到高维空间的操作, 降维的操作是一样的。所以, KPCA 最终投影到的超平面也应该满足 PCA 中的最近重构性和最大可分性。于是, KPCA 最终的投影向量 $\boldsymbol{w}_j$ 也应该满足 PCA 中的等式:

$$\boldsymbol{Z}\boldsymbol{Z}^{\mathrm{T}}\boldsymbol{w}_j = \lambda_j\boldsymbol{w}_j \tag{9.33}$$

即:

$$\left(\sum_{i=1}^{N}\boldsymbol{z}^{(i)}(\boldsymbol{z}^{(i)})^{\mathrm{T}}\right)\boldsymbol{w}_j = \lambda_j\boldsymbol{w}_j \tag{9.34}$$

其中, $\boldsymbol{z}^{(i)}$ 是样本点 $\boldsymbol{x}^{(i)}$ 映射到的高维空间中的像。进一步得:

$$\begin{aligned}
\boldsymbol{w}_j &= \frac{1}{\lambda_j}\left(\sum_{i=1}^{N}\boldsymbol{z}^{(i)}(\boldsymbol{z}^{(i)})^{\mathrm{T}}\right)\boldsymbol{w}_j \\
&= \sum_{i=1}^{N}\boldsymbol{z}^{(i)}\frac{(\boldsymbol{z}^{(i)})^{\mathrm{T}}\boldsymbol{w}_j}{\lambda_j} \\
&= \sum_{i=1}^{N}\boldsymbol{z}^{(i)}\alpha_i^j
\end{aligned} \tag{9.35}$$

其中, $\alpha_i^j = \dfrac{(\boldsymbol{z}^{(i)})^{\mathrm{T}} \boldsymbol{w}_j}{\lambda_j}$ 是 $\alpha_i$ 的第 $j$ 个分量。

假设 $\boldsymbol{z}^{(i)}$ 是由原始空间的样本 $\boldsymbol{x}^{(i)}$ 通过映射 $\varphi$ 产生, 即:

$$\boldsymbol{z}^{(i)} = \varphi\left(\boldsymbol{x}^{(i)}\right), \quad i = 1, 2, \cdots, N \tag{9.36}$$

若映射 $\varphi$ 能被显式表达出来, 则通过它将样本映射至高维特征空间, 再在特征空间中实施 PCA 即可。将式 (9.34) 变换为

$$\left(\sum_{i=1}^{N} \varphi\left(\boldsymbol{x}^{(i)}\right) \varphi\left(\boldsymbol{x}^{(i)}\right)^{\mathrm{T}}\right) \boldsymbol{w}_j = \lambda_j \boldsymbol{w}_j \tag{9.37}$$

将式 (9.35) 变换为

$$\boldsymbol{w}_j = \sum_{i=1}^{N} \varphi\left(\boldsymbol{x}^{(i)}\right) \alpha_i^j \tag{9.38}$$

将式 (9.38) 代入式 (9.37) 得:

$$\left(\sum_{i=1}^{N} \varphi\left(\boldsymbol{x}^{(i)}\right) \varphi\left(\boldsymbol{x}^{(i)}\right)^{\mathrm{T}}\right) \sum_{i=1}^{N} \varphi\left(\boldsymbol{x}^{(i)}\right) \alpha_i^j = \lambda_j \sum_{i=1}^{N} \varphi\left(\boldsymbol{x}^{(i)}\right) \alpha_i^j \tag{9.39}$$

记:

$$\Phi = \left\{ \varphi\left(\boldsymbol{x}^{(1)}\right), \varphi\left(\boldsymbol{x}^{(2)}\right), \cdots, \varphi\left(\boldsymbol{x}^{(N)}\right) \right\} \tag{9.40}$$

$$\alpha^j = \left(\alpha_1^j, \alpha_2^j, \cdots, \alpha_N^j\right)^{\mathrm{T}} \tag{9.41}$$

将式 (9.40) 和式 (9.41) 代入式 (9.39), 得:

$$\Phi \Phi^{\mathrm{T}} \Phi \alpha^j = \lambda_j \Phi \alpha^j \tag{9.42}$$

一般情况下, 不清楚 $\Phi$ 的具体形式, 于是引入核函数:

$$\mathcal{K}\left(\boldsymbol{x}^{(i)}, \boldsymbol{x}^{(j)}\right) = \varphi\left(\boldsymbol{x}^{(i)}\right)^{\mathrm{T}} \varphi\left(\boldsymbol{x}^{(j)}\right) \tag{9.43}$$

核函数本质上也是个函数, 跟 $y = kx$ 没什么区别, 特殊之处在于, 它的计算结果表达了变量 $\boldsymbol{x}^{(i)}$, $\boldsymbol{x}^{(j)}$ 在高维空间的内积 $\varphi\left(\boldsymbol{x}^{(i)}\right)^{\mathrm{T}} \varphi\left(\boldsymbol{x}^{(j)}\right)$ 值。也就是说, 本来在高维空间计算的内积 $\varphi\left(\boldsymbol{x}^{(i)}\right)^{\mathrm{T}} \varphi\left(\boldsymbol{x}^{(j)}\right)$, 可以在原始较低维的空间通过核函数 $\mathcal{K}(\cdot, \cdot)$ 计算得到。

迄今为止, 关于何种场景下采用何种核函数的问题仍然没有很好的解决方法, 当前常用的办法还是不断尝试、择优使用。在大量使用中积累的经验表明, 首先尝试径向基核函数 (radial basis function, RBF) 等, 总是一个不错的选择。

对图 9.12 的线性不可分数据用基于核函数 RBF 的 KPCA 进行降维分析得到图 9.14。由图 9.14 可知, 只需要把数据集投影到经变换后的特征 PC1 上就可以实现线性划分, 这个时候只需要一个特征 PC1 就够了。

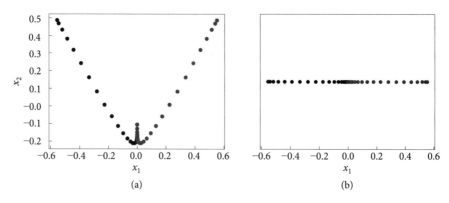

**图 9.14** KPCA 降维分析

之所以引入核函数, 可以认为有两方面原因: 其一是映射关系 $\Phi$ 未知, 其二是映射到的高维空间维数可能非常高 (甚至无限维), 在高维空间计算 $\varphi\left(\boldsymbol{x}^{(i)}\right)^{\mathrm{T}} \varphi\left(\boldsymbol{x}^{(j)}\right)$ 开销太大, 十分困难。核函数对应的核矩阵为

$$
\boldsymbol{K} = \begin{pmatrix} \mathcal{K}\left(\boldsymbol{x}^{(1)}, \boldsymbol{x}^{(1)}\right) & \cdots & \mathcal{K}\left(\boldsymbol{x}^{(1)}, \boldsymbol{x}^{(N)}\right) \\ \vdots & & \vdots \\ \mathcal{K}\left(\boldsymbol{x}^{(N)}, \boldsymbol{x}^{(1)}\right) & \cdots & \mathcal{K}\left(\boldsymbol{x}^{(N)}, \boldsymbol{x}^{(N)}\right) \end{pmatrix} \tag{9.44}
$$

式 (9.42) 两边左乘 $\Phi^{\mathrm{T}}$ 得

$$
\Phi^{\mathrm{T}} \Phi \Phi^{\mathrm{T}} \Phi \alpha^j = \lambda_j \Phi^{\mathrm{T}} \Phi \alpha^j \tag{9.45}
$$

把核矩阵代入式 (9.45), 可得:

$$
\boldsymbol{K} \alpha^j = \lambda_j \alpha^j \tag{9.46}
$$

显然, 式 (9.46) 是特征值分解问题, 取 $\boldsymbol{K}$ 最大的 $D'$ 个特征值对应的特征向量即可。对新样本 $\boldsymbol{x}$, 其投影后的第 $j\,(j=1,2,\cdots,D')$ 维坐标为

$$
\begin{aligned}
\chi_j' &= \boldsymbol{w}_j^{\mathrm{T}} \varphi(\boldsymbol{x}) \\
&= \sum_{i=1}^N \alpha_i^j \varphi\left(\boldsymbol{x}^{(i)}\right)^{\mathrm{T}} \varphi(\boldsymbol{x}) \\
&= \sum_{i=1}^N \alpha_i^j k\left(\boldsymbol{x}^{(i)}, \boldsymbol{x}\right)
\end{aligned} \tag{9.47}
$$

其中, $\alpha_i$ 已经经过正则化, $\alpha_i^j$ 是 $\alpha_i$ 的第 $j$ 个分量, 式 (9.47) 显示出, 为获得投影后的坐标, KPCA 需对所有样本求和, 因此它的计算开销较大。

最后来总结一下 KPCA 算法的计算过程:

(1) 去除平均值, 进行中心化。

(2) 利用核函数计算核矩阵 $\boldsymbol{K}$。

(3) 计算核矩阵的特征值和特征向量。

(4) 将特征向量按对应特征值大小从上到下按行排列成矩阵, 取前 $D'$ 行组成矩阵 $\boldsymbol{P}$。

(5) $\boldsymbol{P}$ 即为降维后的数据。

### 9.3.4 流形学习

在之前提到的降维方法中, 数据点和数据点之间的距离和映射都是定义在欧氏空间中的。然而在现实情况中, 数据点并不都分布在欧氏空间中, 因此传统欧氏空间的度量难以用于真实世界的非线性数据, 需要对数据分布引入新的假设。流形学习假设所处理的数据点分布嵌入在一个外围欧氏空间的一个潜在的流形体上。

流形学习 (manifold learning) 是一类借鉴了拓扑流形概念的降维方法。流形是在局部与欧氏空间同胚的空间, 即它在局部具有欧氏空间的性质并能用欧氏距离来计算距离。其中等度量映射[8] 试图在降维前后保持邻域内样本之间的距离, 而局部线性嵌入[9] 则是保持邻域内样本之间的线性关系。下面将分别对这两种著名的流行学习方法进行介绍。

#### 1. 等度量映射

等度量映射 (isomap) 是麻省理工计算机科学与人工智能实验室的特南鲍姆 (Tenenbaum) 教授于 2000 年在 *Science* 杂志上提出的。其主要是基于前面提到的低维嵌入 MDS 算法。不同之处在于, 等度量映射算法用图中两点最短路径替换了 MDS 算法中的欧氏距离, 解决了 MDS 使用欧氏距离无法应对非线性流形的问题。在高维流形中, 空间是不规则的, 最短距离不一定是欧氏距离。就如蚂蚁

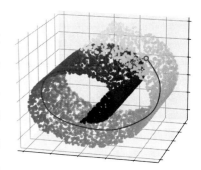

**图 9.15**　测地线距离与高维直线距离

从立方体的一面爬到另外一面, 不能直接横穿立方体一样。如图 9.15 所示, 图中两点的最近距离是图中实线的测地线距离, 而不是虚线的直线距离。

那么如何计算测地线距离呢? 等度量映射算法根据流形局部近似于欧氏空间的定义提出了一种新的求解方式。对每个点基于欧氏距离找出其近邻点, 构建一个原样本

的近邻连接图, 并保留其欧氏距离, 图中非近邻点之间的距离规定为无穷大。等量映射下的近邻连接图如图 9.16 所示。于是计算测地线的问题, 就转变为用迪杰斯特拉算法 (Dijkstra's algorithm)[12] 或弗洛伊德算法 (Floyd-Warshall algorithm)[13] 计算近邻连接图中任意两点的最短路径来近似表示测地线距离。最后将等度量映射得到的测地线距离矩阵输入 MDS 方法即可完成降维。

算法 9.4 给出等度量算法描述。

---

**算法 9.4　PCA 算法**

输入:　样本特征矩阵 $\boldsymbol{X} = [\boldsymbol{x}^{(1)}, \boldsymbol{x}^{(2)}, \cdots, \boldsymbol{x}^{(N)}]$, 近邻参数 $k$, 低维空间维数 $D'$

1.　**for** $i = 1, 2, \cdots, N$ **do**
2.　　确定 $\boldsymbol{x}^{(i)}$ 数据点的 $k$ 个近邻点;
3.　**end for**
4.　对任意两个样本点, 计算最短路径距离 $d_G(i, j)$;
5.　根据最短路径确定的距离矩阵 $\boldsymbol{D}_G$ 作为 MDS 算法的输出;

输出:　样本在低维空间的输出 $\boldsymbol{Z} = (\boldsymbol{z}^{(1)}, \boldsymbol{z}^{(2)}, \cdots, \boldsymbol{z}^{(N)})$

---

近邻连接图的构建通常有两种方法: 一种是把欧氏距离最近的 $k$ 个点为近邻点, 得到近邻连接图; 一种是把半径内的所有点作为邻居, 得到近邻连接图。注意, 如果在计算近邻时, 指定的邻域范围较大, 那么距离较远的点可能会被认为是近邻, 造成 "短路" 问题; 如果指定的邻域范围较小, 那么图中某些区域可能和其他区域不连通, 出现 "断路" 问题。而

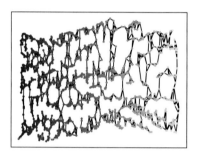

图 9.16　等度量映射下的近邻连接图

不管出现 "短路" 或 "断路" 问题都会给后面计算最短路径造成误导。

### 2. 局部线性嵌入

局部线性嵌入 (LLE) 属于流形学习的一种, 主要应用在数据挖掘、高维数据可视化和图像识别等领域。与等度量映射方法保持全局结构信息不同, LLE 在数据进行降维处理时, 更注重在低维空间中保留数据的局部拓扑结构。

图 9.17 表示鸢尾花数据集在三维空间中样本点分布情况。

图 9.18 表示通过 LLE 降维后的二维空间样本点分布, 直观上可理解为将

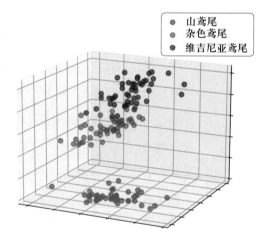

图 9.17　鸢尾花数据集样本点三维分布

三维空间的样本点投影到二维平面上, 但在二维平面中邻近的点中仍然保持线性关系。

LLE 假设高维空间中的数据在局部范围内是线性关系的, 即某一个样本数据可以被它周围的若干个样本点线性表示。例如, 在高维空间中存在样本点 $\boldsymbol{x}^{(1)}$, 使用 k 近邻思想找出和 $\boldsymbol{x}^{(1)}$ 最近的三个样本 $\boldsymbol{x}^{(2)}, \boldsymbol{x}^{(3)}, \boldsymbol{x}^{(4)}$。假设样本点 $\boldsymbol{x}^{(1)}$ 的坐标可以由它的邻域样本 $\boldsymbol{x}^{(2)}, \boldsymbol{x}^{(3)}, \boldsymbol{x}^{(4)}$ 线性表示。即:

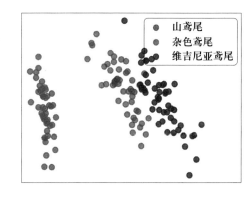

图 9.18　LLE 降维后样本点分布

$$\boldsymbol{x}^{(1)} = w_{12}\boldsymbol{x}^{(2)} + w_{13}\boldsymbol{x}^{(3)} + w_{14}\boldsymbol{x}^{(4)} \tag{9.48}$$

其中, $w_{12}, w_{13}, w_{14}$ 分别为 $\boldsymbol{x}^{(2)}, \boldsymbol{x}^{(3)}, \boldsymbol{x}^{(4)}$ 的权重系数。

假设 $\boldsymbol{z}^{(1)}$ 是 $\boldsymbol{x}^{(1)}$ 在低维空间中对应的投影坐标, $\boldsymbol{z}^{(2)}, \boldsymbol{z}^{(3)}, \boldsymbol{z}^{(4)}$ 分别为 $\boldsymbol{x}^{(2)}, \boldsymbol{x}^{(3)}, \boldsymbol{x}^{(4)}$ 的投影坐标。LLE 的目标是式 (9.48) 的线性关系在低维空间中仍然保持, 即

$$\boldsymbol{z}^{(1)} = w_{12}\boldsymbol{z}^{(2)} + w_{13}\boldsymbol{z}^{(3)} + w_{14}\boldsymbol{z}^{(4)} \tag{9.49}$$

在 LLE 中, 式 (9.48) 和式 (9.49) 表示的局部线性关系只在样本点 $\boldsymbol{x}^{(1)}$ 和 $\boldsymbol{z}^{(1)}$ 的邻域内成立, 因此在降维处理时不需要考虑其他距离样本点较远的点, 该特点降低了 LLE 算法的计算复杂度。

下面介绍 LLE 算法降维处理时计算样本点的过程。

首先使用 k 近邻方法选取距离每个样本点 $\boldsymbol{x}^{(i)}$ 最近的 $k$ 个样本, 其下标构成的集合为 $P_i$, 然后基于 $P_i$ 中的样本点计算出线性关系的权重系数。

假设有 $N$ 个 $D$ 维样本点 $\{\boldsymbol{x}^{(1)}, \boldsymbol{x}^{(2)}, \cdots, \boldsymbol{x}^{(N)}\}$, 损失函数为

$$\mathcal{L}(w) = \sum_{i=1}^{N} \left\| \boldsymbol{x}^{(i)} - \sum_{j \in P_i} w_{ij}\boldsymbol{x}^{(j)} \right\|_2^2 \tag{9.50}$$

对权重系数 $w_{ij}$ 做归一化限制, 使权重系数满足 $\sum\limits_{j \in P_i} w_{ij} = 1$

令 $\boldsymbol{D}_{jk} = \left(\boldsymbol{x}^{(i)} - \boldsymbol{x}^{(j)}\right)^{\mathrm{T}} \left(\boldsymbol{x}^{(i)} - \boldsymbol{x}^{(k)}\right)$, 则

$$w_{ij} = \frac{\sum\limits_{k \in P_i} \boldsymbol{D}_{jk}^{-1}}{\sum\limits_{l,s \in P_i} \boldsymbol{D}_{ls}^{-1}} \tag{9.51}$$

在得到高维数据的权重系数后，假设 $D$ 维空间的样本点集合 $\{\boldsymbol{x}^{(1)}, \boldsymbol{x}^{(2)}, \cdots,$ $\boldsymbol{x}^{(N)}\}$ 在对应的 $D'$ 维空间的样本点集合为 $\{\boldsymbol{z}^{(1)}, \boldsymbol{z}^{(2)}, \cdots, \boldsymbol{z}^{(N)}\}$，则损失函数为

$$\mathcal{L}(\boldsymbol{z}) = \sum_{i=1}^{N} \left\| \boldsymbol{z}^{(i)} - \sum_{j \in P_i} w_{ij} \boldsymbol{z}^{(j)} \right\|_2^2 \tag{9.52}$$

式 (9.50) 和式 (9.52) 形式相同，不同之处在于式 (9.50) 中高维数据已知，求解目标是损失函数最小时对应的权重系数 $w_{ij}$，而式 (9.52) 中权重系数已知，待求变量为最小损失下样本点的坐标。

令 $\boldsymbol{Z} = \left(\boldsymbol{z}^{(1)}, \boldsymbol{z}^{(2)}, \cdots, \boldsymbol{z}^{(N)}\right)$，$\boldsymbol{I} = \boldsymbol{Z}\boldsymbol{Z}^{\mathrm{T}}$，$\boldsymbol{M} = (\boldsymbol{I} - \boldsymbol{W})^{\mathrm{T}}(\boldsymbol{I} - \boldsymbol{W})$，式 (9.52) 可转化为

$$J(\boldsymbol{Z}) = \operatorname{tr}\left(\boldsymbol{Z}\boldsymbol{M}\boldsymbol{Z}^{\mathrm{T}}\right) \tag{9.53}$$

其中，$tr$ 表示迹函数。

式 (9.53) 通过特征值分解求解，得到 $\boldsymbol{M}$ 最小的 $D'$ 个特征值对应的特征向量组成的矩阵，转置后可得到降维后的样本点数据。

LLE 算法的优点为：

(1) 主要考虑邻近范围的点，计算复杂度低。

(2) 应用范围广，可以计算任意维度下保持局部线性特征的对应低维数据。

LLE 算法的缺点为：

(1) 高维样本的局部信息不能反映出数据集的全局线性关系。

(2) 数据稀疏的数据集，近邻样本可能分布在不同的平面上，计算效果较差，仅适用于数据集不封闭且分布稠密的数据集。

### 9.3.5 典型关联分析 (canonical correlation analysis, CCA) 算法

通过相关系数可以很好地帮助分析一维数据的相关性。假设有 $\boldsymbol{X} = [\boldsymbol{x}_1, \boldsymbol{x}_2, \cdots, \boldsymbol{x}_n]$ 和 $\boldsymbol{Y} = [\boldsymbol{y}_1, \boldsymbol{y}_2, \cdots, \boldsymbol{y}_m]$ 两组多维数据，其中 $\boldsymbol{X}$、$\boldsymbol{Y}$ 分别为 $n$ 维、$m$ 维时又该怎么分析它们之间的相关性呢? CCA 可以帮助解决这个问题。

CCA 将多维数据视为各自维度线性组合形成的整体，并通过最大化相关系数获得连接系数。可以理解为 CCA 是在进行降维，将高维数据降维到一维，然后再用相关系数进行相关性的分析。

这样的应用其实很多，举个简单的例子。想考察山鸢尾花 $\boldsymbol{X}$ (花萼长度 $\boldsymbol{x}_1$，花萼宽度 $\boldsymbol{x}_2$，花瓣长度 $\boldsymbol{x}_3$，花瓣宽度 $\boldsymbol{x}_4$) 与杂色鸢尾花 $\boldsymbol{Y}$ (花萼长度 $\boldsymbol{y}_1$，花萼宽度 $\boldsymbol{y}_2$，花瓣长度 $\boldsymbol{y}_3$，花瓣宽度 $\boldsymbol{y}_4$) 之间的关系，其中

$$X = \begin{bmatrix} 5.3 & 3.7 & 1.5 & 0.2 \\ 5.0 & 3.3 & 1.4 & 0.2 \\ 5.2 & 3.4 & 1.4 & 0.2 \\ 5.2 & 3.5 & 1.5 & 0.2 \end{bmatrix}$$

$$Y = \begin{bmatrix} 7.0 & 3.2 & 4.7 & 1.4 \\ 6.4 & 3.2 & 4.5 & 1.5 \\ 6.1 & 2.8 & 4.0 & 1.3 \\ 6.6 & 3.0 & 4.4 & 1.1 \end{bmatrix}$$

CCA 的实质就是在两组多维数据 $X$、$Y$ 中分别选取若干个具有代表性的综合指标

$$U = \boldsymbol{a}^{\mathrm{T}} X = a_1 \boldsymbol{x}_1 + a_2 \boldsymbol{x}_2 + \cdots + a_n \boldsymbol{x}_n$$

$$V = \boldsymbol{b}^{\mathrm{T}} Y = b_1 \boldsymbol{y}_1 + b_2 \boldsymbol{y}_2 + \cdots + b_m \boldsymbol{y}_m$$

即

$$U = a_1 \boldsymbol{x}_1 + a_2 \boldsymbol{x}_2 + a_3 \boldsymbol{x}_3 + a_4 \boldsymbol{x}_4$$

$$= a_1 \begin{bmatrix} 5.3 \\ 5.0 \\ 5.2 \\ 5.2 \end{bmatrix} + a_2 \begin{bmatrix} 3.7 \\ 3.3 \\ 3.4 \\ 3.5 \end{bmatrix} + a_3 \begin{bmatrix} 1.5 \\ 1.4 \\ 1.4 \\ 1.5 \end{bmatrix} + a_4 \begin{bmatrix} 0.2 \\ 0.2 \\ 0.2 \\ 0.2 \end{bmatrix}$$

$$V = b_1 \boldsymbol{y}_1 + b_2 \boldsymbol{y}_2 + b_3 \boldsymbol{y}_3 + b_4 \boldsymbol{y}_4 = b_1 \begin{bmatrix} 7.0 \\ 6.4 \\ 6.1 \\ 6.6 \end{bmatrix} + b_2 \begin{bmatrix} 3.2 \\ 3.2 \\ 2.8 \\ 3.0 \end{bmatrix} + b_3 \begin{bmatrix} 4.7 \\ 4.5 \\ 4.0 \\ 4.4 \end{bmatrix} + b_4 \begin{bmatrix} 1.4 \\ 1.5 \\ 1.3 \\ 1.1 \end{bmatrix}$$

用这些指标中相关系数最大的指标来表示原来数据的相关关系。这在多维数据的相关性分析中, 可以合理地简化变量; 当相关系数足够大时, 可以由一个数据的数值预测另一个数据的维度的线性组合的数值。

CCA 的优化目标是最大化相关系数 $\rho$ 从而得到对应的连接系数 $ab$, 即

$$\underbrace{\arg\max}_{ab} \rho = \underbrace{\arg\max}_{ab} \frac{\mathrm{cov}(U, V)}{\sqrt{D(U)}\sqrt{D(V)}}$$

其中, $\mathrm{cov}(U, V)$ 表示 $U$ 和 $V$ 的协方差, $D(U), D(V)$ 是 $U$ 和 $V$ 的方差。将原始数据标准化为方差为 1, 均值为 0。

$$\boldsymbol{X}_- = \begin{bmatrix} 1.3357 & 0.5216 & -0.5979 & -1.2594 \\ 1.3802 & 0.4509 & -0.5876 & -1.2435 \\ 1.3876 & 0.4451 & -0.6022 & -1.2305 \\ 1.3636 & 0.4720 & -0.5769 & -1.2587 \end{bmatrix}$$

$$\boldsymbol{Y}_- = \begin{bmatrix} 1.4244 & -0.4261 & 0.3044 & -1.3027 \\ 1.3943 & -0.3904 & 0.3346 & -1.3385 \\ 1.4239 & -0.4557 & 0.2278 & -1.3100 \\ 1.4069 & -0.3860 & 0.3113 & -1.3322 \end{bmatrix}$$

这样就会有

$$\mathrm{cov}(\boldsymbol{U}, \boldsymbol{V}) = \boldsymbol{a}^{\mathrm{T}} E\left(\boldsymbol{X}_-\boldsymbol{Y}_-^{\mathrm{T}}\right) \boldsymbol{b}$$

$$\begin{cases} D(\boldsymbol{U}) = \boldsymbol{a}^{\mathrm{T}} E\left(\boldsymbol{X}_-\boldsymbol{X}_-^{\mathrm{T}}\right) \boldsymbol{a} \\ D(\boldsymbol{V}) = \boldsymbol{b}^{\mathrm{T}} E\left(\boldsymbol{Y}_-\boldsymbol{Y}_-^{\mathrm{T}}\right) \boldsymbol{b} \end{cases}$$

$$\begin{cases} E\left(\boldsymbol{X}_-\boldsymbol{X}_-^{\mathrm{T}}\right) = D\left(\boldsymbol{X}_-\right) = \mathrm{cov}\left(\boldsymbol{X}_-, \boldsymbol{X}_-\right) \\ E\left(\boldsymbol{Y}_-\boldsymbol{Y}_-^{\mathrm{T}}\right) = D\left(\boldsymbol{Y}_-\right) = \mathrm{cov}\left(\boldsymbol{Y}_-, \boldsymbol{Y}_-\right) \end{cases}$$

$$\begin{cases} \mathrm{cov}\left(\boldsymbol{X}_-, \boldsymbol{Y}_-\right) = E\left(\boldsymbol{X}_-, \quad \boldsymbol{Y}_-^{\mathrm{T}}\right) \\ \mathrm{cov}\left(\boldsymbol{Y}_-, \boldsymbol{X}_-\right) = E\left(\boldsymbol{Y}_-, \quad \boldsymbol{X}_-^{\mathrm{T}}\right) \end{cases}$$

令 $C_{\boldsymbol{XY}} = \mathrm{cov}\left(\boldsymbol{X}_-, \boldsymbol{Y}_-\right)$，优化目标可转化为

$$\underset{\boldsymbol{ab}}{\arg\max} \frac{\boldsymbol{a}^{\mathrm{T}} C_{\boldsymbol{XY}} \boldsymbol{b}}{\sqrt{\boldsymbol{a}^{\mathrm{T}} C_{\boldsymbol{XX}} \boldsymbol{a}} \sqrt{\boldsymbol{b}^{\mathrm{T}} C_{\boldsymbol{YY}} \boldsymbol{b}}}$$

通过 $\boldsymbol{Z} = \begin{bmatrix} \boldsymbol{X}_- \\ \boldsymbol{Y}_- \end{bmatrix}$，$\mathrm{cov}(\boldsymbol{Z}) = \begin{bmatrix} C_{\boldsymbol{XX}} & C_{\boldsymbol{XY}} \\ C_{\boldsymbol{YX}} & C_{\boldsymbol{YY}} \end{bmatrix}$，可以简单地求得

$$C_{\boldsymbol{XX}} = \begin{bmatrix} 0.0009 & -0.0121 \\ -0.0121 & 0.2257 \end{bmatrix}$$

$$C_{\boldsymbol{YY}} = \begin{bmatrix} 0.2251 & -0.0187 \\ -0.0187 & 0.0017 \end{bmatrix}$$

$$C_{\boldsymbol{XY}} = \begin{bmatrix} 0.0113 & -0.0007 \\ -0.2239 & 0.0181 \end{bmatrix}$$

$$C_{\boldsymbol{YX}} = \begin{bmatrix} 0.0113 & -0.2239 \\ -0.0007 & 0.0181 \end{bmatrix}$$

只要求出这个优化目标的最大值，那么就得到了多维数据 $\boldsymbol{X}$ 和 $\boldsymbol{Y}$ 的相关性度量及对应的线性系数 $\boldsymbol{a}$、$\boldsymbol{b}$。

利用拉格朗日函数，优化目标转化为

$$\underbrace{\arg\max}\, L(\boldsymbol{a}, \boldsymbol{b}) = \underbrace{\arg\max}\left\{ \boldsymbol{a}^{\mathrm{T}} C_{\boldsymbol{XY}}\boldsymbol{b} - \frac{\lambda}{2}\left(\boldsymbol{a}^{\mathrm{T}}C_{\boldsymbol{XX}}\boldsymbol{a} - 1\right) - \frac{\theta}{2}\left(\boldsymbol{b}^{\mathrm{T}}C_{\boldsymbol{YY}}\boldsymbol{b} - 1\right)\right\}$$

分别对 $\boldsymbol{a}, \boldsymbol{b}$ 求导并令结果为 $0$。

$$C_{\boldsymbol{XY}}\boldsymbol{b} - \lambda C_{\boldsymbol{XX}}\boldsymbol{a} = 0 \tag{9.54}$$

$$C_{\boldsymbol{YX}}\boldsymbol{a} - \theta C_{\boldsymbol{YY}}\boldsymbol{b} = 0 \tag{9.55}$$

将式 (9.54) 左乘 $\boldsymbol{a}^{\mathrm{T}}$, 式 (9.55) 左乘 $\boldsymbol{b}^{\mathrm{T}}$, 并利用 $\boldsymbol{a}^{\mathrm{T}}C_{\boldsymbol{XX}}\boldsymbol{a} = 1, \boldsymbol{b}^{\mathrm{T}}C_{\boldsymbol{YY}}\boldsymbol{b} = 1$, 可得到:

$$\lambda = \theta = \boldsymbol{a}^{\mathrm{T}}C_{\boldsymbol{XY}}\boldsymbol{b}$$

也就是说拉格朗日系数就是要优化的目标。继续将上面的两个式子做整理, 式 (9.54) 左乘 $C_{\boldsymbol{XX}}^{-1}$, 式 (9.55) 左乘 $C_{\boldsymbol{YY}}^{-1}$

$$C_{\boldsymbol{XX}}^{-1}C_{\boldsymbol{XY}}\boldsymbol{b} = \lambda\boldsymbol{a} \tag{9.56}$$

$$C_{\boldsymbol{YY}}^{-1}C_{\boldsymbol{YX}}\boldsymbol{a} = \lambda\boldsymbol{b} \tag{9.57}$$

将式 (9.57) 代入式 (9.56)

$$\boldsymbol{A} = C_{\boldsymbol{XX}}^{-1}C_{\boldsymbol{XY}}C_{\boldsymbol{YY}}^{-1}C_{\boldsymbol{YX}}\boldsymbol{a} = \lambda^2\boldsymbol{a}$$

$$\begin{bmatrix} 1.2335 & -0.0951 \\ 0.0127 & 0.9892 \end{bmatrix} = \lambda^2\boldsymbol{a}$$

解得

$$\lambda^2 = \begin{bmatrix} 0.9943 \\ 1.2285 \end{bmatrix}$$

$$\mathrm{Vec}(\boldsymbol{A}) = \begin{bmatrix} 0.3694 & 0.9986 \\ 0.9293 & 0.0531 \end{bmatrix}$$

同理将式 (9.56) 代入式 (9.57)

$$\boldsymbol{B} = C_{\boldsymbol{YY}}^{-1}C_{\boldsymbol{YX}}C_{\boldsymbol{XX}}^{-1}C_{\boldsymbol{XY}}\boldsymbol{b} = \lambda^2\boldsymbol{b}$$

$$\begin{bmatrix} 0.9405 & 0.0234 \\ -0.6614 & 1.2822 \end{bmatrix} = \lambda^2\boldsymbol{b}$$

解得

$$\lambda^2 = \begin{bmatrix} 0.9943 \\ 1.2285 \end{bmatrix}$$

$$\mathrm{Vec}(\boldsymbol{B}) = \begin{bmatrix} -0.3991 & -0.0810 \\ -0.9169 & -0.9967 \end{bmatrix}$$

而后, 使其满足约束条件即可求出线性系数。

### 9.3.6　t-SNE 算法

t-SNE 算法[10], 全称为 t-distributed stochastic neighbor embedding, 即 t 分布随机邻域嵌入。它是 2008 年由马坦 (Maaten) 和辛顿 (Hinton) 提出来的非线性降维算法, 属于流形学习的一种, 常用于将高维数据嵌入到更适合人类观察的二维或三维空间, 进而实现对高维数据的可视化, 直观地将数据表示出来。

#### 1. t-SNE 算法详解

t-SNE 算法是由 stochastic neighbor embedding(SNE) 算法优化而来的, 所以, 首先要了解 SNE 算法的具体过程。

SNE 算法, 即随机邻近嵌入算法, 它会用表示相似性的条件概率来代表高维空间中数据点之间的欧几里得距离, 简单来讲, 就是说将两个数据之间的相似性转化为条件概率。这一概率如何定义呢? 假设输入的高维空间为 $\boldsymbol{X} \in \mathbf{R}^D$, 降维后的输出空间为 $\boldsymbol{Z} \in \mathbf{R}^{D'}(D' \leqslant D)$。$\boldsymbol{x}^{(i)}$, $\boldsymbol{x}^{(j)}$ 是高维空间中的两个数据点, 以点 $\boldsymbol{x}^{(i)}$ 为中心构建方差为 $\sigma_i$ 的高斯分布, 使用 $P_{j|i}$ 表示 $\boldsymbol{x}^{(j)}$ 为 $\boldsymbol{x}^{(i)}$ 邻域的概率, $P_{j|i}$ 定义如下:

$$P_{j|i} = \frac{\exp\left(-\left\|\boldsymbol{x}^{(i)} - \boldsymbol{x}^{(j)}\right\|^2 / 2\sigma_i^2\right)}{\sum\limits_{k \neq i} \exp\left(-\left\|\boldsymbol{x}^{(i)} - \boldsymbol{x}^{(k)}\right\|^2 / 2\sigma_i^2\right)} \tag{9.58}$$

其中, 由于只关心不同点之间的相似性, 所以定义 $P_{j|i} = 0$。

对于输出空间中的数据点, 同样使用条件概率来表示两点之间的相似性。假设 $\boldsymbol{z}^{(i)}$、$\boldsymbol{z}^{(j)}$ 是 $\boldsymbol{x}^{(i)}$, $\boldsymbol{x}^{(j)}$ 映射到低维空间后的数据点, $z^{(j)}$ 为 $z^{(i)}$ 的邻域的条件概率 $q_{j|i}$ 定义为:

$$q_{j|i} = \frac{\exp\left(-\left\|\boldsymbol{z}^{(i)} - \boldsymbol{z}^{(j)}\right\|^2\right)}{\sum\limits_{k \neq i} \exp\left(-\left\|\boldsymbol{z}^{(i)} - \boldsymbol{z}^{(k)}\right\|^2\right)} \tag{9.59}$$

同理, 定义 $q_{i|j} = 0$。

令 $P_i$ 表示高维空间中 $x_i$ 与其他所有数据点的条件概率分布, $Q_i$ 为与之对应的低维空间中的条件概率分布。理想情况下, 希望降维后的数据分布能够与原始的高维空间中的数据分布保持一致, 即 $P_i = Q_i$, 从而不破坏其局部特征。但实际中, 这两者之间还是会存在一定的差异, 利用 KL 散度来对其进行衡量, 即目标函数定义为:

$$\mathcal{L} = \sum_i \text{KL}(P_i \| Q_i) = \sum_i \sum_j p_{j|i} \log \frac{P_{j|i}}{q_{j|i}} \tag{9.60}$$

而以上的定义也导致了 SNE 算法的第　个缺点。当高维空间中的两个数据点距离较近, 但映射到低维空间后距离较远时, 即 $P_{j|i}$ 较大且 $q_{j|i}$ 较小时, 目标函数会得到一个很大的损失; 当高维空间中的两个数据点距离较远, 但映射到低维空间后距离较近时, 即 $P_{j|i}$ 较小, $q_{j|i}$ 较大时, 目标函数得到的损失会较小。这是由于 KL 散度本身的不对称性所造成的, 从而也会进一步导致 SNE 算法更关注于局部特征, 而忽视了全局结构的结果。

其目标函数的求解过程如下。

首先, 由于不同的数据点对应着不同的高斯分布的标准差 $\sigma_i$, SNE 引入了困惑度, 通过分搜索的方式来寻找一个最佳标准差。该困惑度可以理解为某个数据点附近有效近邻点的个数, 通常设置为 5~50 之间, 其定义如下:

$$\text{Perp}(P_i) = 2^{H(P_i)} \tag{9.61}$$

其中, $H(P_i)$ 是条件概率分布的香农熵, 定义为

$$H(P_i) = -\sum_j p_{j|i} \log_2 p_{j|i} \tag{9.62}$$

在得到合适的 $\sigma$ 后, 对损失函数求梯度得:

$$\frac{\partial \mathcal{L}(z^{(i)})}{\partial z^{(i)}} = 2 \sum_j \left( p_{j|i} - q_{j|i} + p_{i|j} - q_{i|j} \right) \left( z_i - z_j \right) \tag{9.63}$$

在迭代更新过程中, 梯度中会使用一个较大的动量来加速优化过程以及避免陷入局部最优解, 其过程如下:

$$z_t = z_{t-1} + \eta \frac{\partial \mathcal{L}(z)}{\partial z} + \alpha(t) \left( z_{t-1} - z_{t-2} \right) \tag{9.64}$$

其中, $z_t$ 为第 $t$ 次迭代的解, $\eta$ 为学习率, $\alpha(t)$ 则为第 $t$ 次迭代的动量。

在以上过程中, 还会导致 SNE 算法计算量大的缺点。具体来说, 在梯度计算时, 由于 $p_{j|i} \neq p_{i|j}, q_{j|i} \neq q_{i|j}$, 这种不对称性会使得梯度计算过程非常复杂。

除此之外, 在 SNE 算法中, 还存在着由于高维空间与低维空间距离分布的差异所

造成的拥挤问题。举个例子,假设有一个三维的球体,其中有着均匀分布的点,如果把这些点投影到一个二维的圆形上,那将会有很多点重合,这会大大影响降维的效果。

对于以上这些缺点, SNE 算法逐步有了如下的改善。

**对称 SNE 算法**

对于 SNE 算法中 $p_{j|i} \neq p_{i|j}, q_{j|i} \neq q_{i|j}$ 所造成的计算复杂等问题,对称 SNE 算法采用了更加通用的联合概率分布代替原始的条件概率,使得 $p_{ji} = p_{ij}, q_{ji} = q_{ij}$。

在此前提下,在高维空间中, $p_{ij}$ 的定义为

$$p_{ij} = \frac{\exp\left(-\left\|\boldsymbol{x}^{(i)} - \boldsymbol{x}^{(j)}\right\|^2 / 2\sigma^2\right)}{\sum\limits_{k \neq l} \exp\left(-\left\|\boldsymbol{x}^{(k)} - \boldsymbol{x}^{(l)}\right\|^2 / 2\sigma^2\right)} \tag{9.65}$$

低维空间中, $q_{ij}$ 的定义为

$$q_{ij} = \frac{\exp\left(-\left\|\boldsymbol{z}^{(i)} - \boldsymbol{z}^{(j)}\right\|^2\right)}{\sum\limits_{k \neq l} \exp\left(-\left\|\boldsymbol{z}^{(k)} - \boldsymbol{z}^{(l)}\right\|^2\right)} \tag{9.66}$$

然而,高维空间中的定义会带来异常值的问题,很容易受到异常数据的影响。假设 $\boldsymbol{x}^{(i)}$ 是一个噪声数据,则 $\left\|\boldsymbol{x}^{(i)} - \boldsymbol{x}^{(j)}\right\|^2$ 会很大,所有 $\boldsymbol{x}$ 所对应的 $p_{ij}$ 会很小,这会导致在低维空间中,其所对应的 $\boldsymbol{z}^{(i)}$ 对损失函数的影响很小。为了解决这个问题,对称 SNE 算法对高维空间中的联合概率修正为

$$p_{ij} = \frac{p_{i|j} + p_{j|i}}{2} \tag{9.67}$$

这样,就可以保证每个点对于损失函数都会有一样的贡献。

同时,梯度函数也就变为

$$\frac{\delta C}{\delta \boldsymbol{y}_i} = 4 \sum_j \left(p_{ij} - q_{ij}\right)\left(\boldsymbol{y}_i - \boldsymbol{y}_j\right) \tag{9.68}$$

这也是对称 SNE 算法对比 SNE 算法来说最大的优点,其梯度函数更加简化,计算更加高效,但其效果仅比 SNE 算法略好一点。

**t-SNE 算法**

为了解决 SNE 算法中另外两大缺点——忽视全局结构以及拥挤问题, SNE 算法引入了 t 分布,得到了 t-SNE 算法。

在 t-SNE 算法中,就是采用上述介绍的 t 分布代替高斯分布,在低维空间中将距离转换为概率分布,从而使得高维度空间中的中低等距离在映射后能够有一个较大的

距离。此时, $q_{ij}$ 的定义变为

$$q_{ij} = \frac{\left(1 + \|\boldsymbol{z}_i - \boldsymbol{z}_j\|^2\right)^{-1}}{\sum_{k \neq l} \left(1 + \|\boldsymbol{z}_l - \boldsymbol{z}_k\|^2\right)^{-1}} \tag{9.69}$$

在此定义下, 梯度计算公式也会简单很多, 优化后如下:

$$\frac{\partial \mathcal{L}\left(\boldsymbol{z}^{(i)}\right)}{\partial \boldsymbol{z}^{(i)}} = 4 \sum_j \left(p_{ij} - q_{ij}\right) \left(\boldsymbol{z}^{(i)} - \boldsymbol{z}^{(j)}\right) \left(1 + \left\|\boldsymbol{z}^{(i)} - \boldsymbol{z}^{(j)}\right\|^2\right)^{-1} \tag{9.70}$$

其后的过程与原始的 SNE 一样, 使用 KL 散度定义的目标函数进行优化, 从而求解。

### 2. t-SNE 的特点

以上 t-SNE 算法的原理, 决定了其具有以下优缺点。

**优点**: (1) 对比于原始的 SNE 算法, t-SNE 算法的计算效率更高, 且一定程度地解决了拥挤问题, 并在关注局部特征的同时, 更好地捕获了全局结构特征。

(2) 能够在一个单一映射上按多种比例显示结构。

(3) 显示位于多个、不同的流形或聚类中的数据。

**缺点**: (1) 计算成本高、速度慢。在百万样本数据集上 t-SNE 可能需要计算几个小时, 而 PCA 可以在几秒或几分钟内完成同样工作。

(2) 没有唯一最优解, 且不能用于预测, 主要用于可视化。

### 3. 案例实践

图 9.19 展示了使用 Python 语言在鸢尾花数据集上通过 sklearn 算法库来实现 t-SNE 算法以及 PCA 算法的可视化结果。

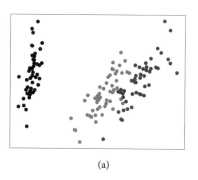 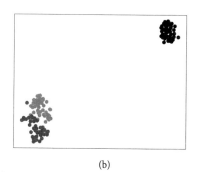

(a)            (b)

**图 9.19** PCA 算法和 t-SNE 算法在鸢尾花数据集上的运行结果

从图 9.19 可以看出, PCA 算法和 t-SNE 算法均能在鸢尾花数据集上得到较好的可视化结果, 但是由于鸢尾花数据集是线性可分的, 本身较为简单, t-SNE 算法的优势

性不强。为了更好地展示 t-SNE 算法的优势, 我们在 MNIST 手写数字数据集上进行了对比。

输出结果如下:

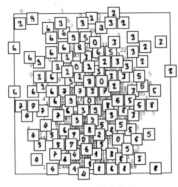

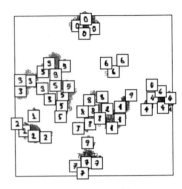

(a) 原始数据集      (b) PCA 可视化效果      (c) t-SNE 可视化效果

**图 9.20**   t-SNE 算法的代码运行结果

虽然 t-SNE 算法的执行时间要长一些, 但从图 9.20 可以看出, 其降维可视化效果要远好于 PCA 算法。这也正是线性方法比起 t-SNE 这一流形算法的不足之处, 线性方法虽然速度较快, 但往往会丢失数据中重要的非线性结构, 不利于建模曲面的流形。而 t-SNE 算法则在高维空间中, 将数据点之间的相似性转换为概率, 从数据本身学习数据的高维结构, 用高斯核函数定义了数据的局部和全局结构之间的软边界, 并倾向于提取聚类的局部样本组。这种基于局部结构对样本进行分组的能力, 更有助于在视觉上同时解开包含多个流形的数据集, 如本案例中手写数字数据集。

## 9.4   扩展阅读

随着维度爆炸时代的到来, 急需新的理论以及方法来处理超高维数据。Fan 和 Lv[14] 首先提出超高维特征筛选方法 (sure independence screening, SIS), 成为当今统计热点的研究领域。文献[15] 首先提出基于协方差的无模型假定特征筛选方法——确定性独立排序筛选 (sure independence ranking screening, SIRS)。虽然近些年来, 研究者提出了大量的超高维筛选方法, 但还是有许多问题需要解决, 对于超高维筛选来说, 其核心就是找到一个合适的度量指标来衡量变量之间的关系, 这方面还面临很大的局限性。

## 9.5 习题

1. 什么情况下会优先选择使用包裹式特征选择方法?

2. 包裹式特征选择方法的时间复杂度是多少?

3. 调用 sklearn 库中 feature_selection 模块提供的 RFE 方法实现鸢尾花数据集的特征选择。

4. 编程实现 MDS 算法。

5. 分别使用 PCA 和 KPCA 对鸢尾花数据集进行降维, 观察对比划分后的图像结果。

6. 简要描述 PCA 与 KPCA 之间的联系与区别。

7. 使用 LLE 算法进行降维并打印出降维后样本点坐标。

8. 实现并对比 PCA 和 t-SNE 算法在鸢尾花数据集和 MNIST 数据集上的可视化结果。

## 9.6 实践: 利用 scikit-learn 建立一个 PCA 模型

### 1. 提取数据集

sklearn 中自带了一些数据集, 比如 iris 数据集, iris 数据中 data 存储花瓣长宽和花萼长宽, target 存储花的分类, 山鸢尾 (setosa)、杂色鸢尾 (versicolor) 以及维吉尼亚鸢尾 (virginica) 分别存储为数字 0, 1, 2。这里使用鸢尾花的全部特征作为分类标准。

```
from sklearn import datasets
import numpy as np


iris = datasets.load_iris()
X = iris.data
y = iris.target
```

### 2. 数据集划分

train_test_split 将数据集分为训练集和测试集, test_size 参数决定测试集的比例。random_state 参数是随机数生成种子, 在分类前将数据打乱, 保证数据的可重复利用。stratify 保证训练集和测试集中花的三大类的比例与输入比例相同。其中 X_train, X_test, y_train, y_test 分别表示训练集的分类特征, 测试集的分类特征,训练集的类别标签和测试集的类别标签。

```
from sklearn.model_selection import train_test_split

X_train, X_test, y_train, y_test = train_test_split(X, y, test_size=0.3,
    random_state=4, stratify=y)
```

### 3. 特征标准化

运用 sklearn preprocessing 模块的 StandardScaler 类对特征值进行标准化。fit 函数计算平均值和标准差, 而 transform 函数运用 fit 函数计算的均值和标准差进行数据的标准化。

```
from sklearn.preprocessing import StandardScaler

sc = StandardScaler()
sc.fit(X_train)
X_train_std = sc.transform(X_train)
X_test_std = sc.transform(X_test)
```

### 4. 训练模型

```
from sklearn.decomposition import PCA

model = PCA(n_components=2)
model.fit(X_train_std)
```

### 5. 对测试数据降维

源数据集中, 每个样本有 4 维特征, 这里我们利用在训练数据得到的模型将测试数据降维 2 维特征。

```
new_X_test = model.transform(X_test_std)
print(new_X_test[: 5])
```

得到结果:

```
[[-1.80695534e+00  1.86203926e-03]
 [ 4.47876927e-02  1.04196505e+00]
 [ 9.58752958e-01 -2.58214401e-02]
 [ 1.28574894e+00  1.53596177e+00]
 [-2.03585522e+00 -5.67972940e-01]]
```

通常, sklearn 在训练集和测试集的划分以及模型的训练中都使用了随机种子来保证最终的结果不会是一种偶然现象。所以按照上述代码得到不一样的结果只要差异不大也是正常现象。

# 参考文献

[1] K Kira, L A. Rendell, et al. The feature selection problem: traditional methods and a new algorithm. In *Aaai*, volume 2, pages 129–134, 1992.

[2] I Guyon, J Weston, S Barnhill, and V Vapnik. Gene selection for cancer classification using support vector machines. *Machine learning*, 46(1):389–422, 2002.

[3] H Liu and R Setiono. Feature selection and classification: A probabilistic wrapper approach. In *Proceedings of 9th International Conference on Industrial and Engineering Applications of AI and ES*, pages 419–424, 1997.

[4] K Pearson. Liii. on lines and planes of closest fit to systems of points in space. *The London, Edinburgh, and Dublin Philosophical Magazine and Journal of Science*, 2(11):559–572, 1901.

[5] H Hotelling. Analysis of a complex of statistical variables into principal components. *Journal of educational psychology*, 24(6):417, 1933.

[6] B Schölkopf, A Smola, and K-R Müller. Nonlinear component analysis as a kernel eigenvalue problem. *Neural computation*, 10(5):1299–1319, 1998.

[7] M Steyvers. Multidimensional scaling. *Encyclopedia of cognitive science*, 2006.

[8] J B Tenenbaum, V De Silva, and J C Langford. A global geometric framework for nonlinear dimensionality reduction. *science*, 290(5500):2319–2323, 2000.

[9] S T. Roweis and L K. Saul. Nonlinear dimensionality reduction by locally linear embedding. *science*, 290(5500):2323–2326, 2000.

[10] L Van der Maaten and G. Hinton. Visualizing data using t-SNE. *Journal of machine learning research*, 9(11), 2008.

[11] A N Tikhonov. On the stability of inverse problems. In *Dokl. Akad. Nauk SSSR*, volume 39, pages 195–198, 1943.

[12] E W Dijkstra et al. A note on two problems in connexion with graphs. *Numerische mathematik*, 1(1):269–271, 1959.

[13] C Stephen. Kleene. representation of events in nerve nets and finite automata. *Automata studies*, 1956.

[14] J Fan and J Lv. Sure independence screening for ultrahigh dimensional feature space. *Journal of the Royal Statistical Society: Series B (Statistical Methodology)*, 70(5):849–911, 2008.

[15] L-P Zhu, L Li R Li, and L-X Zhu. Model-free feature screening for ultrahigh-dimensional data. *Journal of the American Statistical Association*, 106(496):1464–1475, 2011.

# 附录 A

借助于人工神经网络的发展, 图像分类领域取得了极大的成功。本章使用 Mind-Spore 深度学习框架完成两个简单的实验, 展示模型如何训练和测试, 帮助读者更好地理解深度神经网络。MindSpore 是华为公司开源的新一代 AI 开源计算框架, 为数据科学家和算法工程师提供设计友好、运行高效的开发体验, 推动人工智能软硬件应用生态繁荣发展。具体内容如下: 首先介绍全场景 AI 框架 MindSpore, 然后介绍如何使用 MindSpore 实现前馈神经网络, 最后实现网络微调。

## A.1 全场景 AI 框架 MindSpore

MindSpore 是一个全场景深度学习框架, 旨在实现易开发、高效执行、全场景覆盖三大目标, 其中易开发表现为 API 友好、调试难度低, 高效执行包括计算效率、数据预处理效率和分布式训练效率, 全场景则指框架同时支持云、边缘以及端侧场景。

MindSpore 总体架构如图 A.1 所示, 下面介绍主要的扩展层 (MindSpore Extend)、前端表达层 (MindExpression, ME)、编译优化层 (MindCompiler) 和全场景运行时 (MindRT) 四个部分。

- MindSpore Extend(扩展层): MindSpore 的扩展包, 期待更多开发者来一起贡献和构建。

- MindExpression(表达层): 基于 Python 的前端表达, 未来计划陆续提供C/C++、Java 等不同的前端; MindSpore 也在考虑支持目前还处于预研阶段的华为自研编程语言前端——仓颉; MindSpore 同时也在做与 Julia 等第三方前端的对接工作, 引入更多的第三方生态。

- MindCompiler (编译优化层): 图层的核心编译器, 主要基于端云统一的 MindIR 实现三大功能。功能包括与硬件无关的优化 (类型推导、自动微分、表达式化简等)、与硬件相关的优化 (自动并行、内存优化、图算融合、流水线执行等)、部署推理相关的优化 (量化、剪枝等); 其中, MindAKG 是 MindSpore 的自动算子生成编译器, 目前还在持续完善中。

- MindRT (全场景运行时): 这里含云侧、端侧以及更小的 IoT。

### A.1.1 MindSpore 的设计理念

MindSpore 源于最佳的全产业实践, 向数据科学家和算法工程师提供了统一的模型训练、推理和导出等接口, 支持端、边、云等不同场景下的灵活部署, 推动深度学习和科学计算等领域繁荣发展。

MindSpore 提供了 Python 编程范式, 用户使用 Python 原生控制逻辑即可构建复杂的神经网络模型, AI 编程变得简单。

目前主流的深度学习框架的执行模式有两种, 分别为静态图模式和动态图模式。静态图模式拥有较高的训练性能, 但难以调试。动态图模式相较于静态图模式虽然易于调试, 但难以高效执行。

MindSpore 提供了动态图和静态图统一的编码方式, 大大增加了静态图和动态图的可兼容性, 用户无须开发多套代码, 仅变更一行代码便可切换动态图/静态图模式, 例如设置 context.set_context (mode=context.PYNATIVE_MODE) 切换成动态图模式, 设置 context.set_context(mode=context.GRAPH_MODE) 即可切换成静态图模式, 用户可拥有更轻松的开发调试及性能体验。

神经网络模型通常基于梯度下降算法进行训练, 但手动求导过程复杂, 结果容易

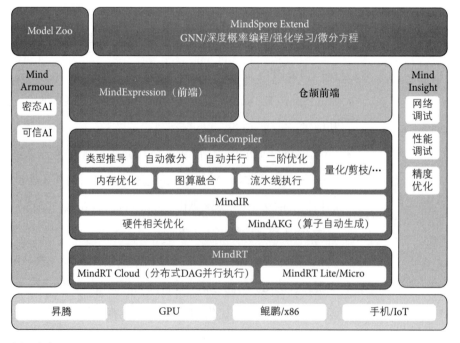

**图 A.1** MindSpore 深度学习框架

出错。MindSpore 的基于源码转换 (source code transformation, SCT) 的自动微分法 (automatic differentiation) 采用函数式可微分编程架构, 在接口层提供 Python 编程接口, 该接口可以控制流的表达。用户可聚焦于模型算法的数学原生表达, 无须手动进行求导。

随着神经网络模型和数据集的规模不断增加, 分布式并行训练成了神经网络训练的常见做法, 但分布式并行训练的策略选择和编写十分复杂。这严重制约着深度学习模型的训练效率, 阻碍深度学习的发展。MindSpore 统一了单机和分布式训练的编码方式。开发者无须编写复杂的分布式策略, 在单机代码中添加少量代码即可实现分布式训练, 例如设置 context.set_auto_parallel_context (parallel_mode = ParallelMode.AUTO_PARALLEL) 便可自动建立代价模型, 为用户选择一种较优的并行模式, 提高神经网络训练效率, 大大降低了 AI 开发门槛, 使用户能够快速实现模型思路。

### A.1.2　MindSpore 的层次结构

MindSpore 向用户提供了 3 个不同层次的 API, 支撑用户进行网络构建、整图执行、子图执行以及单算子执行, 从低到高分别为 Low-Level Python API、Medium-Level Python API 以及 High-Level Python API, 如图 A.2 所示。

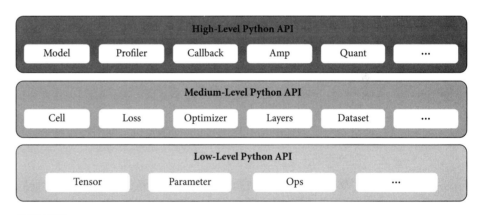

**图 A.2**　MindSpore 的层次结构

- Low-Level Python API: 第一层为低阶 API, 主要包括张量定义、基础算子、自动微分等模块, 用户可使用低阶 API 轻松实现张量定义和求导计算。例如用户可通过 Tensor 接口自定义张量, 使用 ops.composite 模块下的 GradOperation 算子计算函数在指定处的导数。

- Medium-Level Python API: 第二层为中阶 API, 其封装了低阶 API 并提供网络层、优化器、损失函数等模块, 用户可通过中阶 API 灵活构建神经网络和控制执行流程, 快速实现模型算法逻辑。例如用户可调用 Cell 接口构建神经网络模型和计算逻辑, 通过使用 loss 模块和 Optimizer 接口为神经网络模型添加损失函数和优化方式, 利用 dataset 模块对数据进行处理以供模型的训练和推导使用。

- High-Level Python API: 第三层为高阶 API, 其在中阶 API 的基础上又提供了训练推理的管理、混合精度训练、调试调优等高级接口, 方便用户控制整网的执行流程和实现神经网络的训练推理及调优。例如用户使用 Model 接口, 指定要训练的神经网络模型和相关的训练设置, 对神经网络模型进行训练, 通过 Profiler 接口调试神经网络性能。

## A.2 前馈神经网络

### 实验介绍

本实验主要介绍使用 MindSpore 开发前馈神经网络, 并使用 Fashion-MNIST 数据集训练和测试模型。

### 实验目的

- 掌握如何使用 MindSpore 进行前馈神经网络的开发。
- 了解如何使用 MindSpore 进行图片分类任务的训练。
- 了解如何使用 MindSpore 进行图片分类任务的测试和预测。

### 预备知识

- 熟练使用 Python。
- 具备一定的深度学习理论知识, 如感知机、前馈神经网络、损失函数、优化器、训练策略等。
- 了解华为云的基本使用方法, 包括 OBS(对象存储)、ModelArts (AI 开发平台)、训练作业等功能。可访问华为云官网。
- 了解并熟悉 MindSpore AI 计算框架, 可访问 MindSpore 官网。

### 实验环境

- MindSpore 1.0.0
- 华为云 ModelArts(控制台左上角选择 "华北–北京四"): ModelArts 是华为云提供的面向开发者的一站式 AI 开发平台, 用户可以在该平台下体验 MindSpore。

### 数据集准备

Fashion-MNIST 是一个替代 MNIST 手写数字集的图像数据集。它是由 Zalando

旗下的研究部门提供。其涵盖了来自 10 种类别的共 7 万个不同商品的正面图片。Fashion-MNIST 的大小、格式和训练集/测试集划分与原始的 MNIST 完全一致。60 000/10 000 的训练测试数据划分, $28 \times 28 \times 1$ 的灰度图片。

这里介绍一下经典的 MNIST(手写字母) 数据集。经典的 MNIST 数据集包含了大量的手写数字。十几年来, 来自机器学习、机器视觉、人工智能、深度学习领域的研究员们把这个数据集作为衡量算法的基准之一。实际上, MNIST 数据集已经成为算法作者必测的数据集之一, 但是 MNIST 数据集太简单了。很多深度学习算法在测试集上的准确率已经达到 99.6%。

- 方式一, 从 Fashion-MNIST GitHub 仓库下载如下 4 个文件到本地并解压:

    - train-images-idx3-ubyte

    - train-labels-idx1-ubyte

    - t10k-images-idx3-ubyte

    - t10k-labels-idx1-ubyte

- 方式二, 从华为云 OBS 中下载 Fashion-MNIST 数据集并解压。

    **脚本准备**

从课程 gitee 仓库 (/mindspore/course) 上下载本实验相关脚本。将脚本和数据集组织为如下形式:

- feedforward

    - Fashion-MNIST

        * test

            · t10k-images-idx3-ubyte

            · t10k-labels-idx1-ubyte

        * train

            · train-images-idx3-ubyte

            · train-labels-idx1-ubyte

    - main.py

    **创建 OBS 桶**

本实验需要使用华为云 OBS 存储脚本和数据集, 可以参考华为云文档中的《快速通过 OBS 控制台上传下载文件》一文了解使用 OBS 创建桶、上传文件、下载文件的使用方法。

### 上传文件

点击新建的 OBS 桶名, 再打开 "对象" 标签页, 通过 "上传对象" "新建文件夹" 等功能, 将脚本和数据集上传到 OBS 桶中。上传文件后, 查看页面底部的 "任务管理" 状态栏 (正在运行、已完成、失败), 确定文件是否已上传完成。

### 导入 MindSpore 模块和辅助模块

用到的框架主要包括:

- mindspore, 用于神经网络的搭建。
- numpy, 用于处理一些数据。
- matplotlib, 用于画图、图像展示。
- struct, 用于处理二进制文件。

```python
import os
import struct
import sys
from easydict import EasyDict as edict

import matplotlib.pyplot as plt
import numpy as np

import mindspore
import mindspore.dataset as ds
import mindspore.nn as nn
from mindspore import context
from mindspore.nn.metrics import Accuracy
from mindspore.train import Model
from mindspore.train.callback import ModelCheckpoint, CheckpointConfig,
    LossMonitor, TimeMonitor
from mindspore import Tensor

context.set_context(mode=context.GRAPH_MODE, device_target='Ascend')
```

### 变量定义

```python
cfg = edict({
    'train_size': 60000, # 训练集大小
    'test_size': 10000, # 测试集大小
    'channel': 1,  # 图片通道数
    'image_height': 28, # 图片高度
    'image_width': 28, # 图片宽度
    'batch_size': 60,
    'num_classes': 10, # 分类类别
```

```
    'lr': 0.001,  # 学习率
    'epoch_size': 20, # 训练次数
    'data_dir_train': os.path.join('Fashion-MNIST', 'train'),
    'data_dir_test': os.path.join('Fashion-MNIST', 'test'),
    'save_checkpoint_steps': 1, # 多少步保存一次模型
    'keep_checkpoint_max': 3, # 最多保存多少个模型
    'output_directory': './model_fashion', # 保存模型路径
    'output_prefix': "checkpoint_fashion_forward" # 保存模型文件名字
})
```

### 读取数据

```
def read_image(file_name):
    '''
    : param file_name: 文件路径
    : return: 训练或者测试数据
    如下是训练的图片的二进制格式
    [offset] [type]          [value]          [description]
    0000     32 bit integer 0x00000803(2051) magic number
    0004     32 bit integer 60000            number of images
    0008     32 bit integer 28               number of rows
    0012     32 bit integer 28               number of columns
    0016     unsigned byte ??                pixel
    0017     unsigned byte ??                pixel
    ........
    xxxx     unsigned byte ??                pixel
    '''
    file_handle = open(file_name, "rb") # 以二进制打开文档
    file_content = file_handle.read() # 读取到缓冲区中
    head = struct.unpack_from('>IIII', file_content, 0) # 取前4个整数,
        返回一个元组
    offset = struct.calcsize('>IIII')
    imgNum = head[1] # 图片数
    width = head[2] # 宽度
    height = head[3] # 高度
    bits = imgNum * width * height # data一共有60000*28*28个像素值
    bitsString = '>' + str(bits) + 'B' # fmt格式: '>47040000B'
    imgs = struct.unpack_from(bitsString, file_content, offset) # 取数据,
        返回一个元组data
    imgs_array = np.array(imgs).reshape((imgNum, width * height)) #
        最后将读取的数据reshape成 【图片数,图片像素】二维数组
    return imgs_array
```

```
def read_label(file_name):
    '''
    : param file_name:
    : return: 标签的格式如下:
    [offset] [type]          [value]          [description]
    0000     32 bit integer 0x00000801(2049) magic number (MSB first)
    0004     32 bit integer 60000             number of items
    0008     unsigned byte ??                 label
    0009     unsigned byte ??                 label
    ........
    xxxx     unsigned byte ??                 label
    The labels values are 0 to 9.
    '''
    file_handle = open(file_name, "rb") # 以二进制打开文档
    file_content = file_handle.read() # 读取到缓冲区中
    head = struct.unpack_from('>II', file_content, 0) # 取前2个整数,
        返回一个元组
    offset = struct.calcsize('>II')
    labelNum = head[1] # label数
    bitsString = '>' + str(labelNum) + 'B' # fmt格式: '>47040000B'
    label = struct.unpack_from(bitsString, file_content, offset) # 取数据,
        返回一个元组
    return np.array(label)


def get_data():
    # 文件获取
    train_image = os.path.join(cfg.data_dir_train, 'train-images-idx3-ubyte')
    test_image = os.path.join(cfg.data_dir_test, "t10k-images-idx3-ubyte")
    train_label = os.path.join(cfg.data_dir_train, "train-labels-idx1-ubyte")
    test_label = os.path.join(cfg.data_dir_test, "t10k-labels-idx1-ubyte")
    # 读取数据
    train_x = read_image(train_image)
    test_x = read_image(test_image)
    train_y = read_label(train_label)
    test_y = read_label(test_label)
    return train_x, train_y, test_x, test_y
```

**数据预处理和处理结果图片展示**

```
train_x, train_y, test_x, test_y = get_data()
train_x = train_x.reshape(-1, 1, cfg.image_height, cfg.image_width)
test_x = test_x.reshape(-1, 1, cfg.image_height, cfg.image_width)
train_x = train_x / 255.0
```

```
test_x = test_x / 255.0
train_x = train_x.astype('Float32')
test_x = test_x.astype('Float32')
train_y = train_y.astype('int32')
test_y = test_y.astype('int32')
print('训练数据集样本数: ', train_x.shape[0])
print('测试数据集样本数: ', test_y.shape[0])
print('通道数图像长宽: ', train_x.shape[1: ])
print('一张图像的标签样式: ', train_y[0])  # 一共10类，用0-9的数字表达类别。

plt.figure()
plt.imshow(train_x[0, 0, ...])
plt.colorbar()
plt.grid(False)
plt.show()
```

```
训练数据集样本数量: 60000
测试数据集样本数量: 10000
通道数图像长宽: (1, 28, 28)
一张图像的标签样式: 9（如图A.3所示）
```

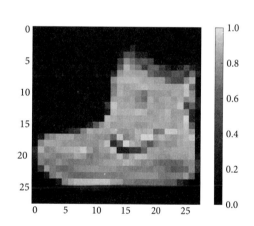

**图 A.3  标签样式**

使用 MindSpore GeneratorDataset 接口将 numpy.ndarray 类型的数据转换为 Dataset

```
# 转换数据类型为Dataset
XY_train = list(zip(train_x, train_y))
ds_train = ds.GeneratorDataset(XY_train, ['x', 'y'])
ds_train = ds_train.shuffle(buffer_size=cfg.train_size).batch(cfg.batch_size,
    drop_remainder=True)
XY_test = list(zip(test_x, test_y))
ds_test = ds.GeneratorDataset(XY_test, ['x', 'y'])
```

```
ds_test = ds_test.shuffle(buffer_size=cfg.test_size).batch(cfg.batch_size,
    drop_remainder=True)
```

**定义前馈神经网络**　前馈神经网络是一种最简单的神经网络, 各神经元分层排列 (其中每一层包含若干个神经元)。每个神经元只与前一层的神经元相连, 接收前一层的输出, 并输出给下一层, 各层间没有反馈。是目前应用最广泛、发展最迅速的人工神经网络之一。第 0 层叫输入层, 最后一层叫输出层, 其他中间层叫作隐含层 (或称隐藏层、隐层)。隐含层可以是一层, 也可以是多层, 是由全连接层堆叠而成。

```
# 定义前馈神经网络
class Forward_fashion(nn.Cell):
    def __init__(self, num_class=10): # 一共分十类, 图片通道数是1
        super(Forward_fashion, self).__init__()
        self.num_class = num_class
        self.flatten = nn.Flatten()
        self.fc1 = nn.Dense(cfg.channel * cfg.image_height * cfg.image_width,
            128)
        self.relu = nn.ReLU()
        self.fc2 = nn.Dense(128, self.num_class)

    def construct(self, x):
        x = self.flatten(x)
        x = self.fc1(x)
        x = self.relu(x)
        x = self.fc2(x)
        return x
```

**训练**

使用 Fashion-MNIST 数据集对上述定义的前馈神经网络模型进行训练。训练策略如下表所示, 可以调整训练策略并查看训练效果。

| batch size | number of epochs | learning rate | input shape | optimizer |
| --- | --- | --- | --- | --- |
| 60 | 20 | 0.001 | (1, 28, 28) | Adam |

```
# 构建网络
network = Forward_fashion(cfg.num_classes)
# 定义模型的损失函数, 优化器
net_loss = nn.SoftmaxCrossEntropyWithLogits(sparse=True, reduction="mean")
net_opt = nn.Adam(network.trainable_params(), cfg.lr)
# 训练模型
model = Model(network, loss_fn=net_loss, optimizer=net_opt, metrics={"acc"})
loss_cb = LossMonitor(per_print_times=int(cfg.train_size / cfg.batch_size))
```

```
config_ck = CheckpointConfig(
    save_checkpoint_steps=cfg.save_checkpoint_steps,
    keep_checkpoint_max=cfg.keep_checkpoint_max )
ckpoint_cb = ModelCheckpoint(prefix=cfg.output_prefix,
    directory=cfg.output_directory, config=config_ck)
print("============== Starting Training ==============")
model.train(cfg.epoch_size, ds_train, callbacks=[ckpoint_cb, loss_cb],
    dataset_sink_mode=False)
```

```
============== Starting Training ==============
epoch: 1 step: 1000, loss is 0.6812696
epoch: 2 step: 1000, loss is 0.39710096
epoch: 3 step: 1000, loss is 0.43427807
epoch: 4 step: 1000, loss is 0.3170758
epoch: 5 step: 1000, loss is 0.24550956
epoch: 6 step: 1000, loss is 0.4204946
epoch: 7 step: 1000, loss is 0.35653585
epoch: 8 step: 1000, loss is 0.31376493
epoch: 9 step: 1000, loss is 0.27455378
epoch: 10 step: 1000, loss is 0.18871705
epoch: 11 step: 1000, loss is 0.20512795
epoch: 12 step: 1000, loss is 0.2589024
epoch: 13 step: 1000, loss is 0.31454447
epoch: 14 step: 1000, loss is 0.24145015
epoch: 15 step: 1000, loss is 0.32082427
epoch: 16 step: 1000, loss is 0.27023837
epoch: 17 step: 1000, loss is 0.34484679
epoch: 18 step: 1000, loss is 0.41191268
epoch: 19 step: 1000, loss is 0.07990202
epoch: 20 step: 1000, loss is 0.26586318
```

### 评估测试

```
# 使用测试集评估模型，打印总体准确率
metric = model.eval(ds_test, dataset_sink_mode=False)
print(metric)
```

```
{'acc': 0.888855421686747}
```

### 预测

```
class_names = ['T-shirt/top', 'Trouser', 'Pullover', 'Dress', 'Coat',
    'Sandal', 'Shirt', 'Sneaker', 'Bag', 'Ankle boot']

#从测试集中取出一组样本，输入模型进行预测
```

```
test_ = ds_test.create_dict_iterator().get_next()
#利用key值选出样本
test = Tensor(test_['x'], mindspore.float32)
predictions = model.predict(test)
softmax = nn.Softmax()
predictions = softmax(predictions)

predictions = predictions.asnumpy()
true_label = test_['y'].asnumpy()
true_image = test_['x'].asnumpy()

for i in range(15):
    p_np = predictions[i, : ]
    pre_label = np.argmax(p_np)
    print('第' + str(i) + '个sample预测结果: ', class_names[pre_label],
        '真实结果: ', class_names[true_label[i]])
```

第 0 个 sample 预测结果: Trouser 真实结果: Trouser

第 1 个 sample 预测结果: Sneaker 真实结果: Sneaker

第 2 个 sample 预测结果: Sandal 真实结果: Sandal

第 3 个 sample 预测结果: Sneaker 真实结果: Sneaker

第 4 个 sample 预测结果: Bag 真实结果: Bag

第 5 个 sample 预测结果: Pullover 真实结果: Pullover

第 6 个 sample 预测结果: Sneaker 真实结果: Sneaker

第 7 个 sample 预测结果: Trouser 真实结果: Trouser

第 8 个 sample 预测结果: Ankle boot 真实结果: Ankle boot

第 9 个 sample 预测结果: Ankle boot 真实结果: Ankle boot

第 10 个 sample 预测结果: Dress 真实结果: Dress

第 11 个 sample 预测结果: Sandal 真实结果: Sandal

第 12 个 sample 预测结果: Shirt 真实结果: Shirt

第 13 个 sample 预测结果: Pullover 真实结果: Pullover

第 14 个 sample 预测结果: Ankle boot 真实结果: Ankle boot

**对预测结果可视化**

```
# ---------------------定义可视化函数---------------------------------
# 输入预测结果序列, 真实标签序列, 以及图片序列
# 目标是根据预测值对错, 让其标签显示为红色或者蓝色。
# 对: 标签为蓝色; 错: 标签为红色
```

```python
def plot_image(predicted_label, true_label, img):
    plt.grid(False)
    plt.xticks([])
    plt.yticks([])
    # 显示对应图片
    plt.imshow(img, cmap=plt.cm.binary)
    # 显示预测结果的颜色，如果对上了是蓝色，否则为红色
    if predicted_label == true_label:
        color = 'blue'
    else:
        color = 'red'
    # 显示对应标签的格式，样式
    plt.xlabel('{}, ({})'.format(class_names[predicted_label],
        class_names[true_label]), color=color)


# 将预测的结果以柱状图形状显示蓝对红错
def plot_value_array(predicted_label, true_label, predicted_array):
    plt.grid(False)
    plt.xticks([])
    plt.yticks([])
    this_plot = plt.bar(range(10), predicted_array, color='#777777')
    plt.ylim([0, 1])
    this_plot[predicted_label].set_color('red')
    this_plot[true_label].set_color('blue')


    # 预测图像与标签，并展现出来15个，如图A.4所示
    num_rows = 5
    num_cols = 3
    num_images = num_rows * num_cols
    plt.figure(figsize=(2 * 2 * num_cols, 2 * num_rows))

    for i in range(num_images):
        plt.subplot(num_rows, 2 * num_cols, 2 * i + 1)
        pred_np_ = predictions[i, : ]
        predicted_label = np.argmax(pred_np_)
        image_single = true_image[i, 0, ...]
        plot_image(predicted_label, true_label[i], image_single)
        plt.subplot(num_rows, 2 * num_cols, 2 * i + 2)
        plot_value_array(predicted_label, true_label[i], pred_np_)
    plt.show()
```

**图 A.4**　15 个图像与标签

## A.3　基于 MobileNetV2 网络实现 Fine-tune

**实验介绍**

本实验介绍使用 MindSpore 对模型进行微调 (Fine-tune)。在 CPU 环境下，使用在 OpenImage 数据集上预训练的 MobileNetV2 模型，在花卉数据集上进行微调与验证。

**实验目的**

- 掌握如何使用 MindSpore 对模型进行微调。
- 理解微调的原理、方法。
- 了解如何使用 MindSpore 进行 MobileNetV2 的训练与验证。

**预备知识**

- 熟练使用 Python，了解 Shell 及 Linux 操作系统基本知识。

- 具备一定的深度学习理论知识, 如卷积神经网络、损失函数、优化器, 训练策略等。

- 了解并熟悉 MindSpore AI 计算框架可访问 MindSpore 官网获取更多信息。

**实验环境**

MindSpore 1.0.0(MindSpore 版本会定期更新, 本指导也会定期刷新, 与版本配套); Windows/Ubuntu x64 笔记本, 或 NVIDIA GPU 服务器等。

**数据集准备**

准备 ImageFolder 格式的花卉分类数据集。

搜索 flower_photos_train.zip 并下载该训练数据集。

搜索 flower_photos_test.zip 并下载该测试数据集。

**预训练模型准备**

下载预训练模型 mobilenetv2_cpu_gpu.ckpt 到以下目录: ./pretrain_checkpoint/[pretrain_checkpoint_file]

**脚本准备**

(1) 从课程 gitee 仓库/mindspore/course 上下载本实验相关脚本。

(2) 从课程 gitee 仓库上克隆 MindSpore 开源仓库/mindspore/mindspore.git, 拷贝至./model_zoo/official/cv/mobilenetv2/目录。

```
git clone https: //gitee.com/mindspore/mindspore.git -b r1.0
mkdir mobilenetv2
cp -r ./mindspore/model_zoo/official/cv/mobilenetv2 ./mobilenetv2/code
```

(3) 将脚本和数据集组织为如下形式:

```
mobilenetv2
   code
      src
         config.py        # parameter configuration
         dataset.py       # creating dataset
         launch.py        # start Python script
         lr_generator.py  # learning rate config
         mobilenetV2.py   # MobileNetV2 architecture
         models.py        # net utils to load ckpt_file, define_net...
         utils.py         # net utils to switch precision, set_context
      train.py            # training script
      eval.py             # evaluation script
   pretrain_checkpoint
      mobilenetv2_cpu_gpu.ckpt   # Pre-trained model
```

```
data
    flower_photos_train
        *            # daisy, dandelion, roses, sunflowers, tulips
    flower_photos_test
        *            # daisy, dandelion, roses, sunflowers, tulips
```

**实验步骤**

MobileNetV2 实验包含 2 种训练方式, 分别为:

(1) train: 不使用预训练模型, 从头到尾训练 MobileNetV2 网络 (参数 freeze_layer 为 "none", 参数 pretrain_ckpt 为 None)。网络定义参考 src/MobileNetV2.py 中的 MobileNetV2 类。

(2) fine_tune: 微调, 使用预训练模型, 根据是否冻结一部分网络又分为两种方式。

- 不冻结 MobileNetV2Backbone 部分 (参数 freeze_layer 为 "none")。网络包含 MobileNetV2Backbone 和 MobileNetV2Head 两部分, 其中 MobileNetV2Backbone 网络参数是从一个已经训练好的 ckpt 模型中得到 (参数 pretrain_ckpt 非空)。网络定义参考 src/MobileNetV2.py 中的 MobileNetV2Backbone , MobileNetV2Head 类。

- 冻结 MobileNetV2Backbone 部分 (参数 freeze_layer 为 "backbone")。只训练 MobileNetV2Head 网络, 其中 MobileNetV2Backbone 网络参数是从一个已经训练好的 ckpt 模型中得到 (参数 pretrain_ckpt 非空)。

注意: CPU 运行速度慢, 所以仅支持 fine_tune 方式下的冻结 MobileNetV2Backbone 部分。即: 参数 freeze_layer 为 "backbone", 参数 pretrain_ckpt 非空。

前面下载的模型 mobilenetv2_cpu_gpu.ckpt 是 mobileNetV2 网络在 OpenImage 数据集上面训练得到的。OpenImage 数据集数据量大, 不适合 CPU 平台。

为了加快训练速度, 使 CPU 上训练大网络成为可能, 本实验基于 mobilenetv2_cpu_gpu.ckpt 在花卉分类数据集上做预微调, 只训练 MobileNetV2Head 部分。具体训练流程为:

- 定义 MobileNetV2Backbone 网络, 加载 mobilenetv2_cpu_gpu.ckpt 到 Backbone 中, 并利用 Backbone 将数据集特征化, 生成特征数据。

- 定义 MobileNetV2Head 网络, 以特征数据作为输入, 训练 MobileNetV2Head 网络。

注意: MobileNetV2Head 网络的输入维度和 MobileNetV2Backbone 网络的输出维度须保持一致。

### MobileNetV2 网络

MobileNetV1 是由 Google 在 2017 年发布的一个轻量级深度神经网络, 其主要特点是采用深度可分离卷积 (depthwise separable convolution) 替换了普通卷积。2018 年提出的 MobileNetV2 在 MobileNetV1 的基础上引入了线性瓶颈 (linear bottleneck) 和倒残差 (inverted residual) 来提高网络的表征能力。

定义 MobileNetV2Backbone 网络 (src/MobileNetV2.py)

```python
class MobileNetV2Backbone(nn.Cell):
    """
    MobileNetV2 architecture.

    Args:
        class_num (int): number of classes.
        width_mult (int): Channels multiplier for round to 8/16 and others.
            Default is 1.
        has_dropout (bool): Is dropout used. Default is false
        inverted_residual_setting (list): Inverted residual settings. Default is
            None
        round_nearest (list): Channel round to . Default is 8
    Returns:
        Tensor, output tensor.

    Examples:
        >>> MobileNetV2(num_classes=1000)
    """

    def __init__(self, width_mult=1., inverted_residual_setting=None,
     round_nearest=8,
            input_channel=32, last_channel=1280):
        super(MobileNetV2Backbone, self).__init__()
        block = InvertedResidual
        # setting of inverted residual blocks
        self.cfgs = inverted_residual_setting
        if inverted_residual_setting is None:
            self.cfgs = [
                # t, c, n, s
                [1, 16, 1, 1],
                [6, 24, 2, 2],
                [6, 32, 3, 2],
                [6, 64, 4, 2],
                [6, 96, 3, 1],
                [6, 160, 3, 2],
```

```
            [6, 320, 1, 1],
        ]


    # building first layer
    input_channel = _make_divisible(input_channel * width_mult,
        round_nearest)
    self.out_channels = _make_divisible(last_channel * max(1.0, width_mult),
        round_nearest)
    features = [ConvBNReLU(3, input_channel, stride=2)]
    # building inverted residual blocks
    for t, c, n, s in self.cfgs:
        output_channel = _make_divisible(c * width_mult, round_nearest)
        for i in range(n):
            stride = s if i == 0 else 1
            features.append(block(input_channel, output_channel, stride,
                expand_ratio=t))
            input_channel = output_channel
    # building last several layers
    features.append(ConvBNReLU(input_channel, self.out_channels,
        kernel_size=1))
    # make it nn.CellList
    self.features = nn.SequentialCell(features)
    self._initialize_weights()

def construct(self, x):
    x = self.features(x)
    return x

def _initialize_weights(self):
    """
    Initialize weights.

    Args:

    Returns:
        None.

    Examples:
        >>> _initialize_weights()
    """
    self.init_parameters_data()
    for _, m in self.cells_and_names():
        if isinstance(m, nn.Conv2d):
            n = m.kernel_size[0] * m.kernel_size[1] * m.out_channels
```

```
            m.weight.set_data(Tensor(np.random.normal(0, np.sqrt(2. / n),
                m.weight.data.shape).astype("float32")))
            if m.bias is not None:
                m.bias.set_data(
                    Tensor(np.zeros(m.bias.data.shape, dtype="float32")))
        elif isinstance(m, nn.BatchNorm2d):
            m.gamma.set_data(
                Tensor(np.ones(m.gamma.data.shape, dtype="float32")))
            m.beta.set_data(
                Tensor(np.zeros(m.beta.data.shape, dtype="float32")))

@property
def get_features(self):
    return self.features
```

InvertedResidual(src/MobileNetV2.py) 定义如下所示:

```
class InvertedResidual(nn.Cell):
    """
    Mobilenetv2 residual block definition.

    Args:
        inp (int): Input channel.
        oup (int): Output channel.
        stride (int): Stride size for the first convolutional layer. Default:
            1.
        expand_ratio (int): expand ration of input channel

    Returns:
        Tensor, output tensor.

    Examples:
        >>> ResidualBlock(3, 256, 1, 1)
    """

    def __init__(self, inp, oup, stride, expand_ratio):
        super(InvertedResidual, self).__init__()
        assert stride in [1, 2]

        hidden_dim = int(round(inp * expand_ratio))
        self.use_res_connect = stride == 1 and inp == oup

        layers = []
        if expand_ratio != 1:
```

```
        layers.append(ConvBNReLU(inp, hidden_dim, kernel_size=1))
    layers.extend([
        # dw
        ConvBNReLU(hidden_dim, hidden_dim,
                    stride=stride, groups=hidden_dim),
        # pw-linear
        nn.Conv2d(hidden_dim, oup, kernel_size=1,
                    stride=1, has_bias=False),
        nn.BatchNorm2d(oup),
    ])
    self.conv = nn.SequentialCell(layers)
    self.add = TensorAdd()
    self.cast = P.Cast()


def construct(self, x):
    identity = x
    x = self.conv(x)
    if self.use_res_connect:
        return self.add(identity, x)
    return x
```

其中 ConvBNReLU(src/MobileNetV2.py) 集成了卷积、BatchNorm 和 ReLU。depthwise 卷积和普通卷积都使用函数 nn.Conv2d，区别在于 groups 参数，当 groups 等于输入通道数实现 depthwise 卷积，当 groups 等于 1 为普通卷积。

```
class ConvBNReLU(nn.Cell):
    """
    Convolution/Depthwise fused with Batchnorm and ReLU block definition.

    Args:
        in_planes (int): Input channel.
        out_planes (int): Output channel.
        kernel_size (int): Input kernel size.
        stride (int): Stride size for the first convolutional layer. Default: 1.
        groups (int): channel group. Convolution is 1 while Depthiwse is input
            channel. Default: 1.

    Returns:
        Tensor, output tensor.

    Examples:
        >>> ConvBNReLU(16, 256, kernel_size=1, stride=1, groups=1)
    """
```

```python
    def __init__(self, in_planes, out_planes, kernel_size=3, stride=1,
        groups=1):
        super(ConvBNReLU, self).__init__()
        padding = (kernel_size - 1) // 2
        in_channels = in_planes
        out_channels = out_planes
        if groups == 1:
            conv = nn.Conv2d(in_channels, out_channels, kernel_size, stride,
                pad_mode='pad', padding=padding)
        else:
            out_channels = in_planes
            conv = nn.Conv2d(in_channels, out_channels, kernel_size, stride,
                pad_mode='pad',
                            padding=padding, group=in_channels)

        layers = [conv, nn.BatchNorm2d(out_planes), nn.ReLU6()]
        self.features = nn.SequentialCell(layers)

  def construct(self, x):
        output = self.features(x)
        return output
```

### MobileNetV2Head 网络

定义 MobileNetV2Head 网络 (src/MobileNetV2.py)

```python
class MobileNetV2Head(nn.Cell):
    """
    MobileNetV2 architecture.

    Args:
        class_num (int): Number of classes. Default is 1000.
        has_dropout (bool): Is dropout used. Default is false
    Returns:
        Tensor, output tensor.

    Examples:
        >>> MobileNetV2(num_classes=1000)
    """

    def __init__(self, input_channel=1280, num_classes=1000,
        has_dropout=False, activation="None"):
        super(MobileNetV2Head, self).__init__()
        # mobilenet head
        head = ([GlobalAvgPooling(), nn.Dense(input_channel, num_classes,
```

```
            has_bias=True)]
                if not has_dropout else
                [GlobalAvgPooling(), nn.Dropout(0.2), nn.Dense(input_channel,
                    num_classes, has_bias=True)])
        self.head = nn.SequentialCell(head)
        self.need_activation = True
        if activation == "Sigmoid":
            self.activation = P.Sigmoid()
        elif activation == "Softmax":
            self.activation = P.Softmax()
        else:
            self.need_activation = False
        self._initialize_weights()

    def construct(self, x):
        x = self.head(x)
        if self.need_activation:
            x = self.activation(x)
        return x

    def _initialize_weights(self):
        """
        Initialize weights.

        Args:

        Returns:
            None.

        Examples:
            >>> _initialize_weights()
        """
        self.init_parameters_data()
        for _, m in self.cells_and_names():
            if isinstance(m, nn.Dense):
                m.weight.set_data(Tensor(np.random.normal(
                    0, 0.01, m.weight.data.shape).astype("float32")))
                if m.bias is not None:
                    m.bias.set_data(
                        Tensor(np.zeros(m.bias.data.shape, dtype="float32")))
    @property
    def get_head(self):
        return self.head
```

### 其他代码解读

网络定义和初始化 (src/model.py)。

```
def define_net(config, is_training):
  backbone_net = MobileNetV2Backbone()
  activation = config.activation if not is_training else "None"
  head_net = MobileNetV2Head(input_channel=backbone_net.out_channels,
                             num_classes=config.num_classes,
                             activation=activation)
  net = mobilenet_v2(backbone_net, head_net)
  return backbone_net, head_net, net
```

定义特征化函数 extract_features()(src/dataset.py)。使用 Backbone 在全量花卉数据集上做一遍推理, 得到特征图数据 (Feature Maps)。

```
def extract_features(net, dataset_path, config):
  features_folder = os.path.abspath(dataset_path) + '_features'
  if not os.path.exists(features_folder):
      os.makedirs(features_folder)
  dataset = create_dataset(dataset_path=dataset_path,
                           do_train=False,
                           config=config)
  step_size = dataset.get_dataset_size()
  if step_size == 0:
      raise ValueError("The step_size of dataset is zero. Check if the images
          count of train dataset \
                  is more than batch_size in config.py")
  model = Model(net)

  for i, data in enumerate(dataset.create_dict_iterator(output_numpy=True)):
      features_path = os.path.join(features_folder, f"feature_{i}.npy")
      label_path = os.path.join(features_folder, f"label_{i}.npy")
      if not os.path.exists(features_path) or not os.path.exists(label_path):
          image = data["image"]
          label = data["label"]
          features = model.predict(Tensor(image))
          np.save(features_path, features.asnumpy())
          np.save(label_path, label)
      print(f"Complete the batch {i+1}/{step_size}")
  return step_size
```

初始化网络并特征化数据集 (train.py)

```
# define network
```

```
backbone_net, head_net, net = define_net(config, args_opt.is_training)

if args_opt.pretrain_ckpt and args_opt.freeze_layer == "backbone":
    load_ckpt(backbone_net, args_opt.pretrain_ckpt, trainable=False)
    step_size = extract_features(backbone_net, args_opt.dataset_path, config)
```

微调 (train.py)

```
if args_opt.pretrain_ckpt is None or args_opt.freeze_layer == "none":
  loss_scale = FixedLossScaleManager(config.loss_scale,
      drop_overflow_update=False)
  opt = Momentum(filter(lambda x: x.requires_grad, net.get_parameters()), lr,
      config.momentum, \
        config.weight_decay, config.loss_scale)
  model = Model(net, loss_fn=loss, optimizer=opt,
      loss_scale_manager=loss_scale)

  cb = config_ckpoint(config, lr, step_size)
  print("=============== Starting Training ===============")
  model.train(epoch_size, dataset, callbacks=cb)
  print("=============== End Training ===============")

else:
  opt = Momentum(filter(lambda x: x.requires_grad,
      head_net.get_parameters()), lr, config.momentum, config.weight_decay)

  network = WithLossCell(head_net, loss)
  network = TrainOneStepCell(network, opt)
  network.set_train()

  features_path = args_opt.dataset_path + '_features'
  idx_list = list(range(step_size))
  rank = 0
  if config.run_distribute:
      rank = get_rank()
  save_ckpt_path = os.path.join(config.save_checkpoint_path, 'ckpt_' +
      str(rank) + '/')
  if not os.path.isdir(save_ckpt_path):
      os.mkdir(save_ckpt_path)

  for epoch in range(epoch_size):
      random.shuffle(idx_list)
      epoch_start = time.time()
      losses = []
```

```
        for j in idx_list:
            feature = Tensor(np.load(os.path.join(features_path,
                f"feature_{j}.npy")))
            label = Tensor(np.load(os.path.join(features_path,
                f"label_{j}.npy")))
            losses.append(network(feature, label).asnumpy())
        epoch_mseconds = (time.time()-epoch_start) * 1000
        per_step_mseconds = epoch_mseconds / step_size
        print("epoch[{}/{}], iter[{}] cost: {: 5.3f}, per step time: {: 5.3f},
            avg loss: {: 5.3f}"\
        .format(epoch + 1, epoch_size, step_size, epoch_mseconds,
            per_step_mseconds,
                np.mean(np.array(losses))))
        if (epoch + 1) % config.save_checkpoint_epochs == 0:
            save_checkpoint(net, os.path.join(save_ckpt_path,
                f"mobilenetv2_{epoch+1}.ckpt"))
    print("total cost {: 5.4f} s".format(time.time() - start))
```

### 网络参数设定

```
config_cpu = ed({
  "num_classes": 5,         # 类别数，根据实验数据集调整
  "image_height": 224,      # 参与训练的图片高度
  "image_width": 224,       # 参与训练的图片宽度
  "batch_size": 64,         # 每批次样本数
  "epoch_size": 20,         # 训练次数
  "warmup_epochs": 0,       # 学习率变换步数
  "lr_init": .0,            # 初始化学习率
  "lr_end": 0.0,            # 最终学习率
  "lr_max": 0.01,           # 最大学习率
  "momentum": 0.9,          # momentum优化器参数
  "weight_decay": 4e-5,     # 优化器正则化参数
  "label_smooth": 0.1,      # 损失函数参数smooth factor
  "loss_scale": 1024,       # "none"方式下损失函数参数, "backbone"方式下无用
  "save_checkpoint": True,  # 是否保存模型
  "save_checkpoint_epochs": 5, # "backbone"方式下多少个epochs保存一次模型,
      "none方式下无用"
  "keep_checkpoint_max": 20,   # "none"方式下最多保存多少个模型,
      "backbone方式下无用".
  "save_checkpoint_path": "./", # 保存模型路径
  "platform": args.platform,    # 可选平台"CPU" "GPU" "Ascend"，这里固定"CPU"
  "run_distribute": False,      # 是否并行执行，"CPU"环境下默认False
  "activation": "Softmax"       # 最后一层激活函数
})
```

注意：验证实验 batch_size 设为 1，其他参数与训练时一致。

## 微调训练

MobileNetV2 做微调时，只需要运行 train.py。目前 train.py 时仅支持单卡模式。传入以下参数：

- –dataset_path：训练数据集地址，无默认值，用户训练时必须输入。
- –platform：处理器类型，默认为 Ascend，可以设置为 CPU 或 GPU。
- –freeze_layer：冻结网络，选填 "none" 或 "backbone"。"none" 代表不冻结网络，"backbone" 代表冻结网络 "backbone" 部分。CPU 只支持微调 head 网络，不支持微调整个网络。所以这里填 "backbone"。
- –pretrain_ckpt：微调时，需要传入 pretrain_checkpoint 文件路径以加载预训练好的模型参数权重。
- –run_distribute：是否使用分布式运行。默认为 True，本实验中设置为 False。

方式一：通过 args 文件指定运行参数

(1) 打开 src/args.py 配置文件，更改 train_parse_args 函数为如下所示，以此来指定运行默认参数。

```
def train_parse_args():
  train_parser = argparse.ArgumentParser(description='Image classification
      trian')
  train_parser.add_argument('--platform', type=str, default="CPU",
      choices=("CPU", "GPU", "Ascend"), help='run platform, only support CPU,
      GPU and Ascend')
  train_parser.add_argument('--dataset_path', type=str,
      default="../data/flower_photos_train", help='Dataset path')
  train_parser.add_argument('--pretrain_ckpt', type=str,
      default="../pretrain_checkpoint/mobilenetv2_cpu_gpu.ckpt",
      help='Pretrained checkpoint path for fine tune or incremental learning')
  train_parser.add_argument('--freeze_layer', type=str, default="backbone",
      choices=["none", "backbone"], help="freeze the weights of network from
      start to which layers")
  train_parser.add_argument('--run_distribute', type=ast.literal_eval,
      default=True, help='Run distribute')
  train_args = train_parser.parse_args()
  train_args.is_training = True
  return train_args
```

(2) 打开命令行终端，cd 进入 train.py 文件目录。输入 python train.py 来训练网络。

### 方式二: 命令行指定运行参数

```
python train.py --platform CPU --dataset_path ../data/flower_photos_train
    --freeze_layer backbone --pretrain_ckpt
    ../pretrain_checkpoint/mobilenetv2_cpu_gpu.ckpt --run_distribute False
```

运行 Python 文件时在交互式命令行中查看打印信息, 打印结果如下:

```
train args: Namespace(dataset_path='../data/flower_photos_train',
    freeze_layer='backbone', is_training=True, platform='CPU',
    pretrain_ckpt='../pretrain_checkpoint/mobilenetv2_cpu_gpu.ckpt',
    run_distribute=True)
cfg: {'num_classes': 5, 'image_height': 224, 'image_width': 224,
    'batch_size': 64, 'epoch_size': 20, 'warmup_epochs': 0, 'lr_init': 0.0,
    'lr_end': 0.0, 'lr_max': 0.01, 'momentum': 0.9, 'weight_decay': 4e-05,
    'label_smooth': 0.1, 'loss_scale': 1024, 'save_checkpoint': True,
    'save_checkpoint_epochs': 5, 'keep_checkpoint_max': 20,
    'save_checkpoint_path': './', 'platform': 'CPU', 'run_distribute': False,
    'activation': 'Softmax'}
Complete the batch 1/56
Complete the batch 2/56
Complete the batch 3/56
...
Complete the batch 54/56
Complete the batch 55/56
Complete the batch 56/56
epoch[1/20], iter[56] cost: 8033.059, per step time: 143.447, avg loss: 1.276
epoch[2/20], iter[56] cost: 7573.483, per step time: 135.241, avg loss: 0.880
epoch[3/20], iter[56] cost: 7492.869, per step time: 133.801, avg loss: 0.784
epoch[4/20], iter[56] cost: 7391.710, per step time: 131.995, avg loss: 0.916
epoch[5/20], iter[56] cost: 7421.159, per step time: 132.521, avg loss: 0.827
epoch[6/20], iter[56] cost: 7474.850, per step time: 133.479, avg loss: 0.828
epoch[7/20], iter[56] cost: 7415.375, per step time: 132.417, avg loss: 0.796
epoch[8/20], iter[56] cost: 7369.605, per step time: 131.600, avg loss: 0.714
epoch[9/20], iter[56] cost: 7457.325, per step time: 133.167, avg loss: 0.700
epoch[10/20], iter[56] cost: 7545.579, per step time: 134.742, avg loss: 0.739
epoch[11/20], iter[56] cost: 8036.823, per step time: 143.515, avg loss: 0.685
epoch[12/20], iter[56] cost: 7922.403, per step time: 141.471, avg loss: 0.666
epoch[13/20], iter[56] cost: 8000.985, per step time: 142.875, avg loss: 0.665
epoch[14/20], iter[56] cost: 7997.285, per step time: 142.809, avg loss: 0.657
epoch[15/20], iter[56] cost: 7973.143, per step time: 142.378, avg loss: 0.655
epoch[16/20], iter[56] cost: 7872.075, per step time: 140.573, avg loss: 0.649
epoch[17/20], iter[56] cost: 7925.634, per step time: 141.529, avg loss: 0.646
epoch[18/20], iter[56] cost: 7949.169, per step time: 141.949, avg loss: 0.645
epoch[19/20], iter[56] cost: 7692.628, per step time: 137.368, avg loss: 0.641
```

```
epoch[20/20], iter[56] cost: 7353.783, per step time: 131.318, avg loss: 0.640
total cost 156.8277 s
```

注意: 特征化与 batch_size、image_height、image_width 参数有关, 不同的参数生成的特征文件不同。当改变这几个参数时, 需要删除 ../data/flower_photos_train _features 文件夹, 以便重新生成。因为当特征文件夹 (flower_photos_train_features) 存在时, 为了节约时间, 会特征化过程。

**验证模型**

使用 eval.py 在验证集上验证模型性能, 需要传入以下参数:

--dataset_path: 测试数据集地址, 无默认值, 用户测试时必须输入。
--platform: 处理器类型, 默认为 "Ascend", 可以设置为 "CPU" 或 "GPU"。
本实验设置为 "CPU"
--pretrain_ckpt: fine-tune后生成的Backbone+Head模型Checkpoint文件。
--run_distribute: 是否使用分布式运行。默认值为False, 本实验中无须修改。

注意: batch_size 必须小于等于验证集的大小, 可以修改 src/config.py 文件的第 26 行如下

```
"batch_size": 50,
```

方式一: 通过 args 文件指定运行参数

(1) 打开 src/args.py 配置文件, 更改 eval_parse_args 函数为如下所示, 以此来指定运行默认参数。

```
def eval_parse_args():
  eval_parser = argparse.ArgumentParser(description='Image classification
      eval')
  eval_parser.add_argument('--platform', type=str, default="CPU",
      choices=("Ascend", "GPU", "CPU"), \
    help='run platform, only support GPU, CPU and Ascend')
  eval_parser.add_argument('--dataset_path', type=str,
      default="../data/flower_photos_test", help='Dataset path')
  eval_parser.add_argument('--pretrain_ckpt', type=str,
      default="./ckpt_0/mobilenetv2_20.ckpt", help='Pretrained checkpoint
      path \
    for fine tune or incremental learning')
  eval_parser.add_argument('--run_distribute', type=ast.literal_eval,
      default=False, help='If run distribute in GPU.')
  eval_args = eval_parser.parse_args()
  eval_args.is_training = False
  return eval_args
```

(2) 打开命令框, cd 进入 eval.py 文件目录。输入 python eval.py 来训练网络。

方式二: 通过命令行指定运行参数

```
python eval.py --platform CPU --dataset_path ../data/flower_photos_test
    --pretrain_ckpt ./ckpt_0/mobilenetv2_{epoch_num}.ckpt --run_distribute
    False
```

运行 Python 文件时在命令行中会打印验证结果:

```
result: {'acc': 0.9038461538461539}
pretrain_ckpt=./ckpt_0/mobilenetv2_20.ckpt
```

# 附录 B

本书使用的符号及含义如表 B.1 所示。

表 B.1　常用符号表

| 记号 | 含义 |
|---|---|
| $x, y, m, n, t, d$ | 标量 |
| $\boldsymbol{x} \in \mathbf{R}^D$ | $D$ 维列向量 |
| $[x_1, x_2, \cdots, x_D]$ | $D$ 维行向量 |
| $[x_1, x_2, \cdots, x_D]^{\mathrm{T}}$ | $D$ 维列向量 |
| $\boldsymbol{x}^{\mathrm{T}}$ | 向量 $\boldsymbol{x}$ 的转置 |
| $\boldsymbol{1}$ | 全 1 向量 |
| $\boldsymbol{A} \in \mathbf{R}^{M \times N}$ | 大小为 $M \times N$ 的矩阵 |
| $\boldsymbol{x} \in \mathbf{R}^{KD}$ | $KD$ 维向量 |
| $\boldsymbol{I}$ | 单位矩阵 |
| $\mathcal{A} \in \mathbf{R}^{D_1 \times D_2 \times \cdots \times D_K}$ | 大小为 $D_1 \times D_2 \times \cdots \times D_K$ 的张量 |
| $\mathcal{D} \text{ or } \left\{\left(\boldsymbol{x}^{(n)}, y^{(n)}\right)\right\}_{n=1}^{N}$ | 有标签数据集 |
| $\mathcal{X} \text{ or } \left\{\left(\boldsymbol{x}^{(n)}\right)\right\}_{n=1}^{N}$ | 无标签数据集 |
| $\boldsymbol{x}^{(n)} = \left[x_1^{(n)}, x_2^{(n)}, \cdots, x_D^{(n)}\right]^{\mathrm{T}}$ | 第 $n$ 个样本的特征向量 |
| $\boldsymbol{w} \in \mathbf{R}^D$ | 模型的权重向量 |
| $b \in \mathbf{R}$ | 模型的偏置 |
| $\mathcal{L}(\boldsymbol{w}, b)$ | 损失函数 |
| $\dfrac{\partial \mathcal{L}(\boldsymbol{w}, b)}{\partial \boldsymbol{w}}$ | 损失函数对权重向量的偏导数 |
| $\dfrac{\partial \mathcal{L}(\boldsymbol{w}, b)}{\partial b}$ | 损失函数对偏置的偏导数 |
| $\exp(x)$ | 指数函数, 默认指以自然常数 e 为底的自然指数函数 |
| $\log(x)$ | 对数函数, 默认指以自然常数 e 为底的自然对数函数 |
| $I(x)$ | 指示函数, 当 $x$ 为真时, $I(x) = 1$; 否则 $I(x) = 0$ |
| $sign(\cdot)$ | 符号函数 |
| $0 < \eta \leqslant 1$ | 步长 |
| $t \geqslant 0$ | 迭代次数 |
| $S$ | 分类超平面 |
| $\mathcal{Q}$ | 误分类点集合 |
| $vec(\cdot)$ | 向量化算子 |
| $p(y|\boldsymbol{x})$ | 条件概率分布 |
| $\boldsymbol{w}_k \in \mathbf{R}^D$ | 多项 Logistic 回归模型第 $k$ 个类的权重向量 |
| $\dfrac{\partial \mathcal{L}(\boldsymbol{W})}{\partial \boldsymbol{w}_k}$ | 多项 Logistic 回归模型的损失函数对增广权重向量 $\boldsymbol{w}_k$ 的偏导数 |

| 记号 | 含义 |
| --- | --- |
| $r^{(n)} \in \mathbf{R}$ | $\boldsymbol{x}^{(n)} \in \mathbf{R}^D$ 到超平面的距离 |
| $\gamma \in \mathbf{R}$ | 间隔 |
| $\mathcal{L}(\boldsymbol{w}, b, \boldsymbol{\alpha})$ | 硬间隔线性支持向量机的拉格朗日函数 |
| $\mathcal{L}(\boldsymbol{w}, b, \boldsymbol{\xi}, \boldsymbol{\alpha}, \boldsymbol{\mu})$ | 软间隔线性支持向量机的拉格朗日函数 |
| $\boldsymbol{\alpha} \in \mathbf{R}^N, \boldsymbol{\mu} \in \mathbf{R}^N$ | 拉格朗日乘子向量 |
| $\ell_{0/1}(\cdot)$ | 0/1 损失函数 |
| $\ell_{hinge}(\cdot)$ | Hinge 损失函数 |
| $\xi^{(n)} \in \mathbf{R}$ | 松弛变量 |
| $\phi(\cdot)$ | 高维映射函数 |
| $\mathcal{K}(\cdot, \cdot)$ | 核函数 |
| $L$ | 神经网络的层数 |
| $M_l$ | 第 $l$ 层神经元的个数 |
| $A_l(\cdot)$ | 第 $l$ 层神经元的激活函数 |
| $\boldsymbol{W}^{(l)} \in \mathbf{R}^{M_l \times M_{l-1}}$ | 第 $l-1$ 层到第 $l$ 层的权重矩阵 |
| $\boldsymbol{b}^{(l)} \in \mathbf{R}^{M_l}$ | 第 $l-1$ 层到第 $l$ 层的偏置 |
| $\boldsymbol{z}^{(l)} \in \mathbf{R}^{M_l}$ | 第 $l$ 层神经元的净输入 (净活性值) |
| $\boldsymbol{a}^{(l)} \in \mathbf{R}^{M_l}$ | 第 $l$ 层神经元的输出 (活性值) |
| $\boldsymbol{X} \in \mathbf{R}^{M \times N}$ | 卷积层的二维输入图像特征矩阵 |
| $\mathcal{X} \in \mathbf{R}^{M \times N \times G}$ | 卷积层的三维输入图像特征张量 |
| $\boldsymbol{X}^g \in \mathbf{R}^{M \times N}$ | 卷积层的二维输入图像特征切片矩阵 |
| $\boldsymbol{W} \in \mathbf{R}^{U \times V}$ | 卷积层的二维滤波器权重矩阵 |
| $\boldsymbol{W}^p \in \mathbf{R}^{U \times V \times G}$ | 卷积层的三维滤波器权重张量 |
| $\mathcal{W} \in \mathbf{R}^{U \times V \times P \times G}$ | 卷积层的四维滤波器权重张量 |
| $\boldsymbol{W}^{p,g} \in \mathbf{R}^{U \times V}$ | 卷积层的二维滤波器权重切片矩阵 |
| $\boldsymbol{Y} \in \mathbf{R}^{M' \times N'}$ | 卷积层的二维输出特征矩阵 |
| $\mathcal{Y} \in \mathbf{R}^{M' \times N' \times P}$ | 卷积层的三维输出特征张量 |
| $P(X)$ | 随机变量 $X$ 边缘 (先验) 概率分布 |
| $P(X, Y)$ | 随机变量 $X, Y$ 的联合概率分布 |
| $H(X)$ | 随机变量 $X$ 的熵 |
| $H(Y|X)$ | 随机变量 $X$ 给定的条件下, 随机变量 $Y$ 的条件熵 |
| $g(X, Y)$ | 信息增益 |
| $g_R(X, Y)$ | 信息增益比 |
| $P(Y|X)$ | 随机变量 $X$ 给定, 随机变量 $Y$ 的条件概率分布 |
| $P(X_1, X_2, \cdots, X_k)$ | 随机变量 $X_1, X_2, \cdots, X_k$ 的联合概率分布 |
| $pa(i)$ | 结点 $i$ 的 parents |
| $EN(X)$ | 随机变量 $X$ 的条件概率期望值 |
| $\propto$ | 正比于 |

| 记号 | 含义 |
|---|---|
| $\mathcal{C}_l$ | 第 $l$ 个类/族 |
| $dist(\cdot,\cdot)$ | 距离度量 |
| $\boldsymbol{\lambda} \in \mathbf{R}^N$ | 族标记向量 |
| $G = \langle \mathcal{V}, \mathcal{E} \rangle$ | 无向图 |
| $\mathcal{V}$ | 顶点集合 |
| $\mathcal{A} \subseteq \mathcal{V}$ | 子图点集合 |
| $W(\mathcal{A},\mathcal{B})$ | $\mathcal{A}$ 和 $\mathcal{B}$ 之间权重切图 |
| $\boldsymbol{W} \in \mathbf{R}^{N \times N}$ | 无向图的邻接矩阵 |
| $\boldsymbol{D} \in \mathbf{R}^{N \times N}$ | 对角矩阵 |
| $\boldsymbol{L} \in \mathbf{R}^{N \times N}$ | 非正则化拉普拉斯矩阵 |
| $\boldsymbol{L}_{sym} \in \mathbf{R}^{N \times N}$ | 对称正则化拉普拉斯矩阵 |
| $\boldsymbol{L}_{rm} \in \mathbf{R}^{N \times N}$ | 非对称正则化拉普拉斯矩阵 |
| $\mathrm{diff}(\cdot,\cdot)$ | 属性之间的距离 |
| $\boldsymbol{D} \in \mathbf{R}^{D \times K}$ | 字典矩阵 |
| $\boldsymbol{s}^{(i)} \in \mathbf{R}^k$ | 样本 $\boldsymbol{x}^{(i)}$ 的稀疏表示 |
| $\boldsymbol{Z} \in \mathbf{R}^{D' \times N}$ | 低维样本空间 |
| $\boldsymbol{B} = \boldsymbol{Z}^{\mathrm{T}}\boldsymbol{Z} \in \mathbf{R}^{N \times N}$ | 内积矩阵 |
| $\phi(\cdot)$ | 高维映射函数 |
| $\boldsymbol{K} \in \mathbf{R}^{N \times N}$ | 核矩阵 |
| $cov(\cdot,\cdot)$ | 协方差矩阵算子 |
| $D(\cdot)$ | 方差矩阵算子 |

# 新一代人工智能系列教材

"新一代人工智能系列教材"包含人工智能基础理论、算法模型、技术系统、硬件芯片和伦理安全以及"智能+"学科交叉等方面内容以及实践系列教材，在线开放共享课程，各具优势、衔接前沿、涵盖完整、交叉融合，由来自浙江大学、北京大学、清华大学、上海交通大学、复旦大学、西安交通大学、天津大学、哈尔滨工业大学、同济大学、西安电子科技大学、暨南大学、四川大学、北京理工大学、南京理工大学、华为、微软、百度等高校和企业的老师参与编写。

| 教材名 | 作者 | 作者单位 |
| --- | --- | --- |
| 人工智能导论：模型与算法 | 吴 飞 | 浙江大学 |
| 可视化导论 | 陈 为、张 嵩、鲁爱东、赵 烨 | 浙江大学、密西西比州立大学、北卡罗来纳大学夏洛特分校、肯特州立大学 |
| 智能产品设计 | 孙凌云 | 浙江大学 |
| 自然语言处理 | 刘 挺、秦 兵、赵 军、黄萱菁、车万翔 | 哈尔滨工业大学、中科院大学、复旦大学 |
| 模式识别 | 周 杰、郭振华、张 林 | 清华大学、同济大学 |
| 人脸图像合成与识别 | 高新波、王楠楠 | 重庆邮电大学、西安电子科技大学 |
| 自主智能运动系统 | 薛建儒 | 西安交通大学 |
| 机器感知 | 黄铁军 | 北京大学 |
| 人工智能芯片与系统 | 王则可、李 玺、李英明 | 浙江大学 |
| 物联网安全 | 徐文渊、翼晓宇、周歆妍 | 浙江大学、宁波大学 |
| 神经认知学 | 唐华锦、潘 纲 | 浙江大学 |
| 人工智能伦理导论 | 古天龙 | 暨南大学 |
| 人工智能伦理与安全 | 秦 湛、潘恩荣、任 奎 | 浙江大学 |
| 金融智能理论与实践 | 郑小林 | 浙江大学 |
| 媒体计算 | 韩亚洪、李泽超 | 天津大学、南京理工大学 |
| 人工智能逻辑 | 廖备水、刘奋荣 | 浙江大学、清华大学 |
| 生物信息智能分析与处理 | 沈红斌 | 上海交通大学 |
| 数字生态：人工智能与区块链 | 吴 超 | 浙江大学 |
| 人工智能与数字经济 | 王延峰 | 上海交通大学 |
| 人工智能内生安全 | 姜育刚 | 复旦大学 |
| 数据科学前沿技术导论 | 高云君、陈 璐、苗晓晔、张天明 | 浙江大学、浙江工业大学 |
| 计算机视觉 | 程明明 | 南开大学 |
| 深度学习基础 | 刘远超 | 哈尔滨工业大学 |
| 机器学习基础理论与应用 | 李宏亮 | 电子科技大学 |

# 新一代人工智能实践系列教材

| 教材名 | 作者 | 作者单位 |
| --- | --- | --- |
| 人工智能基础 | 徐增林 等 | 哈尔滨工业大学（深圳）、华为 |
| 机器学习 | 胡清华、杨 柳、王旗龙 等 | 天津大学、华为 |
| 深度学习技术基础与实践 | 吕建成、段 磊 等 | 四川大学、华为 |
| 计算机视觉理论与实践 | 刘家瑛 | 北京大学、华为 |
| 语音信息处理理论与实践 | 王龙标、党建武、于 强 | 天津大学、华为 |
| 自然语言处理理论与实践 | 黄河燕、李洪政、史树敏 | 北京理工大学、华为 |
| 跨媒体移动应用理论与实践 | 张克俊 | 浙江大学、华为 |
| 人工智能芯片编译技术与实践 | 蒋 力 | 上海交通大学、华为 |
| 智能驾驶技术与实践 | 黄宏成 | 上海交通大学、华为 |
| 智能之门：神经网络与深度学习入门（基于Python的实现） | 胡晓武、秦婷婷、李 超、邹 欣 | 微软亚洲研究院 |
| 人工智能导论：案例与实践 | 朱 强、飞桨教材编写组 | 浙江大学、百度 |

# 机器学习
Jiqi Xuexi

**图书在版编目（CIP）数据**

机器学习/胡清华，杨柳编著. -- 北京：高等教育出版社，2024.4

ISBN 978-7-04-058857-6

I.①机… II.①胡… ②杨… III.①机器学习-高等学校-教材 IV.①TP181

中国版本图书馆CIP数据核字(2022)第108863号

郑重声明

高等教育出版社依法对本书享有专有出版权。任何未经许可的复制、销售行为均违反《中华人民共和国著作权法》，其行为人将承担相应的民事责任和行政责任；构成犯罪的，将被依法追究刑事责任。为了维护市场秩序，保护读者的合法权益，避免读者误用盗版书造成不良后果，我社将配合行政执法部门和司法机关对违法犯罪的单位和个人进行严厉打击。社会各界人士如发现上述侵权行为，希望及时举报，本社将奖励举报有功人员。

反盗版举报电话

（010）58581999　58582371

58582488

反盗版举报传真

（010）82086060

反盗版举报邮箱

dd@hep.com.cn

通信地址

北京市西城区德外大街4号

高等教育出版社法律事务

与版权管理部

邮政编码　100120

| | |
|---|---|
| 策划编辑 | 刘 茜 |
| 责任编辑 | 刘 茜 |
| 封面设计 | 杨伟露 |
| 版式设计 | 杜微言 |
| 责任绘制 | 杨伟露 |
| 责任校对 | 刘丽娴 |
| 责任印制 | 高 峰 |

出版发行　高等教育出版社

社址　北京市西城区德外大街4号

邮政编码　100120

购书热线　010-58581118

咨询电话　400-810-0598

网址

http://www.hep.edu.cn

http://www.hep.com.cn

网上订购

http://www.hepmall.com.cn

http://www.hepmall.com

http://www.hepmall.cn

印刷　北京市艺辉印刷有限公司

开本　787mm×1092mm　1/16

印张　18

字数　340千字

版次　2024年4月第1版

印次　2024年4月第1次印刷

定价　39.00元